全国高职高专院校药学类与食品药品类专业“十三五”规划教材

生物制药技术专业综合技能训练（技能鉴定）

（供药学类、 生物制药技术等专业使用）

主　编　王玉亭　李艳萍

副主编　臧学丽　韩　璐　王丽娟

编　者　（以姓氏笔画为序）

王玉亭（广东食品药品职业学院）
王丽娟（重庆医药高等专科学校）
叶曼红（广东食品药品职业学院）
成　亮（山西药科职业学院）
李艳萍（江苏医药职业学院）
陈龙华（山东医学高等专科学校）
陈琳琳（泉州医学高等专科学校）
卓微伟（江苏医药职业学院）
韩　璐（天津生物工程职业技术学院）
臧学丽（长春医学高等专科学校）
黎　庆（重庆化工职业学院）

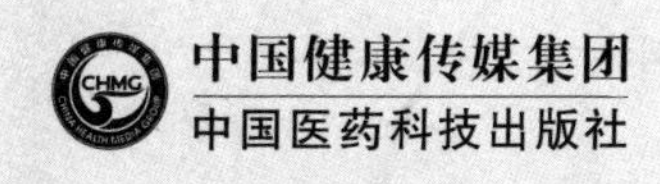
中国健康传媒集团
中国医药科技出版社

内容提要

本教材是"全国高职高专院校药学类与食品药品类专业'十三五'规划教材"之一。本教材共两个模块12个项目，单元技能项目训练主要包括无菌操作技能、细胞培养与传代、生产菌/细胞选育、规模化反应过程准备、反应过程检测、产品提取分离与纯化精制等，综合技能项目训练主要包括酵母菌培养、谷氨酸发酵、蛋白酶发酵、天然活性成分提取、青霉素发酵（仿真）等。本教材为书网融合教材，即纸质教材有机融合电子教材、教学配套资源（PPT、微课、视频、图片等）、题库系统、数字化教学服务（在线教学、在线作业、在线考试），使教学资源更加多样化、立体化。

本教材可供全国高职高专院校药学类、生物制药技术等相关专业师生使用，也可作为从事医药相关行业人员的参考书。

图书在版编目（CIP）数据

生物制药技术专业综合技能训练（技能鉴定）/王玉亭，李艳萍主编．—北京：中国医药科技出版社，2019.7

全国高职高专院校药学类与食品药品类专业"十三五"规划教材

ISBN 978-7-5214-0282-7

Ⅰ.①生… Ⅱ.①王…②李… Ⅲ.①生物制品—生产工艺—高等职业教育—教材 Ⅳ.①TQ464

中国版本图书馆CIP数据核字（2019）第126637号

美术编辑 陈君杞
版式设计 诚达誉高

出版 **中国健康传媒集团**｜中国医药科技出版社
地址 北京市海淀区文慧园北路甲22号
邮编 100082
电话 发行：010-62227427 邮购：010-62236938
网址 www.cmstp.com
规格 889×1194mm 1/16
印张 14
字数 300千字
版次 2019年7月第1版
印次 2019年7月第1次印刷
印刷 北京市密东印刷有限公司
经销 全国各地新华书店
书号 ISBN 978-7-5214-0282-7
定价 42.00元

获取新书信息、投稿、为图书纠错，请扫码联系我们。

数字化教材编委会

主　编　王玉亭

副主编　臧学丽　成　亮

编　者　（以姓氏笔画为序）

王玉亭（广东食品药品职业学院）

叶曼红（广东食品药品职业学院）

成　亮（山西药科职业学院）

陈龙华（山东医学高等专科学校）

陈琳琳（泉州医学高等专科学校）

臧学丽（长春医学高等专科学校）

黎　庆（重庆化工职业学院）

出版说明

全国高职高专院校药学类与食品药品类专业“十三五”规划教材（第三轮规划教材），是在教育部、国家食品药品监督管理总局领导下，在全国食品药品职业教育教学指导委员会和全国卫生职业教育教学指导委员会专家的指导下，在全国高职高专院校药学类与食品药品类专业“十三五”规划教材建设指导委员会的支持下，在2013年修订出版“全国医药高等职业教育药学类规划教材”（第二轮规划教材）（共40门教材，其中24门为教育部“十二五”国家规划教材）的基础上，根据高等职业教育教改新精神和《普通高等学校高等职业教育（专科）专业目录（2015年）》（以下简称《专业目录（2015年）》）的新要求，组织全国80余所高职高专院校及相关单位和企业1000余名教学与实践经验丰富的专家、教师悉心编撰而成。

本套教材于2017年出版57种，2018年根据新修订的《高等职业教育药学专业教学标准》，启动增补了10种教材的编写工作，分别为《临床医学概论》《药学综合知识与技能》《药品流通与营销》《医学基础》《基础化学》《药物制剂技术专业综合技能训练（技能鉴定）》《药物分析技术技能综合实训》《药学服务综合实训》《生物制药技术专业综合技能训练（技能鉴定）》《中药制剂技术与设备养护综合实训》，目前本套教材共计67种。主要供全国高职高专院校药学类、药品制造类、食品药品管理类、食品类及其相关专业师生使用，也可供医药卫生行业从业人员继续教育和培训使用。

本套教材定位清晰，特点鲜明，主要体现在如下几个方面。

1. 坚持职教改革精神，科学规划准确定位

编写教材，坚持现代职教改革方向，体现高职教育特色，根据新《专业目录》要求，以培养目标为依据，以岗位需求为导向，以学生就业创业能力培养为核心，以培养满足岗位需求、教学需求和社会需求的高素质技能型人才为根本，并做到衔接中职相应专业、接续本科相关专业。科学规划、准确定位教材。

2. 体现行业准入要求，注重学生持续发展

紧密结合《中国药典》（2015年版）、国家执业药师资格考试、GSP（2016年）、《中华人民共和国职业分类大典》（2015年）等标准要求，按照行业用人要求，以职业资格准入为指导，做到教考、课证融合。同时注重职业素质教育和培养可持续发展能力，满足培养应用型、复合型、技能型人才的要求，为学生持续发展奠定扎实基础。

3. 遵循教材编写规律，强化实践技能训练

遵循“三基、五性、三特定”的教材编写规律。准确把握教材理论知识的深浅度，做到理论知识“必需、够用”为度；坚持与时俱进，重视吸收新知识、新技术、新方法；注重实践技能训

练，将实验实训类内容与主干教材贯穿一起。

4. 注重教材科学架构，有机衔接前后内容

科学设计教材内容，既体现专业课程的培养目标与任务要求，又符合教学规律、循序渐进。使相关教材之间有机衔接，坚持上游课程教材为下游服务，专业课教材内容与学生就业岗位的知识和能力要求相对接。

5. 工学结合产教对接，优化编者组建团队

专业技能课教材，吸纳具有丰富实践经验的医疗、食品药品监管与质量检测单位及食品药品生产与经营企业人员参与编写，保证教材内容与岗位实际密切衔接。

6. 创新教材编写形式，设计模块便教易学

在保持教材主体内容基础上，设计了"案例导入""案例讨论""课堂互动""拓展阅读""岗位对接"等编写模块。通过"案例导入"或"案例讨论"模块，列举在专业岗位或现实生活中常见的问题，引导学生讨论与思考，提升教材的可读性，提高学生的学习兴趣和联系实际的能力。

7. 纸质数字教材同步，多媒融合增值服务

本套教材全部为书网融合教材，即纸质教材与数字教材、配套教学资源、题库系统，数字化教学服务有机融合。通过"一书一码"的强关联，为读者提供全免费增值服务。按教材封底的提示激活教材后，读者可通过 PC、手机阅读电子教材和配套课程资源，并可在线进行同步练习，实时反馈答案和解析。其中后增补的10 个品种，读者可以直接扫描书中二维码（"扫码学一学"，轻松学习 PPT 课件；扫码"看一看，"即刻浏览微课、视频等教学资源；"扫码练一练"，随时做题检测学习效果），阅读与教材内容关联的课程资源，从而丰富学习体验，使学习更便捷。教师可通过 PC 在线创建课程，与学生互动，开展在线课程内容定制、布置和批改作业、在线组织考试、讨论与答疑等教学活动，学生通过 PC、手机均可实现在线作业、在线考试，提升学习效率，使教与学更轻松。此外，平台尚有数据分析、教学诊断等功能，可为教学研究与管理提供技术和数据支撑。

8. 教材大纲配套开发，方便教师开展教学

依据教改精神和行业要求，在科学、准确定位各门课程之后，研究起草了各门课程的《教学大纲》（《课程标准》），并以此为依据编写相应教材，使教材与《教学大纲》相配套。同时，有利于教师参考《教学大纲》开展教学。

编写出版本套高质量教材，得到了全国食品药品职业教育教学指导委员会和全国卫生职业教育教学指导委员会有关专家和全国各有关院校领导与编者的大力支持，在此一并表示衷心感谢。出版发行本套教材，希望受到广大师生欢迎，并在教学中积极使用本套教材和提出宝贵意见，以便修订完善，共同打造精品教材，为促进我国高职高专院校药学类与食品药品类相关专业教育教学改革和人才培养作出积极贡献。

中国医药科技出版社
2019 年 5 月

教材目录

序号	书名	主编	序号	书名	主编
1	高等数学（第2版）	方媛璐　孙永霞	36	实用发酵工程技术	臧学丽　胡莉娟
2	医药数理统计*（第3版）	高祖新　刘更新	37	生物制药工艺技术	陈梁军
3	计算机基础（第2版）	叶　青　刘中军	38	生物药物检测技术	杨元娟
4	文献检索	章新友	39	医药市场营销实务*（第3版）	甘湘宁　周凤莲
5	医药英语（第2版）	崔成红　李正亚	40	实用医药商务礼仪（第3版）	张　丽　位汶军
6	公共关系实务	李朝霞　李占文	41	药店经营与管理（第2版）	梁春贤　俞双燕
7	医药应用文写作（第2版）	廖楚珍　梁建青	42	医药伦理学	周鸿艳　郝军燕
8	大学生就业创业指导	贾　强　包有或	43	医药商品学*（第2版）	王雁群
9	大学生心理健康	徐贤淑	44	制药过程原理与设备*（第2版）	姜爱霞　吴建明
10	人体解剖生理学*（第3版）	唐晓伟　唐省三	45	中医学基础（第2版）	周少林　宋诚挚
11	无机化学（第3版）	蔡自由　叶国华	46	中药学（第3版）	陈信云　黄丽平
12	有机化学（第3版）	张雪昀　宋海南	47	实用方剂与中成药	赵宝林　陆鸿奎
13	分析化学*（第3版）	冉启文　黄月君	48	中药调剂技术*（第2版）	黄欣碧　傅　红
14	生物化学*（第3版）	毕见州　何文胜	49	中药药剂学（第2版）	易东阳　刘　葵
15	药用微生物学基础（第3版）	陈明琪	50	中药制剂检测技术*（第2版）	卓　菊　宋金玉
16	病原生物与免疫学	甘晓玲　刘文辉	51	中药鉴定技术*（第3版）	姚荣林　刘耀武
17	天然药物学	祖炬雄　李本俊	52	中药炮制技术（第3版）	陈秀瑷　吕桂凤
18	药学服务实务	陈地龙　张　庆	53	中药药膳技术	梁　军　许慧艳
19	天然药物化学（第3版）	张雷红　杨　红	54	化学基础与分析技术	林　珍　潘志斌
20	药物化学*（第3版）	刘文娟　李群力	55	食品化学	马丽杰
21	药理学*（第3版）	张　虹　秦红兵	56	公共营养学	周建军　詹　杰
22	临床药物治疗学	方士英　赵　文	57	食品理化分析技术	胡雪琴
23	药剂学	朱照静　张荷兰	58	临床医学概论	赵　冰
24	仪器分析技术*（第2版）	毛金银　杜学勤	59	药学综合知识与技能	葛淑兰　黄　欣
25	药物分析*（第3版）	欧阳卉　唐　倩	60	药品流通与营销	黄素臻　武卫红
26	药品储存与养护技术（第3版）	秦泽平　张万隆	61	医学基础	梁碧涛
27	GMP实务教程*（第3版）	何思煌　罗文华	62	基础化学	张雪昀　董会钰 俞晨秀
28	GSP实用教程（第2版）	丛淑芹　丁　静			
29	药事管理与法规*（第3版）	沈　力　吴美香	63	药物制剂技术专业综合技能训练 （技能鉴定）	李忠文
30	实用药物学基础	邸利芝　邓庆华			
31	药物制剂技术*（第3版）	胡　英　王晓娟	64	药物分析技术技能综合实训	欧阳卉　王启海
32	药物检测技术	王文洁　张亚红	65	药学服务综合实训	张　庆　曹　红
33	药物制剂辅料与包装材料	关志宇	66	生物制药技术专业综合技能训练 （技能鉴定）	王玉亭　李艳萍
34	药物制剂设备（第2版）	杨宗发　董天梅			
35	化工制图技术	朱金艳	67	中药制剂技术与设备养护综合实训	颜仁梁　周在富

*为“十二五”职业教育国家规划教材。

建设指导委员会

张健泓（广东食品药品职业学院）
范继业（河北化工医药职业技术学院）
明广奇（中国药科大学高等职业技术学院）
罗兴洪（先声药业集团政策事务部）
罗跃娥（天津医学高等专科学校）
郝晶晶（北京卫生职业学院）
贾　平（益阳医学高等专科学校）
徐宣富（江苏恒瑞医药股份有限公司）
黄丽平（安徽中医药高等专科学校）
黄家利（中国药科大学高等职业技术学院）
崔山风（浙江医药高等专科学校）
潘志斌（福建生物工程职业技术学院）

前言
PREFACE

近年来，伴随大健康产业的持续发展，现代生物技术与生物工程产业相互融合，干细胞诱导、细胞融合、基因工程菌构建、创新疫苗与体外诊断试剂等新技术和新产品不断出现，加快规模化制备的产业进程。高等职业教育不断适应行业技术的发展，调整课程内容，强化综合技能训练，以满足企业的用人需求。

生物制药技术产业前沿和龙头，是以生物为主体，应用生物技术，生产加工药物的过程。生物制药技术包含基因工程、细胞工程、酶工程、发酵工程、生化工程、天然生物材料加工和分子诊断等。

本教材是“全国高职高专院校药学类与食品药品类专业‘十三五’规划教材”之一，以储备技术人才、提供产业后备军为目的，在体现高等职业教育“工学结合”理念、把握“必需”“够用”的原则上，尽可能涵盖较多的工艺技术路线，采用单元技能项目训练和综合技能项目训练相结合的编写模式。在单元技能项目中，侧重基础知识、通识技能的训练；在综合技能项目中，突出融会贯通、举一反三的应用技能训练。藉此来温习、回顾之前的专业课程内容，反复“咀嚼先前嚼过的馍、品味越嚼越香的感觉”，巩固、强化所学过的专业知识和技能，培养具有较高的职业技能、较强的应用能力和通用职业技能的高素质生物制药行业技术人才。

本教材内容包括无菌操作技能、细胞培养与传代、生产菌/细胞选育、规模化反应过程准备、反应过程检测、产品提取分离与纯化精制等单元技能项目训练，以及酵母菌培养、谷氨酸发酵、蛋白酶发酵、天然活性成分提取、青霉素发酵（仿真）等综合技能项目训练，突出实操技能的讲解，具有较强的实践性。本教材为书网融合教材，即纸质教材有机融合电子教材、教学配套资源(PPT、微课、视频、图片等)、题库系统、数字化教学服务（在线教学、在线作业、在线考试)，使教学资源更加多样化、立体化。

考虑到生物技术发展的前沿性、生物技术操作的安全性，本教材的实操训练，尽可能选择相对安全、技术成熟、实操性强的项目，以训练学生理解生物技术在制药技术领域中应用的内涵，学懂并融会贯通生物技术的通识性操作技能。

本教材由来自全国九所高职高专院校十余名经验丰富的一线教师编写而成，编写过程中得到了各参编院校的大力支持，在此表示衷心的感谢！

由于时间仓促、水平有限，内容难免存在疏漏和不妥，恳请各位读者提出宝贵意见，以便不断更新完善。

编　者
2019 年 4 月

目录
CONTENTS

模块二 综合技能项目训练

实验操作规则

一、实验操作的一般规则

1. 实验前，应按要求做好预习准备工作。

2. 进入实验室，应穿着实验服，袖口束紧，戴发帽，不露头发；更衣柜内的个人物品应摆放整齐；严禁携带食物、饮品进入实验室。

3. 进入洁净区时，应先在规定区域更换洁净服（鞋、帽）后，方可进入；需要带入洁净区的物品应通过传递窗（紫外消毒后）传送。

4. 进入实验室（洁净区）后，应在规定的区域活动。

5. 未经老师许可，不能随便触碰实验设备、用具等，更不可擅自拆卸；实验室的设备、用具不得擅自带出实验室外；损坏物品需报告并赔偿。

6. 如需进行点火操作，必须在教师指导下进行。如果发生意外或不能自行处理的事件，必须立即报告指导教师，听从指导教师安排。

7. 实验期间，应保持实验室的整洁有序，保持清洁卫生，用过的废弃物要按照规定放在专用场所并及时处理，不可随意处置。

8. 实验结束后，进行清场整理，将物品和清洗干净后的工器具放置到规定处，对实验使用的设备、器具和工作场所进行安全检查和卫生检查，关闭水、电，经审查合格后，方可离开实训室。

9. 实验结束后，洁净服（鞋、帽）等应收好，放回原位；带走更衣柜内的个人物品；做好实验记录和档案资料的整理工作。

（韩　璐）

二、生物技术实验安全及操作规定

1. 实验期间，必须穿着工作服；在进行可能直接或意外接触到血液、体液以及其他具有潜在感染性的材料或感染性动物的操作时，应穿戴合适的手套；不得穿露脚趾的鞋子。

2. 有喷溅的可能时，为了防止眼睛或面部受到泼溅物的伤害，应戴安全眼镜、面罩（面具）或其他防护设备。

3. 在处理完感染性实验材料后，接触含有重组 DNA 分子的生物体和动物后，以及在离开实验室工作区域前，都必须洗手。

4. 严禁在实验室内进食、饮水、吸烟、化妆和处理隐形眼镜；禁止在实验室储存食品和饮料。

5. 实验过程中禁止外来人员进入。

6. 工作台应经常消毒，而且当有活性物质洒落其上时，应及时进行消毒。

7. 严格按照实验操作步骤执行，尽可能减少气体悬浮物质的产生。

8. 实验室中的微波炉和高压锅需要安全的预防措施，应严格按照标准规程操作。

9. 在使用显微切片刀、解剖刀、注射针等器械时应小心操作，避免受伤、感染。

10. 微生物实验室废弃物的处理

（1）锐器　皮下注射针头用后不可再重复使用，包括不能从注射器上取下、回套针头护套、截断等，应将其完整地置于专用一次性锐器盒中。严禁将盛放锐器的一次性容器丢弃于生活垃圾中。

（2）可高压灭菌后重复使用的污染（有潜在感染性）材料　这类材料的任何清洗、修复，都必须在高压灭菌或消毒后进行。

（3）废弃的污染（有潜在感染性）材料　污染（有潜在感染性）材料在丢弃前均需消毒。消毒方法首选高压蒸汽灭菌，其次为2000mg/L有效氯消毒液浸泡消毒。

11. 溴化乙锭的处理　溴化乙锭（EB）是一种高度灵敏的嵌入性荧光染色剂，具有一定的潜在毒性。在使用其进行凝胶染色时，必须要戴手套进行操作。实验结束后，应先对含EB的溶液进行净化处理后再弃置。

（韩　璐）

三、实验方案的确定与实施

（一）实验方案的确定

按照目的不同，实验分为验证性实验和探索性实验。验证性实验是对已知的理论进行验证，以加深对理论的认识。探索性实验是为了揭示尚未完全认识的事物，发现其发生与发展的规律，以此来完成工程与科研任务，具有很强的探索性。

一般来说，实验包括以下过程：实验准备→实验→实验数据分析处理。其中，确定实验方案是实验准备中最重要的环节。

实验方案，指的是进行实验的具体设想，是进行实验研究的工作框架。一个好的实验方案是保证实验研究顺利进行的必要措施，是实验质量的重要保障。应按照以下步骤确定实验方案：

1. 提出问题，弄清实验目标　应明确实验的来源和产生的背景，阐明实验的目的与意义。实验的目的可以是解决实践中遇到某个方面的具体困难，也可以是为某个领域提供新的信息、理论框架和研究方案等。

2. 设计实验方案（实验设计）　广义上说，实验设计包括明确实验目的，确定测定参数，确定需要控制或改变的条件，选择实验方法和测试仪器，确定实测精度要求，方案设计和数据处理步骤等。

良好的实验设计不仅可以节省人力、物力和时间，还是得到可信实验结果的重要保障。科学合理的实验设计应遵循以下原则：有优良的实验方案；最小化控制实验误差；可通过计算、分析，获取有价值实验规律；实验结果能够推广和重复。

实验设计包括单因素设计和多因素设计。

单因素设计实验中，只有一个影响因素，或只考虑一个对指标影响最大的影响因素（其他因素尽量保持不变）。常用的单因素设计方法有：黄金分割法 、分数法、平行线法、交替法和调优法等。

多因素设计实验中，多个影响因素之间往往具有交互作用，必须统筹分析各因素的影响程度和作用趋势。常用的多因素设计方法有：正交设计法、均匀设计法、交叉设计法、析因设计法、正交拉丁方设计法、随机区组（配伍）设计法和完全随机设计法等。目前，比较流行的是正交设计法和均匀设计法。

正交设计法是依据数据的正交性（即均匀搭配）来进行实验方案设计，在实验条件范围内挑选出具有“均匀分散”性和“整齐可比”性的代表性点。这种方法可以估计出因素的主效应，也可估计各因素之间的交互效应，常用于水平数不高的实验设计。均匀设计也是从实验条件范围内挑选出具有代表性的点，但只考虑这些点的“均匀分散”性，不考虑“整齐可比”性，虽然不具有正交性，但仍能反映实验体系的主要特征，常用于水平数较高的实验设计。

应用正交设计法时，可以在众多的实验条件中选出代表性强的少数条件，根据少数的实验结果数据可推断出最佳的实验条件或生产工艺，再通过进一步的实验数据分析处理，提供对各影响因子的分析，包括方差分析、回归分析等，确定各因素对实验指标的影响规律，得到最佳的生产条件，使实验设计高效、快速、经济。

目前，已经有多种规格化的正交表和正交实验设计软件，可在确定好各因素的水平数后，选定合适的正交表，直接运用软件，自动生成实验设计表，合理安排实验。

（二）实验方案的实施

实验方案确定后，要进行实验方案的实施。主要包括以下步骤：

（1）实验设备、测试仪器的准备。

（2）实施实验　①测试；②记录。

（3）实验数据的分析处理　通过一定的方法对实验数据进行整理、分析，去伪存真，提炼出我们需要的信息，以发现事物的规律。

（4）提交实验报告或科研报告。

（韩　璐）

四、数据处理与分析

实验过程中，往往由于实际情况复杂、检测方法和手段不够精确，以及操作误差等，所产生的原始实验数据中常包含着大量的干扰因素，不能真实地反映客观实际情况，需要用数学工具进行合理的分析和处理，才能获得研究对象的变化规律，达到指导生产和科研的目的。

（一）数据的记录

实验记录是实验工作原始情况的记载，要求对文字记录应简单、明了、清晰、工整，对数据记录，要尽量采用一定的表格形式。实验中涉及的各种仪器型号、实验条件、标准液浓度等应及时、如实记录。

记录实验数据时，应根据分析方法与仪器的准确度来决定有效数字的保留位数，测得的数值中只有最后一位是模糊数字。

原始数据不准随意涂改，不能缺项。在实验中，如发现数据测错、记错或算错需要改动时，可将该数据用一横线划去，并在其上方写上正确数字，不能画圈、涂黑等。

（二）数据的处理分析

实验获得数据后，需要对数据进行整理和基本分析。数据处理的方法主要有：参数估计、方差分析、回归分析和假设检验等。

1. 参数估计 参数估计，是指在抽样及抽样分布基础上，根据样本统计量来推断总体参数的统计方法，对某些重要参数进行点估计或区间估计。

点估计，是指用样本统计量的某个取值直接作为总体参数的估计值。

区间估计，是指在点估计的基础上，给出总体参数估计的一个区间范围，这个区间通常由样本统计量加减估计误差得到。

参数估计的特点如下。

（1）随机 遵循随机原则，是抽样与其他非全面调查如重点调查、典型调查的主要区别之一。

（2）推断 用部分数据推断和估计总体的参数。

（3）误差 必然产生误差。这种误差，可以提前估算，并采取措施使其控制在一定范围，使结果达到一定的可靠程度。

2. 回归分析 回归分析是利用数据统计原理，对大量统计数据进行数学处理，预测因变量变化的一种分析方法。通过回归分析，可以确定因变量与某些自变量之间的相关关系，建立一个相关性较好的回归方程（函数表达式），并加以外推，最终获得反映事物客观规律性的数学表达式。

回归分析包括的内容相当广泛，有多种类型：依据涉及变量的多少，分为一元回归分析和多元回归分析；依据回归模型的函数形式，分为线性回归分析和非线性回归分析；依据资料的测量水平，分为数值回归分析和混合资料回归分析；依据是否确定变量 X、Y 的分布模型，分为参数回归分析与非参数回归分析等。

3. 假设检验 假设检验又称为显著性检验或统计检验，根据总体的理论分布和小概率原理，对未知或不完全知道的总体提出两种彼此对立的假设，然后由抽样的实际结果，经过概率计算，作出在一定概率意义上可接受的假设推断，是判断各种数据处理结果的可靠程度的一种方法。如果抽样结果中有小概率发生，则拒绝假设；如果没有则接受假设。一般认为小于 0.05 或 0.01 的概率为小概率。

例如，在药品检测中，常常需要对某种操作方法的效果、品种的优劣、药品的疗效等进行检验，所得的数据结果中往往是处理效应和随机误差混淆在一起，表观上难以区分，必须通过计算，采用假设检验的方法，才能作出正确的推断。

4. 方差分析 方差分析是分析各影响因素对考察指标影响的显著性程度，从而找出最优的实验条件或生产条件的一种统计方法，可用来检验两个或两个以上样本的平均值差异的显著程度，由此判断样本究竟是否抽自具有同一均值的总体。

方差分析的基本思路是一方面确定因素的不同水平下均值之间的方差，把它作为对由所有实验数据所组成的全部总体的方差的第一个估计值；另一方面再考虑在同一水平下不同实验数据对于这一水平的均值的方差，由此计算出对由所有实验数据所组成的全部数据的总体方差的第二个估计值。比较上述两个估计值，如果这两个方差的估计值比较接近就说明因素的不同水平下的均值间的差异并不大，就接受零假设；否则，说明因素的不同水平下的均值间的差异比较大。

方差分析对于比较不同生产工艺或设备条件下产量、质量的差异，分析不同计划方案效果的好坏和比较不同地区、不同人员有关的数量指标差异是否显著时，是非常有用的。

（韩　璐）

五、生物反应过程的优化与放大

生物反应从实验室进入规模化生产，伴随生产规模的扩大，反应设备、操作模式等手段、方法也需做相应的改变。这种改变，不是简单地规模扩大，而是基于工艺条件和参数的优化，通过对反应参数的检测，优化工艺条件、改进设备参数、探索并验证放大模式，最终实现规模化生产和加工。

（一）生物反应过程的检测参数

反映生物反应过程状态变化的信息，称为生物反应过程参数，如温度、pH、生物质浓度等（详见表1）。这些参数有些需要在反应之前根据工艺要求进行设定，称为设定参数；有些需要在反应过程中进行检测，称为状态参数。状态参数通常可以在线直接测定出来。有些参数不能直接测定出来，需要基于基本参数的离线分析计算才能得知，称为间接参数。

表1　生物反应过程的常用物化参数

物理参数	化学参数	间接参数
温度	pH	氧利用速率
压力	氧化还原电位	CO_2释放速率
功率输入	溶解氧浓度（DO）	呼吸熵
搅拌速率	溶解CO_2浓度	细胞生长速率/得率
通气流量	排气氧分压	比生长速率
加料速率	排气CO_2分压	糖/氧/前体利用率
培养液的量（重量/体积）	其他排气成分	比基质消耗率
酸碱用量	细胞浓度	产物量
消泡剂用量	培养液表观糖度	比生产率
气泡含量		设备功率/功耗
培养液表面积/表面张力		生物量（热）

（二）生物反应过程的优化控制

1. 生物反应过程的控制特征　与化学反应过程相比，生物反应过程的控制有其独特的特征。表现为：

（1）能够自我调节　突然消失的生物反应在进行过程中是不存在的，当反应条件不利时，反应过程会自然衰减。

（2）过程调节时间较长　反映在对其进行的过程控制进程相对缓慢。

2. 常用的优化控制参数　目前，比较成熟的生物反应过程控制模式主要有温度控制、pH控制、溶氧控制和补料控制。在前期的小规模研究获得的各种工艺参数，通过这些控制模式，在放大的规模化试验中进行验证和优化。

3. 先进控制理论在优化控制中的应用

（1）模糊逻辑控制　简称模糊控制，是以模糊集合论、模糊语言变量和模糊逻辑推理

为基础的一种计算机数字控制技术，属于非线性、智能控制的范畴。

以溶解氧（DO）控制为例，先确定DO值的主要影响因素，包括细菌需氧量、通风量、罐压及搅拌转速，其中不同反应阶段的需氧量由实验及经验确定，是不可控因素。在搅拌器转速恒定的情况下，可控因素为通风流量和罐压。工艺要求罐压和通风量稳定，罐压和通风量之间又相互耦合关联。在常规控制方式中，这两者难以稳定。采用模糊控制方式，将二者的相互影响适当量化，根据预定的步骤和指标进行模糊推理，自动进行各参数的超前修正，可基本上消除两个参数的耦合。再根据反应不同阶段的溶氧值来设定调整通风量，形成稳定罐压下的溶氧模糊控制。

模糊控制的控制规则依赖于设计人员的经验。实践经验的正确与否以及是否最优，直接关系到整个模糊控制的效果。模糊控制不具备学习能力，不具备根据过程的历史记录来修正规则的主观性。

（2）生物反应过程知识库　由于生物反应过程中的许多重要变量都无法在线测量，人们全面利用生物反应（如发酵）过程的各种信息，如报批数据、实验室分析数据、配方数据和在线检测数据等，通过综合分析来了解真实的反应过程，指导操作过程的控制。目前，行业里已经有了发酵过程知识库（KBS）系统，包括发酵过程监督知识库（BIO－KBS）和工厂统筹规划调度知识库，可以与过程控制的状态评估、仿真、优化等相联系，都可以得到在线数据库的支持。

（3）基于专家系统的人工神经网络　为进一步优化发酵工艺参数，可利用基于专家知识的人工神经网络，通过感知、直接最优控制、差反传法学习和确定神经网络参数的控制模式，弥补现有工艺参数确定方法的不足，从而获得最优控制策略，达到最佳控制效果。

（三）生物反应器放大

生物反应过程的工艺探索首先是在实验室小型反应装置中进行的，再逐渐放大到较大规模的生产设备。实践中，从小罐中获得的规律和数据，往往不能在大罐中再现，这就是所谓的放大效应。生物反应过程的放大，是指将研究过程中得到的优化工艺结论转移到更大规模的反应过程中进行重复的技术，通常指的是生物反应器的放大。

反应器的放大涉及微生物的生化反应机制、生理特性，以及化学工程方面的内容，如反应动力学、传递和流体流动机理等。目前反应器的放大方法主要有：经验放大法、因次分析法、时间常数法和数学模拟法。

1. 经验放大法　以化学反应工程指标做参考，依据对已有生物反应器的操作经验所建立起的一些规律而进行放大，放大比例一般较小，不够精确，但仍然是目前应用较多的方法。具体的有几何相似放大法、搅拌功率相同放大法、通气相同放大法和流体状态线速度相同放大法等。

这种放大方法通常是强调了个别的侧重点，不同的侧重点往往会得出有较大的差异的结论。应根据放大体系的特点来选择、确定选用的放大依据。

2. 因次分析法　这种方法也称相似模拟法，简单说，是根据相似原理，以保持无因次准数相等的原则来进行放大。

这种放大方法已成功应用于各种物理过程。但对有生化反应参与的反应器放大则存在一定的困难。若要同时保证放大前后几何相似、流体力学相似、传热相似和反应相似，这在实际上几乎是不可能的，保证所有无因次数群完全相等也是不现实的，会得出极不合理的结果。生物反应过程往往会同时涉及微生物生长、传质、传热和剪切等因素，需要维持的相似条件较多，同时满足放大前后的条件是不可能的。

3. 时间常数法 时间常数是指某一变量与其变化速率之比。常用的时间常数有反应时间、扩散时间、混合时间、停留时间、传质时间、传热时间和溶氧临界时间等。可以利用这些时间常数进行比较判断，找出过程放大的主要矛盾，并据此来进行反应器的放大。

4. 数学模拟法 这是根据有关的原理和必要的实验结果，对实际的过程用数学方程的形式加以描述，然后用计算机进行模拟研究、设计和放大。根据建立数学模型的方法不同，可分为由过程机理推导而得的“机理模型”、由经验数据归纳而得的“经验模型”和介于二者之间的“混合模型”。

数学模拟放大法是以过程参数间的定量关系为基础的，因而消除了因次分析中的盲目性和矛盾性，能比较有把握地进行高倍数的放大，并且模型的精度越高，放大率、倍数越大。由于模型的精密程度建立在基础研究之上，受到生物反应过程复杂性的限制，许多问题还远没解决，数学模拟实际取得成效的例子不多，但无疑这是一个很有前途的方法。

（王玉亭）

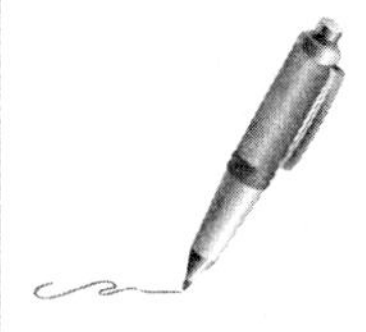

模块一　单元技能项目训练

项目一

无菌操作训练

扫码“学一学”

任务一　微生物培养基的制备

一、实训目的

懂得依据微生物的生长特征，选择和制备适当的培养基，分离筛选出不同种类的微生物，能够独立、熟练进行相应培养基的制备，熟悉不同玻璃器皿的包扎方法。

二、实训原理

微生物培养基的种类很多，一般具备以下条件：适宜的营养物质，适宜的 pH，合适的物理状态，本身应呈无菌状态。依据不同的区分方法，培养基可以有多种类型。

按物理状态不同，培养基可分为液体培养基、固体培养基和半固体培养基。其差别主要在于凝固剂——琼脂的含量不同，不加琼脂的为液体培养基；加入 1.5% ~2.0% 琼脂的为固体培养基；加入 0.2% ~0.5% 琼脂的为半固体培养基。加琼脂制成的培养基在 98 ~ 100℃下融化，于 45℃以下凝固。但多次反复融化，其凝固性会降低。

按培养对象不同，可分为细菌培养基、放线菌培养基、真菌培养基。细菌培养基常用蛋白胨做氮源，牛肉膏做碳源，再加适量的无机盐和水，工业中常用的是营养肉汤培养基。放线菌分解淀粉能力强，且对无机盐要求较高，其培养基大多含有淀粉，并加入钾、钠、硫、磷、铁、镁、锰等元素，常用的是高氏一号培养基。真菌喜糖，培养基由麦芽糖或葡萄糖、蛋白胨等组成，如常用于培养霉菌的培养基有马铃薯蔗糖培养基、豆芽汁葡萄糖（或蔗糖）琼脂培养基和查氏培养基等，常用于培养酵母菌的培养基有麦芽汁培养基和马铃薯蔗糖培养基。

按用途不同，培养基可分为基础培养基、加富培养基、选择培养基、鉴别培养基和厌氧培养基。实际工作中，有些培养基兼有选择和鉴别双重功能，统称为选择性鉴别培养基，如可用于金黄色葡萄球菌鉴别的甘露醇氯化钠琼脂培养基含盐量高，耐盐的金黄色葡萄球菌可在此培养基中生长，形成特征性的菌落，而其他非耐盐菌的生长则受到抑制。

工业中为了筛选出合适的微生物种类，往往会在培养基中加入特殊物质。分离放线菌时，在培养基中加入数滴 10% 的苯酚，可以抑制霉菌和细菌的生长；在分离酵母菌和霉菌的培养基中，添加青霉素、四环素和链霉素等抗生素可以抑制细菌和放线菌的生长；结晶

紫可以抑制 G^+ 菌，培养基中加入结晶紫后，能选择性地培养 G^- 菌。

培养基一经制成就应及时彻底灭菌，以备纯培养用，一般培养基可采用高压蒸汽灭菌法灭菌。

三、实训器材

1. 仪器 天平、称量纸、玻璃纸、牛角匙、pH 试纸（pH5.4～9.0）、量筒、试管、三角瓶、漏斗、分装架、玻璃棒、烧杯、试管架、铁丝筐、棉花、线绳、牛皮纸或报纸、灭菌锅、干燥箱、高压蒸汽灭菌锅。

2. 试剂 蛋白胨、牛肉膏、可溶性淀粉、氯化钠、磷酸氢二钾、琼脂、硝酸钾、硫酸镁、硫酸亚铁、麦芽糖、葡萄糖、1mol/L NaOH 溶液、1mol/L HCl 溶液。

四、操作步骤

（一）培养基配制基本方法

流程：原料称量→加水溶解（固体、半固体培养基则要加琼脂熔化）→补水→调 pH→过滤分装→加塞包扎、做标记→灭菌→摆斜面。

1. 原料称量 按培养基配方依次准确称取各种原料，放入适当大小的烧杯中。

添加原料时注意：

（1）牛肉膏黏稠，牛肉浸粉、蛋白胨极易吸潮，称量时要迅速，且用玻璃纸称量。

（2）如果配方中有淀粉，先将淀粉用少量冷水调成糊状，并在火上加热搅拌，然后加其他原料。

（3）用量很少的原料可先配成高浓度的溶液，按比例换算后取一定体积的溶液加入容器。

（4）培养基中的琼脂，要在一般原料溶解后再加，琼脂粉直接加，琼脂条剪成小段后再加。

（5）不耐热或高温易破坏的原料（如葡萄糖、虎红等），要在其他原料（包括琼脂）溶解后，最后再加。

（6）不能用热力法灭菌的成分，要单独过滤除菌后再加入灭菌培养基中，混匀使用。

2. 溶解 用量筒量取一定量（约占总量的 1/2）蒸馏水倒入烧杯中，在电热套中加热，并用玻棒搅拌，以防液体溢出或烧焦。待各种药品完全溶解后，停止加热，补足水分。

3. 调节 pH 根据培养基对 pH 的要求，用 1mol/L 氢氧化钠或 1mol/L 盐酸溶液调至所需 pH，经高压蒸气灭菌后，培养基的 pH 略有降低。在调整 pH 时，一般比配方要高出 0.2。

4. 过滤分装 若是液体培养基，玻璃漏斗中放一层滤纸，若是固体或半固体培养基，则需在漏斗中放多层纱布，或两层纱布夹一层薄薄的脱脂棉趁热进行过滤。

过滤后立即进行分装，分装时注意不要使培养基沾染在管口或瓶口，以免浸湿棉塞，引起污染。液体分装高度以试管高度的 1/4 左右为宜，固体分装装量为管高的 1/5，半固体分装试管一般以试管高度的 1/3 为宜；分装锥形瓶，其装量以不超过三角瓶容积的一半为宜。

5. 加塞包扎、做标记 培养基分装后加好塞子或试管帽，然后再用牛皮纸或报纸包好瓶（管）口，用橡皮圈或棉线扎紧。在包装纸上标明培养基名称，制备组别或姓名、日期等信息。

6. 灭菌 上述培养基应按配方中规定的条件及时进行灭菌。普通培养基为 121℃、20

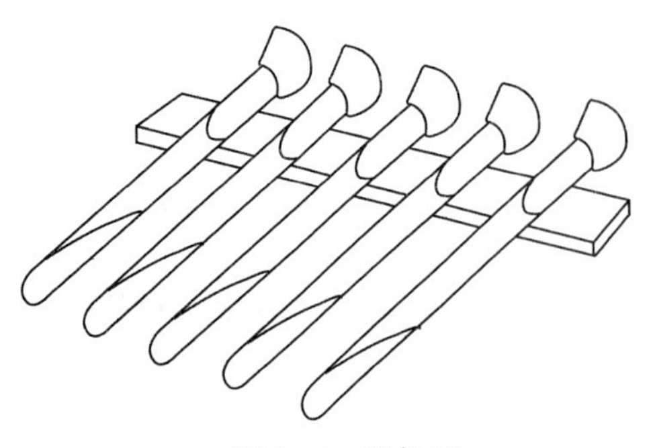
图 1－1 摆斜面

分钟，如为含有不耐高热物质的培养基如糖类、血清、明胶等，则应采用低温灭菌或间歇法灭菌，一些不能加热的试剂如亚碲酸钾、卵黄、TTC、抗菌素等，待培养基高压灭菌后凉至 50℃左右再加入，以保证灭菌效果和不损伤培养基的有效成分。如需要做斜面固体培养基，则灭菌后立即摆放成斜面（图 1－1），斜面长度一般以不超过试管长度的 1/2 为宜；半固体培养基灭菌后，垂直冷凝成半固体深层琼脂。

（二）常用培养基的配方及其配制方法

1. 营养肉汤培养基（培养细菌）

成分：牛肉膏 3 ~5g，蛋白胨 10g，氯化钠 5g，蒸馏水 1000ml，pH7.4。

配制方法：按配方比例依次加入各种成分。加热溶解、补水，调 pH 至 7.6，分装后，加塞包扎，用高压蒸气灭菌法（103.42kPa、121℃），灭菌 20 ~30 分钟后备用。

2. 营养肉汤琼脂培养基

成分：牛肉膏 3g，蛋白胨 10g，氯化钠 5g，琼脂 15 ~20g，蒸馏水 1000ml，pH7.4。

配制方法：与营养肉汤培养基的配制法相同。

3. 营养肉汤半固体培养基

成分：牛肉膏 3 ~5g，蛋白胨 10g，氯化钠 5g，琼脂 2 ~5g，蒸馏水 1000ml，pH7.4。

配制方法：与营养肉汤培养基的配制法相同。

4. 高氏 1 号琼脂培养基（培养放线菌）

成分：可溶性淀粉 20g，KNO_3 1g，KH_2PO_4 0.5g，$MgSO_4$ 0.5g，NaCl 0.5g，$FeSO_4$ 0.01g，琼脂 15 ~20g，蒸馏水 1000ml，pH7.2 ~7.6。

配制方法：按配方比例依次加入各种成分。先将可溶性淀粉调成糊状，再与上述其他成分一起加入蒸馏水中，加热溶解、补水，调 pH 至 7.4 ~7.8，分装后，加塞包扎，用高压蒸气灭菌法（103.42kPa、121℃），灭菌 20 分钟后备用。

5. 沙保琼脂培养基（培养真菌）

成分：蛋白胨 10g，葡萄糖（或麦芽糖）40g，琼脂 15 ~20g，蒸馏水 1000ml。

配制方法：除葡萄糖外，其余成分按配方比例依次加入，溶于蒸馏水中，加热，待琼脂溶解后，加入葡萄糖，补水，自然 pH，分装后，加塞包扎，用高压蒸气灭菌法（68.95kPa、115℃），灭菌 20 分钟后备用。

6. 查氏琼脂培养基（培养霉菌）

成分：蔗糖 30g，$NaNO_3$ 1g，K_2HPO_4 1g，$MgSO_4$ 0.5g，KCl 0.5g，FeSO4 0.01g，琼脂 15 ~20g，蒸馏水 1000ml。

配制方法：除蔗糖外，其余成分按配方比例依次加入，溶于蒸馏水中，加热，待琼脂溶解后，加入蔗糖，补水，自然 pH，分装后，加塞包扎，用高压蒸气灭菌法（68.95kPa、115℃），灭菌 20 分钟后备用。

7. 酵母膏胨葡萄糖琼脂培养基/YPD（培养酵母菌）

成分：蛋白胨 20g，葡萄糖 20g，酵母膏 10g，琼脂 15 ~20g，蒸馏水 1000ml。

配制方法：除葡萄糖外，其余成分按配方比例依次加入，溶于蒸馏水中，加热，待琼脂溶解后，加入葡萄糖，补水，自然 pH，分装后，加塞包扎，用高压蒸气灭菌法(68.95kPa、115℃)，灭菌 20 分钟后备用。

（三）灭菌前物品的包扎

所有需要灭菌的物品首先应清洗干净晾干，包扎好后再进行灭菌。

1. 棉塞的制作 装有培养基或稀释液的锥形瓶（或试管）需加上棉塞，瓶（管）口上的棉塞可以过滤空气，防止杂菌侵入，并可减缓培养基水分蒸发，保持容器内空气流通。好的棉塞，在形状和大小上均应与三角瓶口（试管口）完全配合，松紧适度。棉塞制法参见图 1-2，正确制得的棉塞，头较大，约有 1/3 在瓶口（管口）外、2/3 在瓶口（管口）内。另外为了便于无菌操作，减少棉塞的污染机会，或因棉花纤维过短，可在棉塞外面包上 1~2 层纱布（医用料纱布），延长其使用时间。

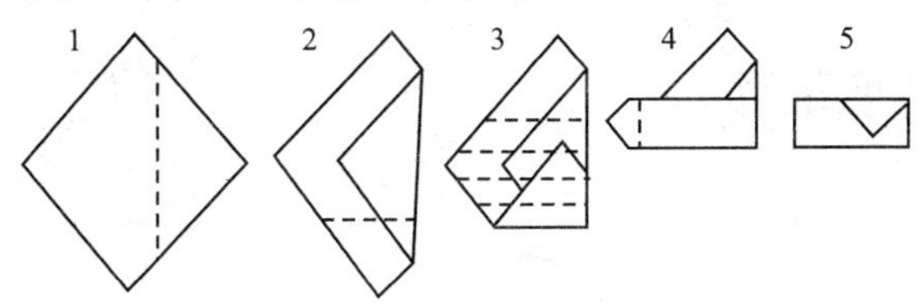

图 1-2 棉塞的制作过程

瓶（管）口塞好棉塞后，在塞子与瓶口外再用纸包好，用棉绳以活结扎紧（图 1-3），以防灭菌后瓶口被外部杂菌所污染。也可用透气性好的胶塞代替棉塞，三角瓶还可用 8~12 层纱布代替棉塞。

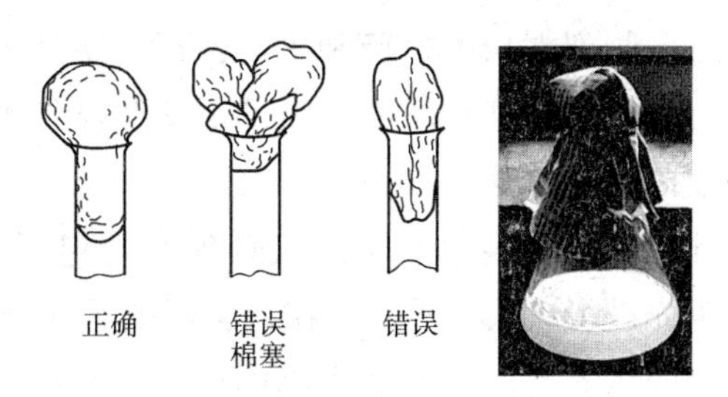

图 1-3 锥形瓶包扎

2. 吸量管包扎 将吸量管洗净，晾干，在管口上端松松塞上 1~2cm 的棉花，然后用 4~5cm宽的长条纸，逐支以螺旋式包扎，为防止松开，可将末端多余纸反折后打结（图 1-4）。

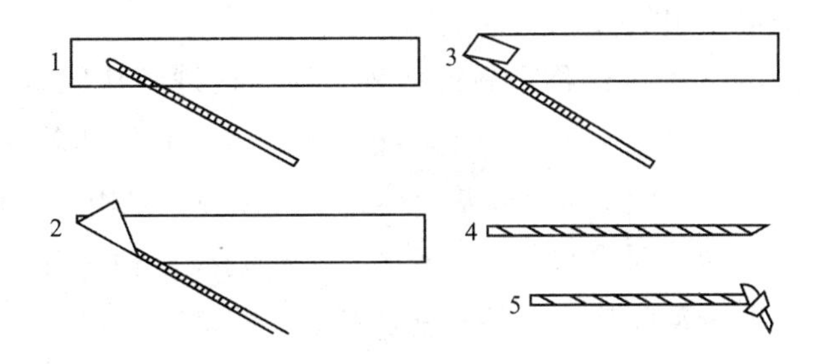

图 1-4 吸量管的包扎过程

3. 培养皿的包装 洗净晾干的培养皿，每 10 套左右一组，用报纸、牛皮纸包好或用金属套筒装好，灭菌。

五、目标检测

1. 若细菌用培养基的初始 pH 为 5.2，应该用什么进行调节？调节至 pH 多少？怎样调节较为合理？

2. 培养基分装时能否采用量筒分装？为什么？

3. 若要制备斜面培养基，是应该灭菌前就摆好还是灭菌后再摆？

4. 配制酵母菌培养基时，为什么要等培养基都溶解好了才加入葡萄糖？

5. 酵母菌培养基的灭菌条件为什么比细菌培养基的灭菌条件低一些？

6. 制备固体培养基过程，如何判断培养基中各组成成分都溶解均匀了？

（叶曼红）

扫码“学一学”

任务二 接种与梯度稀释

一、实训目的

掌握微生物无菌培养操作技术，能够熟练运用纯种培养的操作原理，在无菌操作环境下，独立进行微生物培养液的梯度稀释操作，以便为后续的操作奠定基础。

二、实训原理

无菌操作泛指微生物纯种培养过程中所涉及的一系列采样、浓度稀释、接种培养等操作，要求在操作过程中通过一些列严格的措施和手段，禁止空气中或外部环境中的微生物进入操作环境体系，从而达到微生物纯种培养的目的。这些操作手段包括培养基与操作器皿的灭菌、操作环境中的无菌化处理等。

例如，实验操作中，凡是目的微生物有可能接触到的（包括通过空气传播）培养基、相关物品和环境，都需要事先进行灭菌。然后，在无菌环境下进行接种等操作。

接种操作，指将微生物的培养物或含有微生物的样品，移植到新的培养基，是典型的无菌操作。常用的接种方法有斜面接种、穿刺接种、平板接种和液体接种。根据接种方法的不同，所使用的接种工具也不同。常用的接种工具有接种环、接种针、L 形玻璃棒等。接种环（图 1－5）一般是用镍铬丝材料制作，常用于挑取菌落、斜面或平板划线等接种操作，使用前需用紫外线照射或用火焰灼烧灭菌；L 形玻璃棒则常用于平板涂布等接种操作，使用前需经高压蒸汽消毒或用 75% 乙醇溶液擦拭灭菌。

在斜面培养基之间的接种操作称为斜面接种，即用接种环从原斜面中挑取少量菌苔，在新的斜面上做来回的“Z”字型划线（图 1－6）后培养，划线比较密集，常用于菌种的增殖和富集培养。将菌体接种到平板培养基上称为平板接种，多用于菌株的分离纯化培养。常用的平板接种方法有两种：划线和涂布。其中，平板划线接种又分为连续划线和分区划线。前者是用接种环挑取少量菌苔后，在平板培养基上做来回“Z”字型划线（图 1－7）；后者是在平板的不同区域进行来回“Z”字型划线（图 1－8）。由于是以分离纯化为目的，平板划线时不能过密，通过划线使菌苔中的菌体细胞分散开，最终在划线的尾端出现单独的菌体细胞。涂布接种是将菌液注入平板培养基表面，用 L 形玻棒将菌液涂布均匀，使菌体在培养后长出单个菌落，常用于单菌落的分离纯化培养。

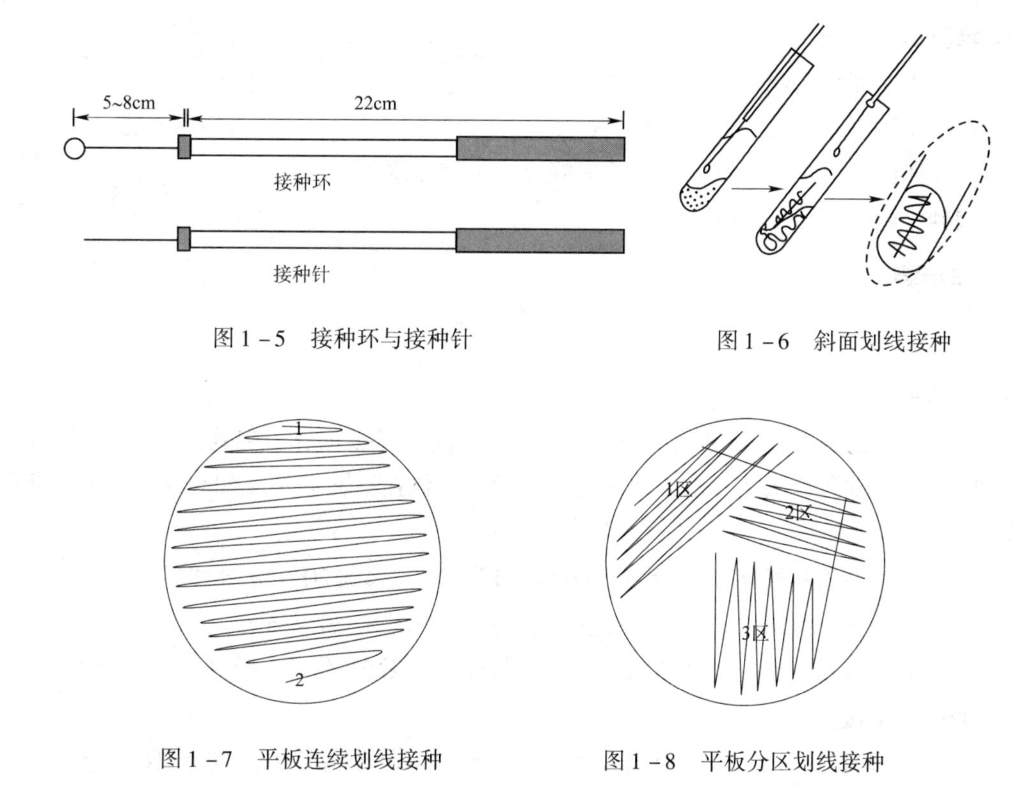

图 1－5　接种环与接种针

图 1－6　斜面划线接种

图 1－7　平板连续划线接种

图 1－8　平板分区划线接种

将菌体接种到液体培养基培养的接种方法称为液体接种。该法主要适用于微生物的增殖培养和进行生化反应等。根据接种对象的不同，可有两种操作：一种是使用接种环，在斜面培养基上刮取菌苔接入液体培养基；另一种是使用无菌吸量管，移取一定量的菌种培养液，接入液体培养基。

在自然条件下，微生物是以群体混合的形式存在的，接种环接触到的菌苔，可能包含有成千上万个同种或异种的菌细胞。纯种培养，要求在新的培养体系中的微生物，必须是从一个单细胞开始，增殖成单一种类的菌群。因此，在接种操作之前，往往要先制备菌悬液，并对菌悬液进行稀释，确保每毫升菌液中的单细胞数量≤10 个，可以通过涂布或分离操作，得到单细胞生长的菌群落。

菌液稀释通常采用倍数稀释的方式，如 10 倍液数稀释（即每次都是稀释 10 倍）、百倍数稀释（每次都是稀释 100 倍）等，这种等倍数稀释的方法称为梯度稀释。在无菌环境下进行的梯度稀释操作，称为无菌梯度稀释。

刻度吸量管（又称吸量管）是进行梯度稀释操作的基本工具。无菌梯度稀释要求吸量管的操作必须符合无菌操作的规定，且整个操作过程必须在无菌环境中进行，这是与常规化学实验操作的根本区别。

无菌梯度稀释是微生物培养中的一项最基本的操作技术。微生物的接种、单菌落分离纯化、微生物培养过程中生物量检测，以及基因工程操作、细胞工程操作等等，都需要进行无菌梯度稀释的操作技术。

三、实训器材

1. 仪器　超净工作台，冰箱、摇床、高压蒸汽灭菌锅、生化培养箱。

2. 器皿材料　酒精灯、火柴、试管架、接种环、锥形瓶、瓶塞、玻璃珠、试管、试管塞、标签、吸量管、线绳、牛皮纸、消毒棉花、记号笔等。

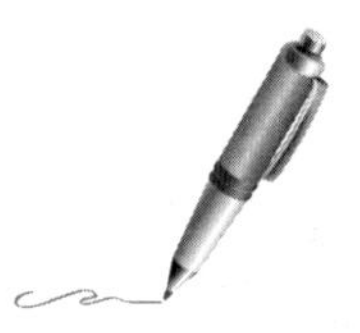

3. 培养基与试剂

（1）固体培养基　麦芽汁琼脂培养基。

（2）液体培养基　麦芽汁培养基。

（3）其他试剂　工业酒精、75%乙醇溶液、生理盐水等。

4. 菌种　啤酒酵母/面包酵母。

四、操作步骤

（一）无菌梯度稀释

1. 实验前准备

（1）准备无菌水　250ml 锥形瓶中装入 50ml 水和数粒玻璃珠，包扎；另取若干支试管（如 6 支），每支试管装入 9ml 水，并做好序号标记，包扎；若干支（如 6 支）1ml 吸量管，包扎。

（2）灭菌　高压蒸气灭菌法（103.42kPa，121℃），灭菌 20～30 分钟。

（3）菌种活化　将保藏的菌种转接新的斜面，活化培养 30～36 小时。

（4）环境消毒与整理　启动超净工作台，紫外线照射 20 分钟；整理工作台面。

2. 制备菌悬液

（1）操作前消毒　用 75%乙醇棉球擦拭操作台面及操作者双手，点燃酒精灯。

（2）瓶/管口消毒　在酒精灯火焰旁，打开保藏活化菌的斜面试管包扎，和盛装无菌水的 250ml 锥形瓶包扎。

（3）取菌　斜面试管口在火焰上过火并停留在火焰附近；将接种环在火焰上充分灼烧（接种环完全烧红）后，伸入试管口，贴在管口内壁（无菌苔处）片刻，使其降温；然后在斜面上的挑取少许菌苔；再将试管口过火后，重新包扎。

（4）接种　在火焰旁，完全打开 250ml 锥形瓶口包扎，瓶口在火焰上过火并停留在火焰附近；将挑取有菌苔的接种环伸入瓶内，在贴近液面处的瓶内壁上研磨少许，使液面与菌苔接触并溶之；取出接种环，瓶口与瓶塞火焰过火后，塞上瓶塞，振荡均匀。通常需要振荡 20 分钟～1 小时。

注意：步骤（3）、（4）的操作均需在火焰旁操作，一般不离开火焰 3～8cm。取菌后，可放下试管，但挑取有菌苔的接种环不得离开火焰旁，动作应干净、利落、迅速。

（5）结束后消毒　为避免交叉污染，划线后，应将接种环再次在火焰上充分灼烧。

3. 菌液梯度稀释

（1）操作前消毒　与步骤 2.（1）相同。

（2）操作准备　将装有无菌水的试管按照稀释操作循序排列好，松开试管口包扎和灭菌后的吸量管包扎。

（3）瓶/管口消毒　在酒精灯火焰旁，打开已经振荡均匀的锥形瓶瓶塞，瓶口过火；打开试管口包扎，试管口过火。

（4）移液　用无菌吸量管移取 1ml 菌悬液，加入第 1 支试管，振荡均匀。

（5）稀释　更换新的无菌吸量管，从已经混匀的第 1 支试管中移取 1ml 菌液，加入第 2 支试管中，振荡均匀；再从第 2 管吸取 1ml 至第 3 管；如此连续，直至第 6 管，分别依次得到稀释为 10^{-1}、10^{-2}、10^{-3}、10^{-4}、10^{-5} 和 10^{-6} 倍原菌悬液浓度的菌液（图 1－9）。

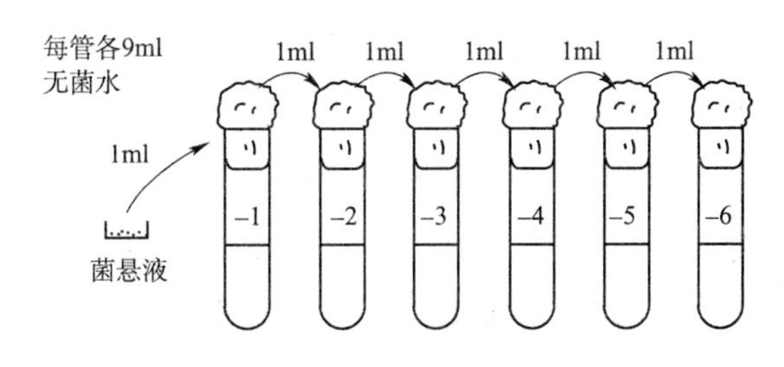

图1-9 梯度稀释操作

注意：为避免操作过程染菌，操作需在超净工作台内进行，且尽可能在酒精灯火焰旁操作；每稀释一个梯度，都要更换新的无菌吸量管。也可以按照100倍或其他倍数进行稀释，相应的，预先准备的每管中的无菌水量，也要进行调整。

（二）平板划线接种

1. 实验前准备

（1）配制平板培养基　计算好所需要的平板数量，配制相应量的固体培养基。将配制好的已溶解的固体培养基装入锥形瓶中，包扎。

注意：以9cm平皿为例，通常每皿培养基高度控制在1～2mm（5～10ml）。

（2）包扎器皿　包扎所需要的平皿、接种环。

（3）灭菌　与步骤（一）1.（2）相同。

（4）菌种活化　与步骤（一）1.（3）相同。

（5）工作环境消毒与整理　与步骤（一）1.（4）相同。

2. 制备平板

（1）操作前消毒　与步骤（一）2.（1）相同。

（2）平板标记　用记号笔在平皿盖的边缘处（或侧面）做好标记（或序号）。

（3）倒平板　将已灭菌的平板培养基融化并冷却到约50℃，在酒精灯火焰旁打开瓶塞，瓶口过火；右手持锥形瓶中下部，左手持平皿，左手中指、无名指和小指托出平皿底部，左手大拇指、示指稍稍揭开皿盖，将适量的培养基倒入平皿中；合上皿盖，将平皿平放在台面上，轻轻滑动，使平板培养基均匀分布于平皿中，静置平皿，待其凝固后，备用。

3. 接种

（1）瓶/管口消毒　与步骤（一）2.（2）相同；打开已经灭菌的接种环包扎。

（2）取菌　与步骤（一）2.（3）相同。

（3）划线　左手持平皿，左手中指、无名指和小指托出平皿底部，左手大拇指、示指稍稍揭开皿盖，皿盖开口应朝向火焰，便于伸入接种环，便于观察；右手将沾有菌苔的接种环伸入平皿，在平板培养基上划线。

1）分区划线　由平板的一边开始，做第一次“之”字形划线或平行线；划完后，转动培养皿约60°，充分灼烧接种环后，将接种环在皿盖内侧贴壁片刻（使灼烧后的接种环冷却）后，做第二次同法划线；以此类推，进行第三、四、五次的同法划线。

注意：每次划线前，都要灼烧接种环；每次划线时，第一条都要与前次2～3条线有交叉。划线应该密而不重复，充分利用整个平板面积。

2）连续划线　从平板的边缘处某一点开始，连续作紧密的“之”字形或平行划线，接种线经过整个平板，划线过程不烧接种环。

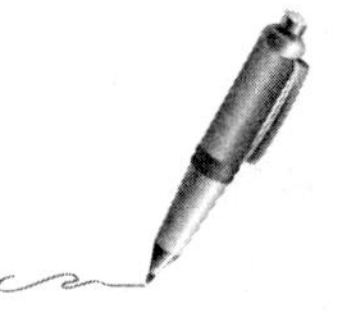

（4）培养　划线完毕后，合上皿盖；将平皿倒置于恒温培养箱培养，至长出单菌落。

（5）结束后消毒　同步骤（一）2.（5）。

（三）平板涂布接种

1. 实验前准备

（1）配制平板培养基　与步骤（二）1.（1）相同。

（2）包扎器皿　包扎所需要的平皿、L形玻璃棒、吸量管。

（3）灭菌　与步骤（一）1.（2）相同。

（4）菌种活化　与步骤（一）1.（3）相同。

（5）工作环境消毒与整理　与步骤（一）1.（4）相同。

2. 制备平板　同步骤（二）2。

注意：应视分离培养的菌种、梯度稀释的倍数等情况，决定平板的数量。

3. 梯度稀释　与步骤（一）相同。

注意：梯度稀释的倍数通常由经验决定，以能够在一个平板上分离出≤5～10个单菌落为最佳。由于稀释操作的误差，并不是稀释倍数最高的试管，涂布分离的效果就越好。一般情况下，取10^{-4}、10^{-5}或10^{-6}倍数的菌液，进行涂布分离。

4. 接种

（1）瓶/管口消毒　同步骤（一）2.（2）；打开已经灭菌的吸量管包扎和L形玻璃棒包扎。

（2）取菌液　在梯度稀释后的试管中，选取合适稀释倍数的试管，作为涂布菌液。用已经灭菌的无菌吸量管量取0.1ml菌液后，将吸量管停留在火焰旁。

（3）移菌液　左手持平皿，左手中指、无名指和小指托出平皿底部，左手大拇指、示指稍稍揭开皿盖，皿盖开口应朝向火焰；右手将量取的菌液释放入平板中央。

（4）涂布　右手换持L形玻璃棒（可再次用75%乙醇擦拭灭菌，不建议用火焰灼烧灭菌）；在平板表面上，将菌液先沿同心圆方向轻轻地向外扩展涂布，使之分布均匀；合上皿盖，室温下静置5～10分钟，使菌液浸入培养基。

注意：步骤（2）、（3）、（4）的操作均需在火焰旁操作，一般不离开火焰3～8cm。动作应干净、利落、迅速。

（5）培养　倒置于恒温培养箱培养，至长出单菌落。

此法亦可用于细菌的分离和计数。

五、目标检测

1. 菌液梯度稀释除了十倍稀释法，还可以几倍，如何操作？
2. 试管分装9ml蒸馏水时要能否使用量筒分装？为什么？
3. 从试管取溶液和将溶液转移至试管时，试管应做什么处理？
4. 制备平板时为什么不使用刚灭好菌的培养基，而要等培养基冷却至约50℃呢？
5. 涂布棒灼烧灭菌后为什么需冷却方能进行涂布？应该采取怎样的冷却方式为宜？
6. 在平板分区划线法中，为什么每次划线前都需灼烧接种环？如果不灼烧会有什么影响呢？

（王玉亭　叶曼红　王丽娟）

扫码“学一学”

任务三 常见特征菌的染色鉴别

一、实训目的

运用细菌基本特征知识，懂得如何对细菌进行涂片、染色，并且从显微镜的观察中判断细菌的种类，能够独立、熟练完成细菌的染色鉴别技能。

二、实训原理

细菌的涂片和染色是微生物实验操作中一项基本技术。细菌的细胞小而透明，在普通光学显微镜下不易识别。染色后的细菌细胞与背景可形成鲜明的色差，易于识别，还可以利用染色结果进行细菌的鉴别。

用于微生物染色的染料主要有带正电荷碱性染料，如美蓝、结晶紫、碱性复红或孔雀绿等；带负电荷的酸性染料如伊红、酸性复红或刚果红等；中性染料是前两者的结合物又称复合染料，如伊红美兰、伊红天青等。

根据染色程序不同，细菌染色方法分为单染色法和复染色法。单染色法只用一种染料使细菌着色，适于观察细菌的形状和排列方式，此法操作简便，但难于辨别细菌细胞的结构。复染色法是用两种或两种以上染料分步染色，可用于细菌的鉴定，又称为鉴别染色法。常用的有革兰染色法和抗酸染色法。其中，革兰染色法可将所有的细菌区分为革兰阳性（G^+）菌和革兰阴性（G^-）菌两大类，是细菌学中最重要的鉴别染色法。

革兰染色法的基本操作步骤是：先用草酸铵结晶紫进行初染，再用卢卡碘液媒染，然后用95%乙醇（或丙酮）脱色，最后用石炭酸复红液复染。经此方法染色后，细胞保留初染试剂颜色（蓝紫色）的为G^+菌；细胞染上复染剂的颜色（红色）的为G^-菌。

两类细菌细胞壁的结构和组成不同是革兰染色法鉴别的依据。用草酸铵结晶紫初染后，所有细菌都被染成初染试剂的蓝紫色；用脱色剂处理时，两类细菌的脱色效果是不同的：G^+菌经脱色和复染后仍保留了初染试剂的蓝紫色，而G^-菌则因洗脱呈无色，复染后又被染上复染剂的红色。

等电点及细胞内核糖核酸镁盐含量不同，也会导致两类细菌染色结果的差异。G^+菌等电点低，细胞内核糖核酸镁盐含量高，结合阳性染料多，结合牢固，难脱色；相反，G^-菌结合阳性染料少，易脱色。

进行染色前必须固定细菌。其目的有三个：①杀死细菌，使细胞质蛋白变性凝固，以固定细菌形态；②使菌体黏附于玻片上，染色和水洗时不会脱落；③增加其对染料的亲和力。常用的有加热和化学固定两种方法。

三、实训器材

1. 仪器 显微镜、酒精灯、火柴、镊子、载玻片、接种环、擦镜纸、吸水纸。

2. 试剂 草酸铵结晶紫染色液、卢戈氏碘液、95%乙醇、石炭酸复红液、香柏油、二甲苯（或液体石蜡）。

3. 菌种 枯草芽孢杆菌菌液、大肠埃希菌24小时营养肉汤培养物，金黄色葡萄球菌12～18小时营养肉汤培养物。

四、操作步骤

（一）细菌单染色法

流程：涂片→干燥→固定→染色→水洗→干燥→镜检。

1. 涂片 涂片过程应进行无菌操作，取一块洁净无油的载玻片，将接种环在酒精灯火焰上灼烧灭菌，伸入枯草芽胞杆菌菌液内挑取2环菌液，在载玻片上涂抹成直径1.0cm左右的菌膜。若取菌苔或菌落染色，则先在洁净载玻片中间滴一小滴无菌生理盐水，用无菌接种环取少许菌，在生理盐水中涂抹均匀，若菌量过多，可在玻片上进行稀释，以免菌膜过厚影响染色效果。

2. 干燥 涂片最好在室温下自然干燥。也可以将涂面朝上在酒精灯上方利用热气烘干，或用吹风机吹干。

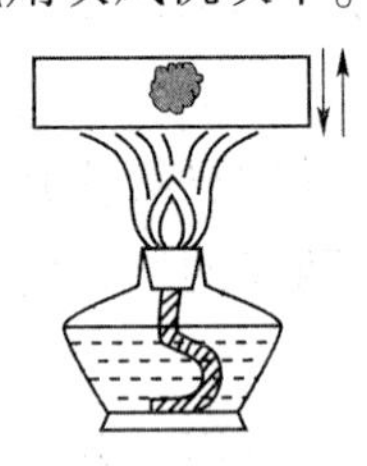

图1－10 加热固定

3. 固定 让菌膜面朝上，将载玻片在酒精灯火焰外焰来回通过3次，即为固定（图1－10）。

4. 染色 将玻片平放于桌面上，滴加染液1～2滴于涂片上（染液刚好覆盖涂片薄膜为宜）。石炭酸复红（或草酸铵结晶紫）染色1～2分钟。

5. 水洗 倾去染液，斜置玻片，用细水流从载玻片上端流下洗去多余的染液。注意水流不能直接冲洗菌膜。

6. 干燥 甩去玻片上的水珠自然干燥、电吹风吹干或用吸水纸吸干均可以（注意勿擦去菌膜）。

7. 镜检 涂片必须完全干燥后才能镜检。先用低倍镜找到物像，并将物像调到视野中央，再用高倍镜，最后用油镜，于标本上滴一滴香柏油（或液体石蜡），置于油镜下进行观察，绘出菌体及芽孢染色图。

8. 实训结束后处理 清洁显微镜。先用擦镜纸擦去镜头上的香柏油，然后再用擦镜纸沾取少许二甲苯擦去镜头上的残留油渍，最后用擦镜纸擦去残留的二甲苯。若用液体石蜡，直接用擦镜纸擦拭3～4次，不必用二甲苯清洁，擦镜头时向一个方向擦拭。

染色玻片用洗衣粉水清洗，晾干后备用。

（二）细菌革兰染色法

流程：涂片→干燥→固定→染色（初染→水洗→媒染→水洗→脱色→水洗→复染→水洗）→晾干→镜检。

1. 涂片 同单染色法。

2. 干燥 同单染色法。

3. 固定 同单染色法。

4. 初染 滴加草酸铵结晶紫（以刚好将菌膜覆盖为宜）于涂面上，染色1分钟，倾去染色液，细水冲洗至洗出液为无色，将载玻片上的积水甩干。

5. 媒染 用卢戈碘液媒染约1分钟，水洗。

6. 脱色 用滤纸吸去玻片上的残水，将玻片倾斜，在白色背景下，用滴管连续滴加95%的乙醇通过涂面脱色20～30秒，至玻片下端流出的乙醇无色时，立即水洗，将载玻片上的积水甩干。革兰染色结果是否正确，乙醇脱色是操作的关键环节。

7. 复染 在涂片上滴加石炭酸复红液复染2～3分钟，水洗，然后用吸水纸吸干。在染

色的过程中，染液不得干涸。

8. 晾干 甩去玻片上积水，自然干燥、电吹风吹干或用吸水纸吸干（注意勿擦去菌膜）。

9. 镜检 镜检方法与单染色相同。判断两种菌体染色反应性。菌体被染成蓝紫色的是 G^+ 菌，被染成红色的为 G^- 菌。

10. 实训结束后的清洁与复原 同单染色法。

五、目标检测

1. 涂片过程中因采取哪些措施保证无菌操作?
2. 在酒精灯上方烘干时，能否用镊子夹取菌片，以免烫伤操作者？为什么?
3. 为什么固定和干燥不一起在火焰中进行呢?
4. 如果涂片未经热固定，会出现什么问题？加热温度过高、时间太长，又会怎样呢?
5. 涂片固定后最好适当冷却后再进行染色，为什么?
6. 不经过复染这一步，能否区别革兰阳性菌和革兰阴性菌?

（叶曼红）

任务四　工业微生物的分离、纯化与筛选

扫码"学一学"

一、实训目的

运用细菌基本特征知识和微生物的接种分离技术，懂得如何对工业微生物进行分离、纯化与筛选，能够独立、熟练完成工业微生物的分离、纯化与筛选。

二、实训原理

应用于工业生产的微生物称为工业微生物。常用的工业微生物有细菌、放线菌、酵母菌和霉菌，由于发酵工程本身的发展以及遗传工程的介入，藻类、病毒等也正在逐步成为工业生产的微生物。工业微生物目的菌株主要来源为三种方式：从菌种保藏机构购买并筛选，从自然界（如土壤、水、动植物等）采集并筛选，从部分发酵制品中分离纯化。

工业微生物菌株的分离、纯化和筛选一般分为采样、富集、分离、产物鉴别等四个步骤。

土壤是微生物最集中的地方，几乎可以分离到任何所需的菌株，是首选的采集目标。采集时应根据土壤有机质含量和通气状况、酸碱度和植被状况、地理条件及季节条件设计合理的采集方法。

当目的菌含量较少时，应根据其的生理特点，采用适当的选择性培养基和适宜的生长条件，使其在最适的环境下迅速增殖，数量增加，由原来自然条件下的劣势种群变成人工环境下的优势种群，以达到可分离出的纯化菌株的目的，此为富集培养。富集培养一般可从控制培养基的营养成分（碳源、氮源）、控制培养条件（pH、温度、需氧状况）、抑制不需要的菌类等方面来进行控制。常用的富集培养基有：营养肉汤和营养琼脂培养基（富集细菌），高氏1号培养基（富集放线菌），马铃薯蔗糖培养基和麦芽汁培养基（富集酵母菌），马铃薯蔗糖培养基、豆芽汁葡萄糖（或蔗糖）琼脂培养基和察氏培养基（富集霉

菌），等等。

富集培养后，目的菌株得到增殖，其他种类的微生物在数量上相对减少，但并未死亡。富集后的培养液中仍然有多种微生物混杂在一起，即使占了优势的一类微生物中，也并非纯种。因此，还需要进一步通过分离纯化，把最需要的菌株直接从样品中分离出来。常用的分离纯化方法是平板涂布法和平板划线法。常用于细菌的分离纯化培养基有伊红美兰琼脂培养基（筛选大肠埃希菌）、木糖赖氨酸脱氧胆酸盐琼脂培养基（筛选沙门菌）、枯草芽孢杆菌培养基、溴化十六烷基三甲胺琼脂培养基（筛选假单胞菌）等。

分离得到的菌株宜采用适当的鉴别方法方能确定为工业用目的菌株。常用的鉴别方法有革兰染色法和生化鉴定试验。

大肠埃希菌俗称大肠杆菌，主要存在于人和恒温动物肠道中，是人体正常菌群最重要的组成之一。在工业上，可用以制备L－门冬酰胺酶，此酶是治疗白血病效果较好的一种药物；还可利用其谷氨酸脱羧酶来测定谷氨酸含量；在科研上是生物化学、遗传学和分子生物学的适合的材料。

本实训以土壤为例设计工业细菌大肠埃希菌的分离纯化。

三、实训器材

1. 仪器 酒精灯，火柴，试管架、接种环、涂布棒、培养皿、试管、试管塞、标签、吸量管、恒温培养箱、显微镜、酒精灯、载玻片、接种环、擦镜纸、吸水纸等。

2. 试剂 草酸铵结晶紫染色液、卢戈碘液、95%乙醇、石炭酸复红液、香柏油、二甲苯（或液体石蜡）。

3. 培养基 营养肉汤培养基、伊红美蓝琼脂培养基。

四、操作步骤

（一）制备营养肉汤培养基和伊红美蓝琼脂培养基

1. 制备营养肉汤培养基

成分：牛肉膏3～5g，蛋白胨10g，氯化钠5g，蒸馏水1000ml pH 7.4。

制备方法：按配方比例依次加入各种成分。加热溶解、补水，调pH至7.6，分装于三角瓶（100ml/瓶）后，加塞包扎，用高压蒸气灭菌法（103.42kPa，121℃），灭菌20～30分钟后备用。

2. 制备伊红美蓝琼脂培养基

成分：营养琼脂培养基100ml，20%乳糖溶液5ml，曙红钠指示液2ml，亚甲蓝指示液1.3～1.6ml。

制备方法：锥形瓶内灭菌的营养琼脂培养基加热溶化后，冷至60℃，无菌操作条件下按比例加入灭菌的20%乳糖溶液、曙红钠指示液、亚甲蓝指示液三种溶液，摇匀制成曙红亚甲基蓝琼脂培养基，倾注平板，每个平板约15ml。

（二）制备土壤悬液

用采样铲，将土壤表层5cm左右的浮土除去，取5～25cm处的土样10～25g，装入事先准备好的塑料袋内扎好。

将适当土样（约1g）加入无菌水（三角瓶）中，摇匀，静置。将上清液采用10倍稀释法稀释到10^{-6}稀释级。

（三）富集培养

用无菌吸量管吸取1ml上述土壤悬液至营养肉汤培养基中，混合液于37℃恒温箱培养18～24小时。

（四）分离纯化

取上述培养物适量，平板划线接种或平板涂布接种于伊红美蓝琼脂平板，于37℃恒温箱培养18～24小时。

大肠埃希菌在伊红美蓝琼脂平板的菌落特征为：呈紫黑色、浅紫色、蓝紫色或粉红色，菌落中心呈深紫色或无明显暗色中心，圆形，微突起，边缘整齐，表面光滑，湿润，常有金属光泽。

（五）菌落鉴定

革兰染色法：同本项目任务三。

大肠埃希菌为革兰阴性杆菌。

五、目标检测

扫码“练一练”

1. 伊红美蓝琼脂培养基中的乳糖起什么作用？两种指示剂分别有什么作用？

2. 土壤采样时，为什么不采最表层的土壤，或是采深层的土壤？

3. 土壤采样后为什么要进行梯度稀释？如果采用原液或是低稀释级的悬液会有什么影响吗？

4. 在EMB平板上，是否满足下列特征的菌落就是大肠埃希菌菌落：呈紫黑色、浅紫色、蓝紫色或粉红色，菌落中心呈深紫色或无明显暗色中心，圆形，微突起，边缘整齐，表面光滑，湿润，常有金属光泽？

（叶曼红）

项目二

细胞培养与传代

扫码“学一学”

任务一 细胞培养的材料与方法

一、细胞培养的概念

细胞培养是指在体外模拟体内环境（无菌、适宜温度、酸碱度和一定营养条件等），使细胞生存、生长、繁殖并维持主要结构和功能的一种方法，也称为细胞克隆技术。通过细胞培养，可以将一个细胞培养成大量简单的单细胞或极少分化的多细胞，借此研究细胞的信号转导、细胞的合成代谢、细胞的生长增殖等。

按照生物学分类，细胞培养可包括动物细胞培养、植物细胞培养与微生物细胞培养。相比之下，动物细胞的进化程度更大，培养最为困难。通常所说的细胞培养，一般指动物细胞培养。

1. 动物细胞培养的特点 依据细胞的生长特点不同，动物细胞可大致分成两种形态。

（1）贴附型 贴附是大多数动物细胞在体内生存和生长发育的基本存在方式，细胞与细胞之间相互结合形成组织，必须贴附于某一固相表面才能生存和生长。这类细胞在体外培养时，同样需要贴附于某一固相表面，才能生存和生长。

这类细胞在体内、外的贴附方式是不同的：在体内，细胞的贴附是全方位的，具有复杂的立体特征；在体外，多数情况下，细胞只有一个附着平面，细胞外形与体内时明显不同，且存在着接触抑制性（指当贴壁细胞分裂生长到表面相互接触时，细胞就会停止分裂增殖的现象）。按照培养细胞的主要形态，可分为几种：成纤维细胞、上皮细胞、游走细胞和多形细胞。

（2）悬浮型 少数特殊的细胞，如血液细胞、淋巴细胞、某些类型的癌细胞及白血病细胞，不贴于支持物上，呈悬浮生长。体外培养时，不需要贴附于固相表面，可悬浮培养，这类细胞容易大量繁殖。

动物细胞培养中，贴附型细胞的体外培养是广泛关注的重点。由于动物细胞体内外培养时只有一个贴附面，人们采用胰蛋白酶消化处理和应用液体培养基，消除体外培养细胞的接触抑制性，使得分散的单个细胞容易摄取所需的营养，排出代谢废物，称为单层细胞培养技术，是组织细胞体外培养所普遍应用的方法。

2. 动物细胞培养的一般性过程 理论上讲，各种动物和人体内的所有组织都可以用于培养。相对而言，幼体组织（尤其是胚胎组织）比成年个体的组织容易培养，分化程度低的组织比分化高的容易培养，肿瘤组织比正常组织容易培养（图2－1）。

（1）取材 在无菌环境下从机体取出某种组织细胞（视实验目的而定），经过一定的处理（如消化分散细胞、分离等）后接入培养器皿中。

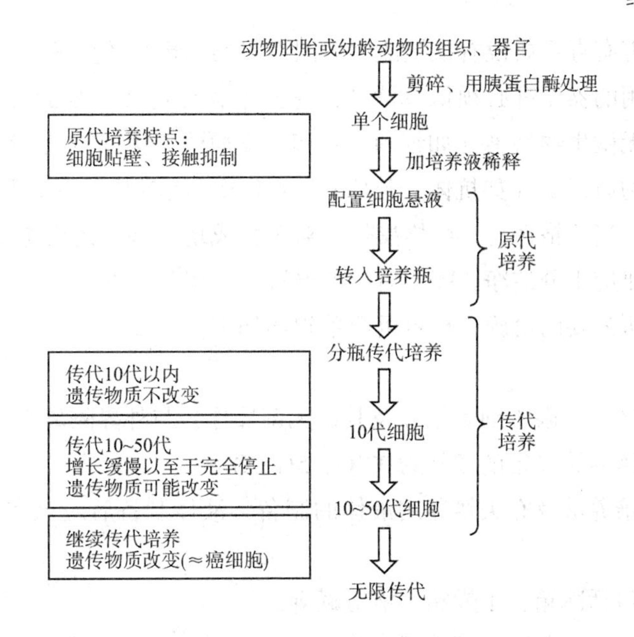

图 2－1　动物细胞的培养过程与特点

（2）消化　取材后的组织细胞应立即加入适量的蛋白酶，使细胞分散，消除或减弱细胞的接触抑制，以利于进一步的培养。这个处理过程称为消化。所使用蛋白酶一般是胰蛋白酶和胶原酶。造成细胞之间相互接触粘连的物质主要是蛋白质（胶原纤维）。胰蛋白酶可作用于与赖氨酸或精氨酸相连接的肽键，除去细胞间黏蛋白及糖蛋白，使细胞分离。通常，消化处理至培养液中呈现肉眼尚可见微小组织颗粒即可，此时组织颗粒已经松散，略经吹打即成细胞团或单个细胞。过久的消化往往导致细胞损伤加重，细胞培养成活率降低。

当贴壁细胞分裂生长到互相接触时，细胞就会因出现接触抑制而停止分裂增殖，即接触抑制。此时，需将细胞液重新进行消化处理，再配成一定浓度的细胞悬浮液。

（3）原代培养　将消化后的组织细胞接入培养瓶或培养板中，使其生长和增殖，这个过程称为体外培养。从机体取出组织细胞后的首次培养称为原代培养，但通常将第一代至第十代以内的培养细胞都统称为原代细胞培养。原代细胞生长缓慢，与体内原组织在形态结构和功能活动上相似性大，更接近于生物体内的生活状态。

细胞培养开始时（接入培养器皿之前），一般先进行细胞计数，再按要求将一定量（以每毫升细胞数表示）的细胞悬浮液接入培养器皿，加入培养基后，立即放入 CO_2 培养箱中，使细胞尽早进入生长状态。正在培养中的细胞应每隔一定时间观察一次，观察的内容包括细胞是否生长良好、形态是否正常、有无污染、培养基的 pH 是否合适（由酚红指示剂指示），并定时检查培养温度和 CO_2 浓度。

（4）传代培养　原代细胞培养成功后，细胞长满瓶底，开始进入旺盛的分裂生长期，这时要进行分离培养。将原代细胞由原培养瓶内分离稀释后传到新的培养瓶中培养的过程称之为传代培养（分瓶培养，将一瓶中的细胞消化悬浮后，分至两到三瓶继续培养）。每传代一次称为“一代”。

传代细胞可以进行细胞扩增（形成细胞株）、克隆，易于保存，但可能会丧失一些特殊的细胞和分化特征。其优点在于可提供大量、持久的实验材料。

二、细胞培养相关设施、试剂材料

一般来说，离体后（体外生长）的细胞，不会再形成组织，对任何有害物质十分敏感，

对微生物及一些有害有毒物质没有抵抗能力，因而对培养环境的要求极高。

新的或重新使用的器皿都必须认真清洗，达到不含任何残留物的要求；培养基应达到无化学物质污染、无微生物污染（如细菌、真菌、支原体、病毒等）、无其他对细胞产生损伤作用的生物活性物质污染（如抗体、补体）。对于天然培养基，污染主要来源于取材过程及生物材料本身，应当严格选材，严格操作。对于合成培养基，污染主要来源于配制过程，配制所用的水，器皿应十分洁净，配制后应严格过滤除菌。

开展细胞培养所需要的设施、材料可简单叙述如下：

1. 细胞培养室

（1）无菌操作区　只限于细胞培养及其他无菌操作，与外界隔离。

（2）孵育区　培养箱设定的条件为37℃、5% CO_2。

（3）制备区　培养液及有关培养用液体的制备，液体制备后应该在净化工作台进行过滤除菌。

（4）储藏区　包括冰箱、干燥箱、液氮罐等。

（5）清洗区和消毒灭菌区　清洗区为相对污染区，消毒灭菌区与清洗区分开。

2. 细胞培养常用的基本设施　荧光显微镜、超净工作台、孵箱、电热鼓风干燥箱、冰箱、液氮罐、消毒器、恒温水浴槽、滤器等。

细胞培养常用器皿：培养瓶、培养板、培养皿，玻璃瓶、吸管，离心管、冻存管，注射器，烧杯、量筒等。

3. 细胞培养用品的清洗、消毒

新玻璃器皿要用5%稀盐酸浸泡，以中和其表面碱性物质，刷洗。

硫酸清洁液浸泡：浓硫酸＋重铬酸钾＋蒸馏水。

冲洗：流水冲洗15～20次，蒸馏水冲洗3次，三蒸水漂洗1～3次。

所有需灭菌的器械、物品灭菌前均需包装，防止灭菌后污染。使用时，需在超净工作台内打开包装。

消毒灭菌：培养基、器皿一般用高压蒸汽灭菌（120℃、20分钟）；实验室房间空气及操作台主要用紫外线消毒。

4. 细胞培养用液及培养基

培养用液：水（去离子超纯水）。

缓冲液：平衡盐溶液，维持渗透压，调节pH，供给细胞生存所需能量和无机离子成分。

消化液：胰蛋白酶液，EDTA，胶原酶等。

培养基：维持体外细胞培养生存和生长的溶液。

天然培养基　血清（胎牛血清、小牛血清、马血清、兔血清、人血清等）、血浆和组织提取液（如鸡胚和牛胚浸液）水解乳蛋白。

合成培养基　根据细胞生存所需物质的种类和数量，用人工方法模拟合成。如TC199、BME、MEM等。主要成分：氨基酸、维生素、碳水化合物、无机盐和其他一些辅助物质。

5. 动物细胞培养的条件

（1）无菌、无毒的环境　除对培养液和所有培养用具进行无菌处理外，通常还要在培养液中加入一定量的抗生素，以防被污染。还应定期更换培养液，以便清除代谢产物防止细胞代谢产物累积对细胞自身产生危害。

（2）营养物质　主要是无机物（无机盐、微量元素等），有机物（糖、氨基酸、促生长因等）血清和血浆。

（3）温度和 pH　36.5 ±0.5℃，7.2 ~7.4。

（4）所需要的特殊条件

1）血清　血清提供生长必需因子，如激素、微量元素、矿物质和脂肪，相当于动物细胞离体培养的天然营养液。最常用的是小牛血清。

2）支持物　常用玻璃、聚苯乙烯塑料等作为贴附细胞生长的固相支持物。

3）气体交换　二氧化碳和氧气的比例要在细胞培养过程中经常进行调节，维持合适的气体条件，一般是95%空气 +5% CO_2混合气体，其中5% CO_2气体是用于保持培养液的 pH 稳定。

三、实验操作

1. 准备工作　包括器皿的清洗、干燥与消毒，培养基与其他试剂的配制、分装及灭菌，无菌室或超净台的清洁与消毒，培养箱及其他仪器的检查与调试。

准备工作对开展细胞培养异常重要，工作量也较大，任何一个环节的疏忽都可导致实验失败或无法进行，应给予足够的重视。

2. 取材　在无菌环境下从机体取出某种组织细胞（视实验目的而定），经过一定的处理（如消化分散细胞、分离等）后接入培养器皿中。如果进行细胞株的扩大培养，则没有取材的过程。

取材时应严格保持无菌，同时也要避免接触其他的有害物质。取病理组织和皮肤及消化道上皮细胞时容易带菌，为减少污染可用抗菌素处理（图 2 -2）。

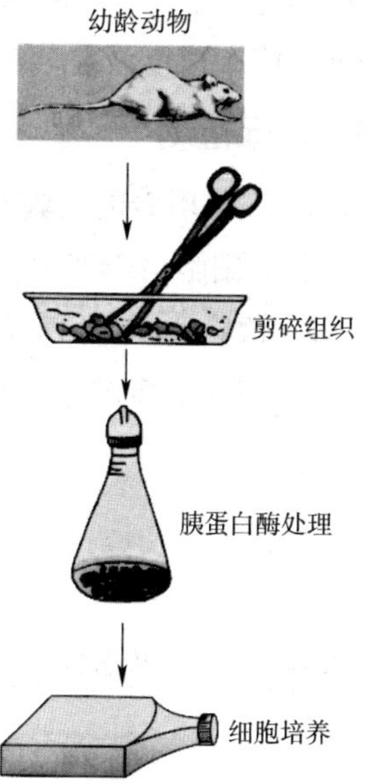

图 2 -2　动物细胞的取材与培养

3. 消化　消化处理常用胰蛋白酶（胰蛋白酶的最适 pH7.4 ~ 8.4，与多数动物细胞培养 pH 接近）。胰蛋白酶液浓度越高，作用越强，但超过一定限度会损伤细胞（消化细胞膜蛋白），必须控制好胰蛋白酶的消化时间。

4. 培养

（1）原代培养操作　经消化处理得到的原代细胞是单个细胞或单一型细胞群。在进行细胞计数后，用培养液将细胞悬浮液稀释至一定倍数后，分装于培养瓶中（使细胞悬液的量能够覆盖并略高于培养瓶底部为宜），再置于 CO_2培养箱内静置培养。一般 3 ~5 天后，可见细胞可以贴附于瓶壁，并伸展生长。此时，补加适量的新培养液，继续培养 2 ~3 天后换液，一般7 ~14天可以长满瓶壁，进行传代。

（2）传代培养操作　传代培养操作的一般性步骤如下。

1）消化处理　吸掉或倒掉培养瓶内旧培养液；在 37℃下，向瓶内加入胰蛋白酶液和 EDTA 混合液少量。以能覆盖培养瓶底为宜；消化 2 ~5 分钟后，将培养瓶放在倒置显微镜下进行观察，当发现细胞胞质回缩、间隙增大后，应立即中止消化。

注意：必须掌握好细胞消化的时间和消化液浓度，消化时间过短或浓度过低，细胞不宜从瓶壁脱落；消化时间过长或浓度过高会导致细胞脱落、损伤。

吸出消化液，向瓶内加入少量 Hanks 液（一种细胞培养用平衡盐溶液），轻轻转动培养瓶，把残留消化液冲掉，再加入培养液。如果仅使用胰蛋白酶消化，在吸除胰蛋白液后，可直接加入少量含血清的培养液，终止消化。

2）制备悬浮液　使用弯头吸管，吸取瓶内培养液，按顺序反复吹打瓶壁细胞，使之从瓶壁脱离形成细胞悬液。吹打动作要轻柔，以免损伤细胞。

3）培养　用血细胞计数板计数后，分别接种于新的培养瓶中，置 CO_2 培养箱中进行培养。

培养期间，应注意培养液的更换。换液时间应根据细胞生长状态和实验要求来确定。一般培养 2～3 天后换一次生长液。待细胞铺满器皿底面，可进行下一步操作，也可继续传代扩大培养，或换成维持液。

5. 冻存及复苏　为了保存细胞，特别是不易获得的突变型细胞或细胞株，要将细胞冻存。冻存的温度一般用液氮温度（－196℃），将细胞收集至冻存管中，加入含保护剂（一般为二甲亚砜或甘油）的培养基，以一定的冷却速度冻存，最终保存于液氮中。在极低的温度下，细胞保存的时间几乎是无限的。

复苏一般采用快融方法，即从液氮中取出冻存管后，立即放入 37℃ 水中，使之在一分钟内迅速融解。然后将细胞转入培养器皿中进行培养。冻存过程中，保护剂的选用、细胞密度、降温速度及复苏时温度、融化速度等都会对细胞活力产生影响。

四、目标检测

1. 细胞培养的实验器皿清洗要求为何较高？如何保证器皿中无杂质？如果器皿中有杂质，会对细胞培养产生什么影响？
2. 营养液制备后为什么要小剂量分装？
3. 细胞培养过程中对无菌的要求很高，如何操作才能保证培养过程中无微生物污染？

（李艳萍　王玉亭）

扫码“学一学”

任务二　细胞形态观察与分类（血涂片制备）

一、实训目的

通过血涂片制备和血细胞观察，掌握细胞的涂片制备、细胞染色与观察操作技能，熟悉动物细胞各种典型形态，懂得细胞涂片的制作和瑞特染色操作，了解各类动物血液细胞的形态与分类。

二、实训原理

人体内白细胞总数和种类是相对稳定的。正常人每立方毫米的血液中白细胞数为 5000～10000 个。各种白细胞的百分比为：中性粒细胞 50%～70%；嗜酸性粒细胞 1%～4%；嗜碱性粒细胞 0～1%；淋巴细胞 20%～40%；单核细胞为 1～7%。当机体发生炎症或其他疾病时，可引起白细胞总数及各种白细胞的百分比发生变化。检查白细胞总数及白细胞分类计数是一种重要的辅助诊断方法。

涂片技术是制备血液样品最常用的技术。将血液样品制成单层细胞的涂片标本，染色

后可对血液中各种细胞形态进行形态观察、细胞计数、细胞大小测量等工作。

制作血涂片时，将血液按一定方向均匀涂开，微观上使细胞是由球形变为平面形或近平面形，平铺在载玻片上。

染色的目的是使细胞的主要结构，如细胞膜、细胞质、细胞核等染上不同的颜色，以便于镜下观察识别。血涂片染色包括两个过程：固定和染色。固定是将细胞蛋白质和多糖等成分迅速交联凝固，以保持细胞原有形态结构不发生变化。常用的染色方法有瑞特（Wright）染色法、姬姆萨（Giemsa）染色法等。

瑞特染料（Wright's stain）是一种由酸性染料伊红（Eostm Y）和碱性染料美蓝（Methvlem blue）组成的复合染料，合称伊红美蓝染料。伊红为钠盐，含有色阴离子；美蓝为氯盐，含有色阳离子。美蓝和伊红的水溶液混合后，产生一种不溶于水的伊红美蓝（ME）中性沉淀，可溶解于甲醇溶剂中，即瑞特染料。甲醇的作用：一是使 ME 溶解，并解离为 M^+ 和 E^-，可以选择性地与细胞内不同成分结合；二是具有强大的脱水作用，可瞬间固定细胞，增加细胞结构的表面积，增强染色效果。

pH 对细胞染色的影响很大。细胞的各种成分主要由蛋白质构成，由于蛋白质是两性电解质，所带电荷的正负数量随溶液 pH 而定。对某一蛋白质而言，如果环境的 pH 小于其等电点（PI），则该蛋白质的正电荷增多，易与酸性伊红结合，染色偏红；相反，则电荷增多，易与美蓝结合，染色偏蓝。

不同的细胞由于其所含化学成分不一样，化学性质各不相同，所以对染料的亲合力也不一样。

（1）细胞中的碱性物质（如红细胞中的血红蛋白和嗜酸性细胞等）与酸性染料伊红结合，细胞呈红色，白细胞核则呈淡蓝色或不着色。

（2）细胞中的酸性物质（如淋巴细胞胞质及嗜碱性细胞）与碱性染料美蓝结合，细胞呈灰蓝色，颗粒深暗。

（3）中性颗粒呈等电状态与伊红美蓝均可结合，染淡紫红色为中性物质。

（4）细胞核蛋白主要由脱氧核糖核酸和强碱性的组蛋白等组成，与酸性伊红结合染成红色，但因核蛋白中还含有少量的弱酸性物质，与碱性美蓝作用染成蓝色，因含量太少，蓝色反应极弱，故也被染成紫红色。

（5）原始红细胞和早幼红细胞的胞质含有较多的酸性物质，与美蓝亲合力强，故染成较浓厚的蓝色；随着细胞的发育，晚幼红细胞阶段既含有酸性物质，又含有碱性物质（Hb），既能与碱性染料美蓝结合，又能与酸性染料伊红结合，故染成红蓝色或灰红色；当红细胞完全成熟，酸性物质彻底消失后，只与伊红结合，则染成粉红色。

因此，正常情况下，成熟红细胞呈粉红色。白细胞胞质中颗粒清楚，并显示出各种细胞特有的色彩，细胞核染紫红色，核染色质结构清楚。

三、实训材料

1. 仪器 恒温培养箱、CO_2培养箱、超净工作台、高压灭菌锅、水浴锅、超纯水制备仪。

2. 器皿与材料 医用一次性采血针、酒精棉球、镊子、经脱脂洗净的载玻片。

3. 药品试剂 瑞特染液（瑞特色素粉末 0.1g，溶于 60ml 甲醇）。

四、操作步骤

1. 准备工作

（1）清洗载玻片 新载玻片常带有游离碱质，须用浓度为 1mol/L 的 HCl 浸泡 24 小时，

再用清水彻底冲洗，干燥后备用。旧载玻片要用含洗涤剂的清水中煮沸 20 分钟，洗掉血膜，再用清水反复冲洗，最后用95%乙醇浸泡1小时，干燥备用。

使用载玻片时，不要用手触及玻片表面，保持玻片清洁、干燥、中性、无油腻。

（2）配制瑞特染液

瑞特染料　　830mg

甲醇（AR）　500ml 或 600ml

1）称取干燥（事先放入温箱干燥过夜）的瑞特染料，置于乳钵内，敲碎、研磨成细粉末。加少许甘油或甲醇溶解研磨，使染料在乳缸内显“一面镜”光泽，无染料粉粒沉着。

2）继续加入较多量的甲醇，研磨至呈一面镜光亮，静置片刻，将上层液体倒入一个清洁储存瓶内（最好用甲醇空瓶），再加甲醇研磨，重复数次，至乳钵内染料及甲醇用完为止，摇匀，密封瓶口。

3）存室温暗处，储存愈久，染料溶解、分解就越好，一般储存3个月以上。

（3）配制缓冲液　称取 NaCl 8g、KCl 0.2g、Na_2HPO_4 $12H_2O$ 3.63g、KH_2PO_4 0.24g，溶于900ml 双蒸水中，用盐酸调 pH 至7.4，加水定容至1L，常温保存备用。

（4）鉴定瑞特染液　刚配好或放置一个月以上的染液可进行下列鉴定。

1）取1滴染液于乳白玻板上，自行迅速扩散开，其颜色变紫红色，且有伪足形成。

2）取1滴染液加1滴缓冲液，染液由深蓝色立即变为紫红色。

3）取血片或骨髓片进行试染检查，观察染色后各类细胞的胞核、胞质及颗粒着色情况，pH 是否合适及染色合适时间。如有上述变化，表明染液合格，可供使用。

注意：在配制的瑞特染液中美蓝如放置过久即可氧化而含有天青，美蓝天青与伊红化合物能使核染成紫红色，但不能使胞质染为蓝色，多余美蓝可使胞质染成蓝色。

2. 采血　人采血时，采血前用70%乙醇棉球消毒人的指腹或耳垂，稍后用采血针刺破指腹或耳垂的皮肤；动物采血时，先将耳部剪毛，乙醇消毒后，刺破动物耳部皮肤。

挤去第一滴血不要（因含单核白细胞较多）。

3. 制作涂片　取血液标本（第二滴血）一滴，置于载玻片的一端，以边缘平滑的推片一端，从血滴前沿方向接触血液，使血液沿推片散开，推片与载玻片保持 30°~45°夹角，平稳地向前推动，血液即在载玻片上形成薄层血膜（图2-3、图2-4）。

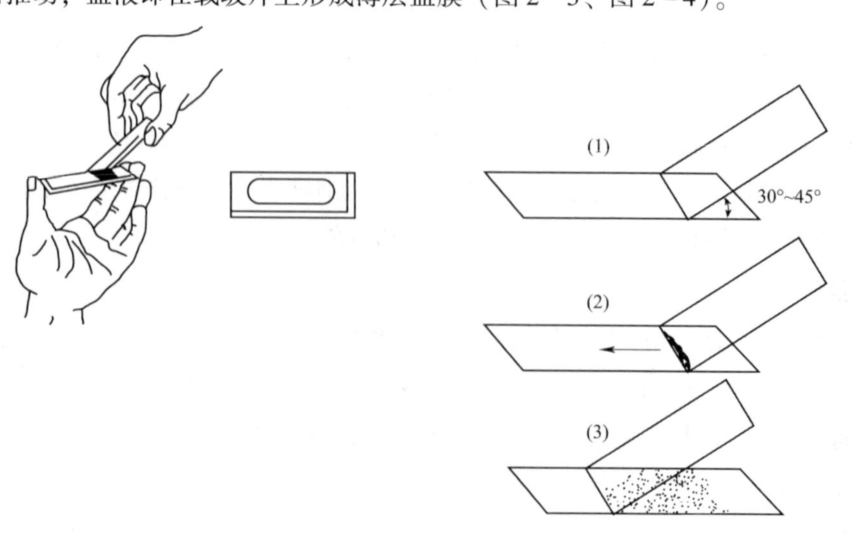

图2-3　制作血涂片的操作手法　　图2-4　血涂片的制作流程

涂片的厚薄与血滴大小、推片与载玻片之间的角度、推片时的速度及血细胞比容有关。血滴大、角度大、速度快则血膜越厚；反之则血膜越薄。一张良好的血涂片，要求厚薄适宜、头体尾明显、细胞分布均匀、血膜边缘整齐并留有的空隙。

4. 染色 待涂片在空气中完全干燥后，滴加数滴瑞特染液，使其盖满血膜，染色1~3分钟。然后滴加等量的缓冲液（pH6.4）或蒸馏水，使其与染液均匀混合，静置2~5分钟。用蒸馏水冲去染液，吸水纸吸干。

5. 镜检 显微镜观察可见：红细胞呈凹圆盘形，无核，淡红色，缘部分染色较深，中心较浅，直径7~8μm。

白细胞数目少，为圆形。

（1）嗜中性颗粒白细胞 体积略大于红细胞，细胞核被染成紫色分叶状，可分1~5叶，直径10~12μm。

（2）嗜酸性颗粒白细胞 略大于嗜中性白细胞，细胞核染成紫色，通常为2叶，胞质充满嗜酸性大圆颗粒，被染成鲜红色，直径10~15μm。

（3）嗜碱性颗粒白细胞 体积略小于嗜酸性白细胞，细胞质中有大小不等被染成紫色的颗粒，颗粒数目较嗜酸性白细胞的颗粒少，核1~2叶，染成淡蓝色，直径10~11μm。

（4）淋巴细胞 可观察到中、小型两种。小淋巴细胞与红细胞大小相似，圆形，核致密，染成深紫色。周围仅一薄层嗜碱性染成淡蓝的细胞质。中淋巴细胞较大，核圆形。直径6~8μm。

（5）单核细胞 体积最大，细胞圆形。胞质染成灰蓝色。核呈肾形或马蹄形，染色略浅于淋巴细胞的核。直径14~20μm。

（6）血小板 为不规则小体，直径2~3μm，其周围部分浅蓝色，中央有细小的紫红色颗粒，聚集成群。

6. 注意事项

（1）血涂片染色的质量控制

1）载玻片必须非常洁净，中性，无油脂。不清洁或非中性的载玻片会造成细胞特别是红细胞形态发生改变，导致假性的异常形态红细胞出现。非中性的载玻片还会影响染色环境的pH，带油脂的载玻片会使细胞分布不均匀。

2）良好血涂片应为：血膜由厚到薄逐渐过渡，血膜末端部位的红细胞分布均匀，既不重叠又互相紧靠相连。

3）EDTA能阻止血小板聚集，在显微镜下观察血小板形态时，可采用EDTS抗凝血制备血涂片，但EDTA有时能引起红细胞皱缩和白细胞聚集，所以应根据情况选择。

4）染色过深、过浅的处理 染色的深浅与血涂片中细胞数量、血膜厚度、染色时间、染液浓度、pH密切相关。

对于重要的标本可采用先试染的方法，根据试染效果调节第二次染色方式：缩短染色时间或稀释染液，可纠正染色过深；延长染色时间，可纠正染色过浅。

如果标本片有限，可用如下办法挽救：染色过深时，可加少量缓冲液覆盖血膜部分褪色，在显微镜下观察褪色情况，及时终止染色；染色过浅时，可重加染色液和缓冲液，进行复染，并在显微镜下观察及时终止染色。

（2）染色效果分析

1）正常情况 血膜外观呈淡粉红色或琥珀色。显微镜下，成熟红细胞呈粉红色。白细

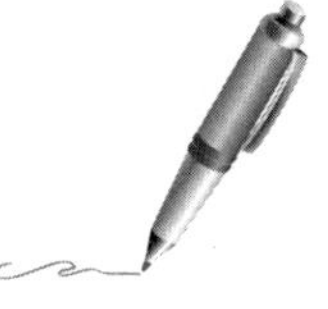

胞胞质中颗粒清楚，并显示出各种细胞特有的色彩，细胞核染紫红色，核染色质结构清楚。

2）染色偏酸　红细胞和嗜酸粒细胞颗粒偏红，白细胞核呈淡蓝色或不着色。

3）染色偏碱　所有细胞呈灰蓝色，颗粒深暗；嗜酸粒细胞可染成暗褐色，甚至紫黑色或蓝色；中性颗粒偏粗，染成紫黑色。

五、目标检测

1. 制作血涂片时，载玻片应如何处理？
2. 为什么瑞特染色液需要用甲醇配制？
3. 制作血涂片时，为什么要弃去第一滴血？
4. 如果血涂片染色过深或过浅，且标本数量较多时，应如何处理？

（王玉亭）

扫码“学一学”

任务三　细胞培养液的配制

一、实训目的

通过无菌操作技术，掌握细胞培养技术的基本操作，能够独立进行细胞培养液的配制，懂得胰酶的作用原理和配制方法，会使用针头滤器。

二、实训原理

1. 细胞培养的营养要素

（1）气体环境　气体是细胞生存的必需条件之一，主要有 O_2 和 CO_2。O_2 参与 TCA 循环，产生能量和合成各种成分，但 O_2 的分压过大，反而不利于细胞生长。CO_2 主要维持培养基的 pH，并作为碳源。

（2）pH 环境　细胞生长的 pH 环境通常为 7.2 ~ 7.4。不同的细胞，适宜生长的 pH 有所差异。一般来说，细胞的耐酸性比耐碱性略大一些。细胞的代谢所释放的 CO_2 必然会影响 pH，所以，培养基中要加一些缓冲剂，以保持 pH 的稳定，如 $NaHCO_3$、HEPES（4-羟乙基哌嗪乙磺酸）等。

（3）糖类　体外培养动物细胞时，几乎都以葡萄糖作为能源，培养不同的细胞，所加葡萄糖浓度有所不同。

（4）氨基酸　几乎所有的细胞都需要以下 12 种氨基酸：精氨酸、胱氨酸、异亮氨酸、亮氨酸、赖氨酸、蛋氨酸、苏氨酸、色氨酸、组氨酸、酪氨酸、苯丙氨酸和缬氨酸。

谷氨酰胺在细胞生长中具有特殊的作用——促进氨基酸进入细胞膜，参与核酸合成，是重要的氮源。所有细胞都需要谷氨酰胺。但由于谷氨酰胺在溶液中很不稳定容易降解，4℃下放置 7 天即可分解约 50%，故谷氨酰胺需在使用前添加。

（5）维生素　在细胞代谢中起调节作用，需要量十分微小，但不可缺少。

（6）促生长因子　除上述营养成分外，还需要促细胞生长因子，已知有许多激素具有促细胞增殖作用。血清是提供促细胞生长因子的主要来源。细胞培养需要添加血清，以提供细胞生长所需的基本营养物质、贴壁及扩展因子、激素，以及各种生长因子，并对细胞具有一定的保护作用。

血清质量好坏是开展细胞实验成败的关键。使用血清需注意以下几方面。

1）种类　常用血清有胎牛血清、新生牛血清、小牛血情、兔血清、马血清等，其中以胎牛血清质量最好。

2）质量　优质的血清应透明，呈淡黄色，无沉淀物，无细菌、支原体、病毒的污染；通常储存于－20～－70℃的低温冰箱中。

3）灭活　目的是消除血清中的补体成分的活性，一般采用热灭活方式，如56℃、30分钟加热已完全解冻的血清。

4）消毒　通常使用过滤器除菌。血清中的沉淀物絮状物，可用离心3000r/min、5分钟去除。

2. 细胞培养的培养基　依据各营养要素的来源不同，细胞培养基可分为天然培养基与合成培养基。也可以依据培养基中营养成分的组成，分成基础培养基和完全培养基。

例如，在基础培养基的基础上，配制完全培养基如下：

基础培养基	80%～95%
血清	5%～20%
碳酸氢钠	2.0 g/L
青、链霉素	各100U/ml

为防止污染，培养基中还需添加一定量的抗生素。经常使用的抗生素（添加浓度）有：青霉素（100U/ml）、链霉素（100μg/ml）、庆大霉素（50μg/ml）、卡那霉素（100μg/ml）、红霉素（50μg/ml）、四环素（10μg/ml）、多黏菌素（50μg/ml）、两性霉素B（3μg/ml）、制霉菌素（50U/ml）、截耳素衍生物（10μg/ml）等。

通常目前已设计出许多种培养基，如DMEM、RPMI－1640、TC199、MEM等，其主要成分是氨基酸、维生素、碳水化合物、无机盐和其他一些辅助物质。

配制培养液必须使用三蒸水或超纯水，不可用无离子水配制。

3. 消化液

（1）胰蛋白酶液　胰蛋白酶液是一种常用的细胞消化液，原代培养时用于处理组织块，使各细胞之间相互分离；传代培养时用于使培养细胞离开所贴附的培养瓶表面，并分散成单个细胞。

胰蛋白酶主要采自牛或猪的胰脏，呈黄白色粉末状，易潮解，应在低温干燥处保存。胰酶的活力常用一份胰酶解离酪蛋白的份数表示，常用胰酶活力为1：125或1：250，即1份胰蛋白酶可以消化125份（或250份）酪蛋白。

胰蛋白酶对细胞的分离效果与细胞的类型、特性和瓶壁表面特性有关。一般来说浓度大、温度高（<37℃）、作用时间长，则对细胞分离能力大。但超过一定程度会损伤细胞，导致细胞传代后不能贴壁或死亡。胰酶在pH8.0、37℃时消化能力最强。溶液中的Ca^{2+}、Mg^{2+}和血清会降低胰酶活力，所以配制胰酶时须用无Ca^{2+}、Mg^{2+}的D－Hanks液配制。用于原代培养时一般为0.1%或0.125%，用于传代培养时则为0.25%或0.2%。配制方法如下：

NaCl	8g	KCl	0.20g
KH_2PO_4	0.02g	Na_2HPO_4	0.073g
葡萄糖	2.00g	酚红0.02g	

溶于1000ml水中

配制好的胰蛋白酶液，用微孔滤器（0.22μm/0.45μm 滤膜）过滤除菌。使用滤器过滤时应注意：①滤器应灭菌后使用；②一般适合于少量液体过滤；③不适合过滤有机物；④使用前要用推注气体的方法，检验过滤膜是否完好。

消化处理时，应置于5% CO_2、37℃培养箱中数分钟（提高酶活性，促进消化）。

当消化结束时，可加入少量血清或含血清的培养基，终止胰酶作用。

（2）EDTA 溶液　EDTA 是螯合剂，会螯合 Ca^{2+} 和 Mg^{2+}，而这两种离子恰恰是细胞贴壁和正常生长所必需的，因此在细胞培养液中不能有 EDTA 存在。但是，在消化处理中，EDTA 常常和胰蛋白酶混合使用，作用是螯合掉培养基中的 Ca^{2+} 和 Mg^{2+}，以便胰蛋白酶将细胞消化、解离下来。常用的浓度是 0.02%。

（3）胶原酶溶液　用于上皮细胞的原代培养，作用于胶原，对细胞影响很小。

4. 其他培养液

（1）pH 调整溶液　常用的有 HEPES 和 Na_2CO_3。

HEPES（4－羟乙基哌嗪乙磺酸），一种氢离子缓冲剂，能较长时间控制恒定的 pH 范围，对细胞无毒性作用，使用终浓度为 10～50mmol/L，一般培养液内含 20mmol/L，即可达到缓冲能力，细胞培养中常用 10mmol/L。

10mmol/L HEPES 缓冲液配制方法如下：准确称取 HEPES 2.383g，加入新鲜三蒸水定容至 1L。过滤除菌，分装后 4℃保存。

（2）平衡盐溶液　PBS 缓冲液、D－Hanks 液等。

1）PBS（磷酸缓冲盐溶液）　具有 pH 缓冲作用的等渗盐溶液，通常由 K_2HPO_4 和 KH_2PO_4 配制，pH≈7.4，其作用接近于生理盐水。

2）Hanks 液　一种平衡盐溶液，无机盐和葡萄糖浓度接近大部分动植物细胞的水平，可作为动植物细胞短期培养（保存）。

Hanks 配方（g/L）：NaCl 8.01、KCl 0.4、$CaCl_2$ 0.14、$NaHCO_3$ 0.35、KH_2PO_4 0.06、葡萄糖 0.34。

D－Hanks 液：不含钙离子、镁离子、葡萄糖，是无钙镁离子的 Hanks 液，常用于配制培养基及其他用液，或洗涤细胞和组织等，也是合成培养基的基础用液（细胞可在其中生存几个小时），可以高压灭菌，4℃下保存。

（3）抗生素溶液　常用青霉素和链霉素（双抗），配成 100× 的溶液。

三、实训材料

1. 仪器　恒温培养箱、CO_2 培养箱、超净工作台、高压灭菌锅、水浴锅、超纯水制备仪。

2. 器皿与材料　培养瓶、培养皿、移液器、眼科剪、镊子、酒精灯、离心管、试管架等。

3. 药品试剂

（1）培养液　小牛血清（FBS）、DMEM 合成培养基、抗生素、胰酶。

（2）平衡盐溶液。

四、操作步骤

1. DMEM 培养基的配制

（1）DMEM 基础液配方（1000ml）

DMEM 13.5g（一个包装的干粉培养基）

$NaHCO_3$ 3.7g HEPES 2.38g

青霉素 0.1g 链霉素 0.075g

调节 pH 至7.2，加水定容至1L后，用无菌0.22μm滤膜过滤除菌，分装于无菌血清瓶中，置4℃冰箱中保存。

（2）配制方法

1）取 DMEM 粉末，用超纯水（DDW）溶解（先加入2/3DDW，再用 DDW 冲洗袋子）、磁力搅拌器搅拌半小时以上。

2）加入 $NaHCO_3$定容3000ml、搅拌30分钟。在超净台内用滤器过滤、分装，写好种类、名字（留取少许做污染测试，放置于 CO_2培养箱内72小时）。

3）滤液装入试剂瓶中备用。使用前，在超净台内，加入56℃灭活好的 FBS 10ml，使血清终浓度为10%，4℃保存待用。

2. 胰蛋白酶液的配制

1）取 D－Hanks 液200ml。

2）称取0.5g胰酶（0.25%）放入研磨器中，加入少量 D－Hanks 液，调成糊状，研磨200次，再加入 D－Hanks 液，至终体积为200ml，加0.02% EDTA 助消化，磁力搅拌使之完全溶解。

3）用 $NaHCO_3$调 pH 至8.0。

4）用已湿热灭菌的滤器过滤除菌，滤液置于试剂瓶内（不能装得过满，防止冷冻后试剂瓶爆裂），贴好标签、－20℃保存。

五、目标检测

1. 细胞培养中为什么添加血清？
2. 使用血清需注意哪些方面？
3. 消化液胰酶的浓度是多少？
4. 使用小滤器过滤应注意哪些事项？

（李艳萍　王玉亭）

任务四　细胞的培养（原代培养与传代培养）

扫码“学一学”

一、实训目的

通过无菌操作技术，掌握细胞培养的基本技术原理，熟悉细胞取材与原代培养操作原理，能够进行细胞的传代培养操作，懂得原代培养与传代操作的不同操作特征。

二、实训原理

从机体取出的组织细胞的首次培养称为原代培养，通常指从体内取出组织接种培养，从第一次传代至第十次传代以内的细胞培养。原代培养常常持续一段时间（数小时到数十天不等），在此期间内，细胞可呈活跃的移动（贴壁和游走），可见细胞分裂，但不旺盛。

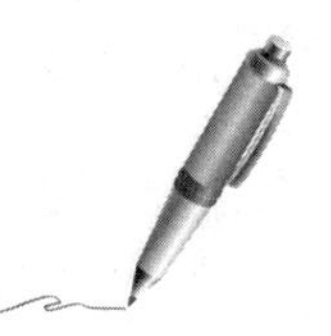

原代细胞培养的基本过程包括取材、培养材料的制备、接种、加培养液、置培养条件

下培养等步骤，取材得到组织或器官后，需先进行消化处理，使之分散成单个细胞，再加入适量培养基，置于合适的培养容器（常用茄形瓶）中，在适当温度和适宜环境培养。所有的操作过程，都必须保持培养物及生长环境的无菌状态。

原代细胞培养后期，细胞应长满瓶底，开始进入旺盛的分裂生长期。这时要进行分离培养，将原代细胞由原培养瓶内分离稀释后传到新的培养瓶中，开始传代培养。

传代培养时，对于悬浮型细胞，可以直接进行分瓶；对于贴壁型细胞，则需要先经过消化处理后，再进行分瓶，即先将一瓶中的细胞消化悬浮后，再分至两到三瓶内，继续培养。一般来说，二倍体细胞只能传几十代，而转化细胞系或细胞株则可无限地传代下去。

三、实训材料

1. 仪器　恒温培养箱、CO_2培养箱、超净工作台、高压灭菌锅、离心机、水浴锅、倒置显微镜。

2. 器皿与材料

（1）材料　胎鼠或新生鼠。

（2）器皿　培养瓶、培养皿、移液器、眼科剪、镊子、酒精灯、离心管、试管架等。

3. 药品试剂

（1）培养液　小牛血清、DMEM合成培养基、抗生素、胰蛋白酶液。

（2）平衡盐溶液　PBS缓冲液等。

四、操作步骤

1. 准备工作

（1）消毒灭菌　将实验所需用到的工具（如枪头、培养皿、眼科剪、镊子以及每个人的实验服等）集中灭菌、烘干。配制75%的乙醇溶液备用。

（2）配制培养基　分别取10ml的小牛血清、90ml的DMEM合成培养基，将两种培养基混合在一起，再向其中加入1ml的抗生素，吹打混匀。

2. 取材

（1）消毒　将实验过程中会用到的工具以及药品全部放在超净工作台上进行紫外消毒灭菌。实验开始前带好乳胶手套，并用酒精消毒。

（2）剪切

1）取出组织块　将怀孕的小白鼠放在酒精中杀死，取出子宫内的胚胎组织。

2）清理组织块　将所取得的组织，用D－Hanks或Hanks液清洗，以去除表面血污，并用手术镊去除黏附的结缔组织等非培养所需组织。

3）剪切组织块　再次清洗后，用手术刀将组织切成若干小块，移入青霉素小瓶或小烧杯中，加入适量缓冲液，用弯头眼科剪，反复剪切组织，直到组织成糊状，约$1mm^3$大小，静置片刻后，用吸管吸去上层液体，加入适量的缓冲液再清洗一次。

3. 消化

（1）加入消化液　将剪碎的组织块放于离心管中，加入大约200μl的胰蛋白酶液进行消化（也可将其置于37℃恒温箱中进行消化）。

（2）终止消化　消化到一定时间后，如果离心管中的溶液中出现了明显的浑浊，可用吸管吸出少许消化液在镜下观察，如组织已分散成细胞团或单个细胞，则应该加入与胰蛋白酶液等量的DMEM培养液终止消化。

（3）制备悬浮液　将离心管于离心机中离心，弃上清液，得到分散的细胞；向含有分散细胞的离心管中加入配制好的 DMEM 培养液，吹打混匀，得细胞悬浮液。

4. 原代培养

（1）细胞计数　细胞悬浮液用计数板进行细胞计数。用 DMEM 培养液将细胞数调整为（2～5）$\times 10^5$ cells/ml，或实验所需密度。

（2）分瓶培养　用移液器将调整好浓度的细胞悬浮液移到细胞培养瓶中，使细胞悬液的量能够覆盖并略高于培养瓶底部为宜，瓶口应略拧松，置 CO_2 培养箱内，5% CO_2，37℃静置培养。

（3）培养观察　一般 3～5 天，原代培养细胞可以黏附于瓶壁，并伸展开始生长。此时，可补加原培养液量 1/2 的新培养液，继续培养 2～3 天后换液，一般 7～14 天可以长满瓶壁。

注意：原代细胞在消化分离后，置于 CO_2 培养箱的前 24～48 小时（必要时 72 小时）内，应处于绝对静置状态，切忌不时地取出培养瓶观察生长状况，这将使原代分离细胞难以贴壁，更谈不上伸展和增殖。不必担心培养液中的营养成分会全部消耗，在细胞增殖之前对营养的要求并不大。原代培养初期仅加一薄层培养液的目的也在于有利于细胞贴壁伸展。

5. 传代培养

（1）观察细胞的形态　倒置显微镜下观察培养细胞的长势及密度，根据细胞密度决定传代的稀释倍数。

（2）收集原代细胞　吸出培养瓶中的旧培养液，并用 PBS 冲洗两遍。然后向培养瓶中加入 200μl 的胰酶进行消化。消化一段时间后用配置好的培养液等比例终止消化。然后离心，收集原代培养的细胞。

（3）培养细胞　向离心管内加入 7～8ml 的培养液，吹打混匀。将培养液转移到培养瓶中，置于 37 度恒温 CO_2 培养箱中培养。培养 1～2 天后，于显微镜下观察细胞形态。

五、目标检测

1. 培养瓶移入 CO_2 恒温箱培养时，瓶盖为何要稍松？又如何避免细胞污染？如果细胞污染有何挽救措施？

2. 胰蛋白酶的消化原理如何？如何初步判断胰蛋白酶的消化时间？

3. 细胞原代培养的基本操作要点是什么？

4. 何时须更换培养基进行传代？可否使用与原先培养条件不同的血清种类来进行后期的培养？

5. 细胞培养到一定时间为何要进行传代？能一直传代下去吗？

扫码“学一学”

（李艳萍）

任务五　细胞的冻存与复苏

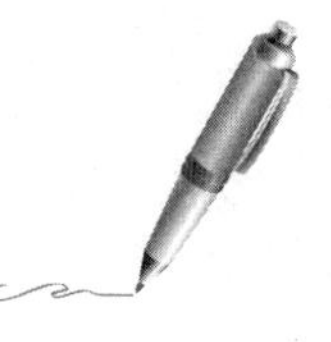

一、实训目的

掌握细胞的冻存和复苏操作的技术原理，能够独立进行细胞的冻存操作，并能够将冻存良好的细胞复苏。

二、实训原理

细胞冻存与复苏是细胞培养的常规工作，其操作的基本原则是慢冻快融，实验证明，这样可以最大限度的保存细胞活力。

低温液氮冻存细胞已成为细胞培养的通用技术。在 -70℃以下时，细胞内的酶活性均已停止，代谢处于完全停止状态，故可以长期保存。液氮中温度可达 -196℃，理论上的细胞贮存时间是无限的，解冻后细胞仍能生长繁殖。

细胞低温冻存操作的关键步骤是 0 ~ 20℃阶段的处理过程。在此温度范围内，针状的冰晶体极易损伤细胞。因此，细胞冻存过程中，必须选择合适的保护剂、适宜的细胞密度、降温速度。不加保护剂直接冻存时，细胞内外环境中的水分会很快结成冰晶，细胞将发生脱水、电解质浓度增高、渗透压改变、pH 改变、蛋白质变性、机械损伤等一系列不良反应，最终导致死亡。保护剂的作用是：降低冰点，在缓慢冻结的过程中，使细胞内水分在冻结前透出细胞，减少冰晶形成，避免上述现象的发生。

甘油和二甲亚砜（DMSO）是目前最常使用的保护剂，一般多采用二甲基亚砜。这是一种渗透性保护剂，可迅速透入细胞，提高胞膜对水的通透性，降低冰点，延缓冻结过程，保护细胞内的酶和蛋白质等。保护剂的使用浓度一般在 5% ~15% 。

细胞冻存最好用液氮（ -196℃），将细胞收集至冻存管中加入含保护剂（一般为二甲亚砜或甘油）的培养基，以一定的冷却速度冻存，最终保存于液氮中。

复苏时的温度、融化速度等都对细胞活力有影响。复苏细胞应采用快速融化的方法，这样可以保证细胞外结晶在很短的时间内融化，避免缓慢融化过程中水分渗入细胞内形成冰晶对细胞带来的伤害。

复苏的方法是：从液氮中取出冻存管后，立即放入 37℃水中，使之在 1 分钟内迅速融解。然后将细胞转入培养器皿中进行培养。

三、实训材料

1. 仪器 恒温培养箱、CO_2培养箱、超净工作台、高压灭菌锅、离心机、水浴锅、倒置显微镜冰箱（4℃、-20℃、-80℃）、液氮罐。

培养瓶、培养皿、微量加样器、眼科剪、镊子、酒精灯、试管架等。

2. 材料与试剂

（1）材料　胎鼠或新生鼠；枪头、培养皿、15ml 离心管、冻存管、酒精灯、废液缸、液氮、记号笔、橡胶手套、口罩。

（2）培养液　小牛血清、DMEM 合成培养基、抗生素、DMSO 冷冻剂、0.25% 胰蛋白酶、75% 乙醇、双抗（青霉素和链霉素）、2% 碘酒。

（3）平衡盐溶液　PBS 缓冲液、Hanks 液等。

四、操作步骤

1. 细胞冻存操作

（1）配制冻存培养液　配制含 10% DMSO、20% 血清、70% 培养基的冻存培养液。

（2）选择合适的细胞

1）取对数生长期的细胞，收集细胞 24 小时前换液一次。

2）去除旧培养液，用 PBS 清洗。加入时注意从侧面加入而不能直接冲细胞贴壁处，避免造成细胞脱壁，然后盖上盖子，平放轻摇 40 下，轻轻倒出并倒干净。

3）去除 PBS，加入适量胰蛋白酶消化细胞，进行消化。

注意：加入时直冲细胞贴壁处，平放轻摇，使酶液漫过整个瓶底部，1 分钟之内将培养瓶放在倒置显微镜台上进行观察，可发现细胞质渐渐回缩，细胞间隙增大，细胞慢慢变圆，用手掌拍打瓶底和瓶侧，使细胞从瓶壁上脱落下来并分散，呈悬浮状。

4）结束消化时，加入 2 倍体积完全培养基，用吸管向瓶壁轻轻吹吸数次，从培养瓶底部一边开始到另一边结束，以确保所有瓶壁底部都被吹到，使细胞完全从瓶壁脱落，形成均匀的细胞悬液。

5）计数，调节细胞悬液的浓度为 1×10^6/ml ~ 5×10^6/ml（如一瓶细胞数量不足，可用两瓶或更多的细胞液）。

（3）制备冻存细胞液

1）离心（1000r/min，5 分钟）去上清（除去胰蛋白酶），加入适量配制好的冻存培养液，用吸管轻轻吹打使细胞均匀。

2）将细胞分装入冻存管中，每管 1 ~ 1.5ml。

（4）冻存

1）在冻存管上标明细胞的名称，冻存时间及操作者，放入冻存盒，先将冷冻管在 4℃ 冰箱中放置 10 分钟，再置于 −80℃ 下冷冻过夜。（如采用棉花包裹，冻存方法：4℃，30 分钟；−20℃，30 分钟；−80℃，过夜）。

2）次日，转移入液氮罐的试管托内，浸入液氮中。

2. 细胞复苏操作

（1）从液氮或 −80℃ 冰箱容器中取出冻存管，直接浸入 37℃ 温水中，并不时摇动令其尽快融化。

（2）从 37℃ 水浴中取出冻存管，于超净台中打开盖子，用枪头吸出细胞悬液，加到 15ml 离心管中（离心管中已预先加入了 3ml 细胞完全培养基），轻弹混匀。

（3）离心（1000 r/min，5 分钟），弃去上清液，轻轻敲打重悬细胞，加入含 10% FBS 的细胞培养基，轻弹重悬细胞，调整细胞密度，接种培养皿，37℃ 培养箱静置培养。

（4）次日，更换一次培养液，继续培养。

五、目标检测

1. 细胞冻存时，为什么要选择对数生长期的细胞？
2. 关于细胞冻存液的配制，应选择生长良好的细胞液，以下哪个操作是正确的？
   A. 先加入 PBS 液，置于 −80℃ 过夜后，移入液氮罐中，长期冻存
   B. 经 PBS 清洗和胰酶消化后，先 −80℃ 过夜，再移入液氮中，长期冻存
   C. 先经胰酶消化，再进行 PBS 清洗后，置于 −80℃ 长期冻存
   D. 经 PBS 清洗和胰酶消化后，置于液氮罐中，长期冻存
3. 细胞复苏时，应如何操作？

（李艳萍）

扫码“学一学”

任务六　细胞计数及活力测定

一、实训目的

练习进行细胞计数，以了解培养细胞的生长发育特性；并掌握测定细胞活力方法。

二、实训原理

培养的细胞在一般条件下要求有一定的密度才能生长良好，所以要进行细胞计数。计数结果以每毫升细胞数表示。细胞计数的原理和方法与血细胞计数相同。

在细胞群体中总有一些因各种原因而死亡的细胞，总细胞中活细胞所占的百分比叫作细胞活力，由组织中分离细胞一般也要检查活力，以了解分离的过程对细胞是否有损伤作用。

复苏后的细胞也要检查活力，以便了解冻存和复苏的效果。用台盼蓝染色细胞，死细胞着色，活细胞不着色，可以区分死细胞与活细胞。

细胞损伤或死亡时，台盼蓝可穿透变性的细胞膜，与解体的 DNA 结合，使其着色。而活细胞能阻止染料进入细胞内。故可以鉴别死细胞与活细胞。

利用细胞内某些酶与特定的试剂发生显色反应，可以测定细胞相对数和相对活力。例如，活细胞中的琥珀酸脱氢酶可使 MTT（噻唑蓝，一种黄颜色的染料）还原为水不溶性的蓝紫色结晶甲臜（formazan）并沉积在细胞中，而死细胞无此功能。在一定细胞数范围内，这种 MTT 结晶形成的量与细胞数成正比，也与细胞活力呈正比。二甲基亚砜（DMSO）能溶解细胞中的这种结晶，可用酶联免疫检测仪在 490nm 波长处测定其光吸收值，能间接反映出活细胞的数量。近年来，人们将 MTT 法做了改进，用酸化异丙醇替代 DMSO 作为甲臜结晶的溶剂。目前，该方法被广泛用于一些生物活性因子的活性检测、大规模的抗肿瘤药物筛选、细胞毒性试验以及肿瘤放射敏感性测定等。

三、实训材料

1. 仪器　普通显微镜、血细胞计数板、试管、吸管、酶标仪（或分光光度计）

2. 试剂

（1）0.4% 台盼蓝　称取 4g 台盼蓝，加少量蒸馏水研磨，加双蒸水至 100ml，用滤纸过滤，4℃保存。使用时。用 PBS 稀释至 0.4%。

（2）0.5% MTT　称取 MTT 0.5g，溶于 100ml 的磷酸缓冲液（PBS）中，用 0.22μm 滤膜过滤以除去溶液里的细菌，置于 4℃ 避光保存即可。在配制和保存的过程中，容器最好用铝箔纸包住。

（3）酸化异丙醇。

3. 材料　细胞悬液。

四、操作步骤

1. 细胞计数　细胞计数采用血细胞计数板，其使用可参见相关的微生物实验内容。

具体操作：

（1）将血细胞计数板及盖片用擦拭干净，并将盖片盖在计数板上。

（2）将细胞悬液吸出少许，滴加在盖片边缘，使悬液充满盖片和计数板之间。

（3）静置3分钟，注意盖片下不要有气泡，也不能让悬液流入旁边槽中。

（4）镜下观察，计算计数板四大格细胞总数，按公式计算：

$$细胞数/ml = 四大格细胞总数/4 \times 10^4 个/ml$$

说明：公式中除以4，因为计数了4个大格的细胞数。

公式中乘以10^4，因为计数板中每一个大格的体积为：

$1.0mm（长）\times 1.0mm（宽）\times 0.1mm（高）= 0.1mm^3$

而 $1ml = 1000\mu l = 1000mm^3$

注意：①当细胞很多时，可在四个格中选一定数目较平均的小格，由于每大格中有16个小格，然后计左侧和上方的细胞数，求出每小格的细胞数，取平均值m，$m \times 16$即每个格的平均值。所以，细胞密度$= m \times 16 \times 10^4$个/ml。

②镜下偶见有两个以上细胞组成的细胞团，应按单个细胞计算，若细胞团10%以上，说明分散不好，需重新制备细胞悬液。

2. 细胞活力测定（台盼蓝染色法）

（1）制备单细胞悬液　取0.5ml细胞悬液，加入试管中，适当稀释（10^6细胞/ml）。

（2）染色　向细胞悬液中加入0.5ml 0.4%台盼蓝染液，染色2~3分钟。

（3）计数　吸取少许悬液涂于计数板上，加上盖片，在3分钟内，用计数板分别计数活细胞和死细胞。

注意：①镜下取几个任意视野分别计数死细胞和活细胞数量，计算细胞活力。

②死细胞能被台盼蓝染上色，镜下可见深蓝色的细胞；活细胞不被染色，镜下呈无色透明状。

③活力测定可以和细胞计数一并进行，但要考虑染液对原细胞悬液的稀释作用。

3. MTT法测细胞相对数和相对活力

（1）细胞悬液以1000r/min离心10分钟，弃上清液。

（2）沉淀加入0.5~1ml MTT，吹打成悬浮液。

（3）37℃下保温2小时。

（4）加入4~5ml酸化异丙醇（定容），吹打均匀。

（5）1000 r/min离心，取上清液，于酶标仪或分光光度计570nm下比色，用酸化异丙醇调零点。

注意：MTT法只能测定细胞相对数和相对活力，不能测定细胞绝对数。

五、目标检测

1. 细胞计数时，为什么细胞悬液溢出盖片需要重做？
2. 为什么要进行细胞的活力测定？

扫码“练一练”

（李艳萍）

项目三

生产菌/细胞选育

扫码“学一学”

任务一　诱变育种

一、实训目的

掌握诱变育种方法原理，以紫外线对枯草芽孢杆菌的诱变为例，学习物理因素诱变育种的方法。

二、实训原理

诱变育种是指利用各种诱变剂的物理因素和化学因素处理微生物细胞，提高基因突变频率，再通过适当的筛选方法获得所需的高产优质菌种的育种方法。诱变育种具有速度快、方法简便等优点，是当前菌种选育的一种主要方法，使用普遍。诱变育种的理论基础是基因突变，所谓突变是指由于染色体和基因本身的变化而产生的遗传性状的变异。

本操作以紫外线作为物理剂进行诱变。诱变过程一般包括诱变出发菌株的选择、诱变剂量的选择和诱变及其筛选。紫外线对微生物有诱变作用，主要引起的是DNA分子结构发生改变（同链DNA的相邻嘧啶间形成共价结合的胸腺嘧啶二聚体），从而引起菌体遗传性变异。由于紫外线照射后有光复活效应，所以照射时和照射后的处理应在红灯下进行。

三、实验材料

1. 仪器　磁力搅拌器、离心机、紫外诱变箱等。

2. 器皿与材料　试管、移液管（1ml、5ml、10ml）、锥形瓶、量筒、烧杯、培养皿、离心管、紫外灯（20W）。

3. 药品试剂

（1）主要药品　牛肉膏、蛋白胨、NaCl、可溶性淀粉、链霉素（Str）。

（2）培养基（完全培养基）　肉膏蛋白胨培养基：牛肉膏0.5g，蛋白胨1.0g，NaCl 0.5g，水100ml，pH7.2，100kPa、121℃高压蒸汽灭菌20分钟。

如配制固体培养基，加琼脂1.5%～2%。

如配制半固体培养基，加琼脂0.7%～0.8%。

4. 菌种　大肠埃希菌。

四、操作步骤

（一）诱变

1. 菌悬液的制备　出发菌株移接新鲜斜面培养基，37℃培养16～24小时。

取已培养20小时的活化大肠埃希菌斜面一支，用10ml生理盐水将菌苔洗下，取4ml于5ml离心管中离心（3000r/min）15分钟，弃上清液，将菌体用无菌生理盐水洗涤2次，

最后制成菌悬液并倒入盛有玻璃珠的锥形瓶中，强烈振荡10分钟，以打碎菌块制成单菌悬液，用血细胞计数板在显微镜下直接计数。调整细胞浓度为10^8/ml。

2. 平板制作 将肉膏蛋白胨培养基熔化后，冷至45℃左右倒平板。待平板完全冷却后，取0.1ml链霉素用无菌棒涂布于平板上。其中留三块平板不涂布链霉素作为对照。

3. 诱变处理

（1）预热 正式照射前开启紫外灯预热30分钟。

（2）搅拌 取制备好的5ml菌悬液移入6cm的无菌培养皿中，放入无菌磁力搅拌棒，置磁力搅拌器上，20 W紫外灯下30cm处。

（3）照射 然后打开皿盖边搅拌边照射，分别为5秒、10秒、15秒。可以累积照射，照射完毕先关上皿盖再关闭搅拌和灯。所有操作必须在红灯下进行。

4. 稀释涂平板 在红灯下分别取未照射的菌悬液（作为对照）和照射过的菌悬液各0.5ml进行适当稀释分离。取最后3个稀释度的稀释液涂于肉膏蛋白胨平板上，每个稀释度涂3个平板，每个平板加稀释液0.1ml，用无菌玻璃刮棒涂匀，37℃培养48小时（用黑布包好平板）。注意在每个平板背后要标明处理时间、稀释度、组别。

（二）计算存活率及致死率

1. 存活率 将培养48小时后的平板取出进行细胞计数。根据平板上菌落数，计算出对照样品1ml菌液中的活菌数。

存活率 = 处理后1ml菌液中活菌数 ÷ 对照1ml菌液中活菌数

2. 致死率

致死率 = （对照1ml菌液中活菌数 − 处理后1ml菌液中活菌数）/对照1ml菌液中活菌数

3. 突变率

自发突变率 = 诱变前样品中Str抗性菌数/诱变前活菌数

突变率 = 后培养以后样品中Str抗性菌数/后培养以后样品中的活菌数

同样计算用紫外线处理5秒、10秒、15秒后的存活细胞数及致死率。

（三）诱变后培养

（1）取1ml诱变处理好的菌悬液接入肉膏蛋白胨液体培养基中进行后培养，37℃ 120r/min摇瓶避光培养。

（2）对后培养的菌悬液进行平板菌落计数。

（四）菌株的筛选

（1）将经过诱变后培养的菌悬液适当稀释后，分别涂布于含最小抑制浓度的链霉素培养基平板上，37℃培养长出的菌落即为链霉素抗性突变株。

（2）计抗性菌落数，计算诱发突变率，观察紫外诱变的效果。

五、目标检测

1. 用于诱变的菌悬液（或孢子悬液）为什么要充分振荡？
2. 利用紫外诱变育种，应注意哪些因素？
3. 试述紫外线诱变的作用机制及其在具体操作中应注意的问题。

（李艳萍）

扫码“学一学”

任务二 杂交育种

一、实训目的

掌握杂交育种的方法和技术；学习杂交育种在微生物基础研究和改良菌种遗传性状方面的应用。

二、实训原理

采用合适的筛选方法，诱变育种可以获得高产菌株，但不能达到定向育种的目的。杂交育种指两个不同基因型的菌株通过接合或原生质体融合使遗传物质重新组合，再从中分离和筛选出具有新性状的菌株，具有定向育种的性质。真菌、放线菌和细菌均可进行杂交育种。优点：杂交后的杂种不仅能克服原有菌种生活力衰退的趋势，而且杂交使得遗传物质重新组合，动摇了菌种的遗传基础，使得菌种对诱变剂更为敏感，因此，杂交育种可以消除某一菌种经长期诱变处理后所出现的产量上升缓慢的现象；通过杂交可以改变产品质量和产量，甚至形成新的品种。

以香菇杂交育种为例。香菇的有性生殖（sexuality）是双因子控制的、异宗结合的。香菇的交配型由两个不亲和因子 A 和 B 控制着有性生殖的过程，其担孢子具有四种交配型：A1B1、A2B2、A1B2 和 A2B1。只有 A 和 B 因子完全不同的单核体才能交配形成可育的双核体菌株。

三、实验材料

1. 仪器 磁力搅拌器、离心机、紫外诱变箱等。

2. 器皿与材料 试管、移液管（1ml、5ml、10ml）、锥形瓶、量筒、烧杯、培养皿、离心管、紫外灯（20W）。

3. 药品试剂

（1）试剂 琼脂、酵母粉、蛋白胨、KH_2PO_4、K_2HPO_4、$MnSO_4$、葡萄糖、蔗糖、青霉素等。

（2）培养基（完全培养基） PDA 培养基，CYM 培养基。

4. 菌种 两个不同交配型香菇菌株，可通过香菇子实体分离。

四、实验步骤

1. 香菇亲本的选择 待选择的双亲必须同时具有较多的优良性状、较少的缺点。这样杂交后，由于优势性状的互补性，所得后代性状易超出双亲性状。杂交亲本在来源上和生态型上要有较大的遗传差异。这是因为亲缘关系较远的、不同地理条件来源的亲本杂交后，后代出现优势的机会大，易发生基因重组，出现超越双亲且适应性更强的品种。双亲要具有较好的亲合力，否则不能进行正常杂交。双亲之一最好是当地栽培种之一而另一个亲本最好为野生亲本。这样的双亲性状优势互补，杂交后抗杂性也会大大增强。

2. 孢子的收集 亲本选定后，在大型的出菇场选择菇形完整的子实体，可采取弹射法或其他方法收集孢子。孢子收集后，稀释分离于 PDA 培养基上，2 周左右可见孢子萌发，这时挑出单个孢子置于试管中。

3. 孢子的镜检 挑取的担孢子培养一段时间后，挑取少许菌丝放在显微镜上检查，无锁状联合的菌丝为单孢子萌发的菌丝，挑出备用。淘汰有锁状联合的菌丝。

4. 单孢子的交配 将双亲的单孢萌发得到的单核菌丝进行杂交，在PDA培养基平板上，接种块相距0.5cm左右。培养2周左右，见双亲菌丝已经融合，挑出融合处菌丝进行镜检，有锁状联合的双核菌丝。再将双核菌丝培养1周后，与双亲做拮抗试验，培养一段时间后，将与双亲拮抗且拮抗处有明显红褐色的隔离带的试管挑出。这个与双亲拮抗的菌丝即所得的杂交后代。

5. 出菇试验 将杂交后代母种扩繁成一、二级种，进行锻木或代料栽培。观察子实体出现的时间、大小、性状、产量，随时详细记录。每个杂交后代都有自己的生理特性和形态特征，例如与温度、湿度、光照、pH等因素的关系，以及对木材的腐蚀性、出菇早晚、菇体大小等。

五、目标检测

1. 杂交育种适用的菌种类型有哪些？
2. 杂交育种优缺点有哪些？

（李艳萍）

任务三　细胞工程育种

扫码“学一学”

一、实训目的

了解细胞融合的基本原理，并掌握PEG诱导动物细胞融合的方法。

二、实训原理

细胞融合，即在自然条件下或利用人工法（生物的、物理的、化学的），使两个或两个以上的细胞合并成一个具有双核或多核细胞的过程。由于不仅同种细胞可以融合，种间远缘细胞也能融合，甚至于动植细胞也能合二为一，因此细胞融合技术目前较广泛应用于细胞生物学、遗传学和医学研究等各个领域，并且取得显著的成绩。

化学融合方法一般使用聚乙二醇（PEG）诱导细胞在体外进行融合。商品PEG的相对分子质量有200~6000范围内的各种规格，它们均可用作细胞融合剂。普遍认为PEG分子能改变各类细胞的膜结构，使两细胞接触点处质膜的脂类分子发生疏散和重组，由于两细胞接口处双分子层质膜的相互亲和以及彼此的表面张力作用，从而使细胞发生融合。促进细胞融合的效力，必须采用较高浓度的PEG溶液，但在高浓度PEG溶液下，细胞可能因脱水而受到显著的破坏。因此，选择合适的PEG分子量，浓度及作用时间是PEG融合技术的关键。该方法的优点是：操作简单，容易获得融合体，融合效果好。

细胞融合率是指在显微镜的一个视野内，已发生融合的细胞核总数与该视野内所有细胞（包括已融合的细胞）的细胞核总数之比，通常以百分比表示。

本实验以鸡血细胞为材料。鸡血细胞内有线粒体等细胞器。为了与鸡血红细胞相区别，采用詹纳斯绿B染色法，以便于在显微镜下观察鸡血细胞的融合状态。詹纳斯绿B（Janus green B）是一种毒性较小的碱性染料，可专一性地对线粒体进行活体染色（线粒体内的细胞色素氧化酶系使染料始终保持有色的氧化状态），呈蓝绿色，周围的细胞质呈无色，可用光学显微镜进行观察。

三、实验材料

1. 仪器 离心机、显微镜、天平、水浴锅。

2. 器皿 滴管、离心管、烧杯、盖玻片、载玻片。

3. 材料与试剂

（1）材料 鸡血悬液。

（2）试剂

1）0.85%的生理盐水。

2）GKN 液 8.0g 的 NaCl，0.4g 50%（*m/V*）PEG（37℃温浴）。

取 50gPEG（相对分子质量 =4000）放入 100ml 瓶中，高压灭菌 20 分钟，让 PEG 冷却至 50～60℃，勿让其凝固。加入 50ml 预热至 50℃的 GKN 液，混匀，置 37℃备用。

3）1%詹那斯绿 B。

4）Hanks 溶液（含 NaCl、KCl、Na_2HPO_4、$MgSO_4$、$CaCl_2$、葡萄糖、酚红）。

Hanks 原液（10×）：

NaCl	80.0g
$Na_2HPO_4 \cdot 12H_2O$	1.2g
KCl	4.0g
KH_2PO_4	0.6g
$MgSO_4 \cdot 7H_2O$	2.0g
葡萄糖	10.0g
$CaCl_2$	1.4g

称取 1.4g 的 $CaCl_2$，溶于 30～50ml 的重蒸水中。取 1000ml 的烧杯及容量瓶各一个，先放重蒸水 800ml 于烧杯中，然后按照上述配方水需，逐一称取药品。必须在前一药品完全溶解后，方可放入下一药品，直到葡萄糖完全溶解后，再将已经溶解的 $CaCl_2$ 溶液加入，最后加水定容至 1000ml。

Hanks 液：

Hanks 原液	100ml
重蒸水	896ml
0.5%酚红	4ml

配好的 Hanks 液，分装包扎好贴上标签，经过灭菌后，4℃保存。

四、实验步骤

（1）鸡血红细胞悬液的制备 将抗凝剂与鸡血按 1∶3～1∶4 的比例稀释，制成鸡血红细胞细胞悬液，放入 4℃冰箱内可保存 3～4 天。

（2）取鸡血 1ml，加入 4ml 0.85%的生理盐水，1000r/min 离心 3 分钟，弃上清液，重复上述操作一次。

（3）沉淀用适量 Hanks 溶液重悬浮，1000r/min 离心 3 分钟，弃上清液，用 Hanks 溶液稀释沉淀，制成 10%左右的细胞悬液，迅速在显微镜下观察细胞密度。

（4）取 1ml 上述细胞悬液，加 0.5ml 50% PEG 溶液，37℃水浴中进行细胞融合（≈30

分钟）。

（5）缓慢加入 Hanks 溶液，轻轻混匀，终止 PEG 的作用，使细胞三三两两地分散开来（镜检），室温静置约 20 分钟。

（6）取 1 小滴悬液于载玻片上，加少量的詹那斯绿 B 染液，染色 5 分钟左右。

（7）镜检，观察细胞融合现象。

（8）绘出已融合的细胞形态图，描述所观察到的细胞融合现象。

（9）计算细胞融合率

五、目标检测

1. 请分析 Hanks 溶液的作用是什么（可以从其成分的角度来回答）。
2. PEG 诱导细胞融合率受哪些因素影响？
3. 认为在进行细胞融合时，要注意哪些问题？

（李艳萍）

任务四　菌种保藏

扫码"学一学"

一、实训目的

学习与比较几种菌种保藏的方法。

二、实训原理

菌种保藏的目的是使微生物处于低温、干燥、缺氧的环境中，抑制其生长，生命活动基本处于休眠状态，以保持其原有的优良特征及活力，不污染，不发生变异。

常用简易保藏法包括常规转接斜面低温保藏法、半固体穿刺保藏法、液体石蜡保藏法、含甘油培养物保藏法及沙土管保藏法等。

常规转接斜面低温保藏法和半固体穿刺保藏法是将在斜面或半固体培养基上已生长好的培养物置于 4～5℃冰箱中保藏，并定期移植。

液体石蜡保藏法是在新鲜的斜面培养物上，覆盖一层已灭菌的液体石蜡，再置于 4～5℃冰箱中保藏。液体石蜡主要起隔绝空气的作用，使外界空气不与培养物直接接触，从而降低对微生物氧的供应量。培养物上面的液体石蜡层也能减少培养基水分的蒸发。

含甘油培养物保藏法是在液体的新鲜培养物中加入 15% 已灭菌的甘油，然后再置于 -20 或 -70℃冰箱内保藏。此法是利用甘油作为保护剂，甘油透入细胞后，能强烈降低细胞的脱水作用，且在 -20 或 -70℃条件下，可大幅度降低细胞代谢水平。

沙土管保藏法，是将待保藏菌种接种于适当的斜面培养基上，经培养后，制后孢子悬浮液，无菌操作将孢子悬浮液滴入已灭菌的沙土管中，孢子即吸附在沙土上，将沙土管置于真空干燥器中，通过抽真空达到吸干沙土管中水分，然后将干燥器置于 4℃冰箱中保存。

三、实验材料

1. 仪器　真空泵、真空压力表、喷灯、普通冰箱、低温冰箱（-30℃）、超低温冰箱（-80℃）。超净工作台、液氮罐。

2. 器皿 无菌吸管，无菌滴管，无菌培养皿，冻干管，吸管、细胞冻存管。

3. 试剂 培养细菌或霉菌用培养基、95%乙醇、10%盐酸、干冰、脱脂奶粉。

四、操作步骤

1. 斜面传代保藏法

（1）贴标签 取各种无菌斜面试管数支，将注有菌株名称和接种日期的标签贴上，贴在试管斜面的正上方，距试管口2～3cm处。

（2）斜面接种 将待保藏的菌种用接种环以无菌操作法移接至相应的试管斜面上，细菌和酵母菌宜采用对数生长期的细胞，而放线菌和丝状真菌宜采用成熟的袍子。

（3）培养 细菌37℃恒温培养18～24小时，酵母菌于28～30℃培养36～60小时，放线菌和丝状真菌置于28℃培养4～7天。

（4）保藏 斜面长好后，可直接放入4℃冰箱保藏。为防止棉塞受潮长杂菌，管口棉花应用牛皮纸包扎，或换上无菌胶塞，亦可用熔化的固体石蜡熔封棉塞或胶塞。

保藏时间依微生物种类而不同，酵母菌、霉菌、放线菌及有芽孢的细菌可保存2～6个月，移种一次；而不产芽孢的细菌最好每月移种一次。此法的缺点是容易变异，污染杂菌的机会较多。

2. 液体石蜡保藏法

（1）液体石蜡灭菌 在250ml三角烧瓶中装入100ml液体石蜡，塞上棉塞，并用牛皮纸包扎，121℃湿热灭菌30分钟，于105～110℃烘箱中1小时，以除去石蜡中的水分。

（2）接种培养 同斜面传代保藏法。

（3）加液体石蜡 用无菌滴管吸取液体石蜡以无菌操作加到已长好的菌种斜面上，加入量以高出斜面顶端约1cm为宜。

（4）保藏 棉塞外包牛皮纸，将试管直立放置于4℃冰箱中保存。

利用这种保藏方法，霉菌、放线菌、有芽孢细菌可保藏2年左右，酵母菌可保藏1～2年，一般无芽孢细菌也可保藏1年左右。

（5）恢复培养 用接种环从液体石蜡下挑取少量菌种，在试管壁上轻靠几下，尽量使油滴净，再接种于新鲜培养基中培养。由于菌体表面黏有液体石蜡，生长较慢且有黏性，故一般须转接2次才能获得良好菌种。

3. 沙土管保藏法

（1）沙土处理

1）沙处理 取河沙经40目过筛，去除大颗粒，加10% HCl浸泡（用量以浸没沙面为宜）2～4小时（或煮沸30分钟），以除去有机杂质，然后倒去盐酸，用清水冲洗至中性，烘干或晒干，备用。

2）土处理 取非耕作层瘦黄土（不含有机质），加自来水浸泡洗涤数次，直至中性，然后烘干，粉碎，用100目过筛，去除粗颗粒后备用。

（2）装沙土管 将沙与土按2∶1、3∶1或4∶1（W/W）比例混合均匀装入试管中（10mm×100mm），装置约7cm高，加棉塞，并外包牛皮纸，121℃湿热灭菌30分钟，然后烘干。

（3）无菌试验 每10支沙土管任抽一支，取少许沙土接入牛肉膏蛋白胨或麦芽汁培养液中，在最适的温度下培养2～4天，确定无菌生长时才可使用。若发现有杂菌，经重新灭

菌后，再作无菌试验，直到合格。

（4）制备菌液　用5ml无菌吸管分别吸取3ml无菌水至待保藏的菌种斜面上，用接种环轻轻搅动，制成悬液。

（5）加样　用1ml吸管吸取上述菌悬液0.1~0.5ml加入沙土管中，用接种环拌匀。加入菌液量以湿润沙土达2/3高度为宜。

（6）干燥　将含菌的沙土管放入干燥器中，干燥器内用培养皿盛P_2O_5作为干燥剂，可再用真空泵连续抽气3~4小时，加速干燥。将沙土管轻轻一拍，沙土呈分散状即达到充分干燥。

（7）保藏　沙土管可选择下列方法之一来保藏。

1）保存于干燥器中。

2）用石蜡封住棉花塞后放入冰箱保存。

3）将沙土管取出，管口用火焰熔封后放入冰箱保存。

4）将沙土管装入有$CaCl_2$等干燥剂的大试管中，塞上橡皮塞或木塞，再用蜡封口，放入冰箱中或室温下保存。

（8）恢复培养　使用时挑取少量混有孢子的沙土，接种于斜面培养基上，或液体培养基内培养即可，原沙土管仍可继续保藏。

此法适用于保藏能产生芽孢的细菌及形成孢子的霉菌和放线菌，可保存2年左右。但不能用于保藏营养细胞。

4. 含甘油培养物保藏法

（1）首先，将甘油配为80%浓度。

（2）将80%甘油按1ml/瓶的量分装到一个甘油瓶（3ml）中，121℃灭菌20分钟。

（3）将要保藏的菌种接种到新鲜的斜面（也可用液体培养基振荡培养成菌悬浮液）。

（4）在培养好的斜面中注入少量无菌水，刮下斜面的培养物振荡，使细胞充分分散成均匀的悬浮液，并且细胞浓度为$10^8\sim10^{10}$/ml。

（5）将菌悬液吸取1ml置于上述装好的甘油的无菌甘油瓶中，充分混匀后，使甘油终浓度为40%，然后置-20℃（-80℃）保存，液体培养的菌液到对数期直接吸取1ml置于甘油瓶中。

五、目标检测

1. 细菌用什么方法保藏的时间长而又不易变异？
2. 为什么选择对数生长期的细胞冻存？
3. 产孢子的微生物常用哪一种方法保藏？

（李艳萍）

项目四

规模化反应过程的准备

任务一 规模化生产与 GMP 认证

扫码“学一学”

一、生物制药的生产环境

《药品生产质量管理规范》（简称 GMP），是对药品生产全过程进行监督管理的法定规范，适用于药物制剂生产、原料药生产、药用辅料生产、药用包装材料生产，是保证药品质量和用药安全的可靠措施。

生物制药的生产过程应符合 GMP 的规定。规模化生产包括生物制药生产环境和辅助系统、生物制药原料药生产设备和车间、生物制药生产的工艺和操作、生物制药的岗位职责和岗位管理等内容，均应符合 GMP 规定。

1. 厂房 药品生产企业应根据药品生产的要求，综合考虑周围环境对生产的影响和生产过程对周围环境的影响选择厂址。

2. 厂区 生物制药原料药生产车间通常包括称量间、配料室、洗消间、检验室、种子室、培养室、发酵间、提取间、纯化间、配液间、材料间等部分。企业应结合具体产品的工艺要求，按照提高生产效率、防止污染的目的，对车间布局进行规划部署。

车间布局确定后，应根据生产工艺要求，并按 GMP 要求划分各区域空气洁净度级别。质量控制室应与生产区分开，避免互相干扰，但中间控制室可设在生产区内等。

为避免人员在从非洁净室进入洁净室（区）或在不同级别洁净室（区）之间穿越时，对药品生产造成直接或间接污染，洁净室（区）应设立独立人流入口和净化室，并设有合理的净化设施。

3. 设施 生物制药设施包括给水和排水、电、蒸汽、通风、温度湿度控制等设备，以及压缩空气系统、清洗系统等辅助系统组成。

（1）给水 生物制药车间的给水包括洗涤用水、冷却用水、工艺用水等。洗涤用水主要用于清洗设备、仪器等，水质应满足清洗要求；冷却用水可以循环使用，供水压力一般为 0.34 ~ 0.5MPa；工艺用水种类较多，根据实际情况选择软化水、纯化水、去离子水、注射用水等。

（2）排水 排水主要包括生产污水、生活污水和清洗废水。清洗废水通常可以直接排放；生活污水含有机物，按一般生活污水处理方法处理后方可排放；生产污水往往含有微生物和有害物质，必须进行灭菌处理，达到排放标准后方可排放。

（3）电 生物制药车间用电包括动力用电和照明用电，必须根据各个车间的用电设备的容量设计，安装满足供电负荷要求的供电设备。全厂用电设备容量大时需设置变压器或变电所。照明灯具以荧光灯为主，洁净区内应采用净化灯具，走廊、人流通道、紧急疏散通道等应设置应急灯。

（4）通风　生物制药车间的通风分为自然通风和机械通风。有易燃易爆、有毒气体或粉尘散发的车间需采取机械通风。机械通风由进风系统和排风系统构成。

洁净室的洁净程度通过空气过滤器实现，洁净室一般应保持与周围环境气压正压，防止周围空气进入造成污染。可通过调节送风量、排风量以及安装风量调节阀达到控制压差的目的。特殊药品的生产区域保持负压，是为了防止药品扩散污染其他房间。

（5）温度和湿度　生物制药车间的温度控制包括环境温度控制和设备温度控制。生产制药车间的厂房可选择净化空调和增湿、除湿器调节室内温度和湿度，除特殊生产工艺外，一般温度为18～26℃，相对湿度为46%～65%。

生物制药设备温度控制包括供暖系统和冷却系统。供暖系统通常由热发生器、供热管道和散热器组成；冷却系统主要是利用制冷机制取低温冷却水或冷冻盐水，用于生产工艺中的冷却。

（6）压缩空气系统　发酵生产所用菌种大多为好氧菌，通常以空气作为氧源，空气中含有各类微生物，会干扰或破坏发酵生产。进入培养液的必须是洁净无菌的空气，一般通过空气压缩系统进行净化除菌。

生物发酵工业中使用“无菌空气”，一般指通过过滤除菌使空气含菌量为零或极低。发酵工业生产中使用的无菌空气，一般要求1000个使用周期只允许一次染菌，即染菌概率为10^{-3}。

（7）清洗系统　原位清洗系统（CIP清洗系统），是一种可以按照一定的程序通过泵和管道输送水、清洗液，不拆解生产设备就可达到清洗目的的自动清洗系统。CIP清洗系统通常包括清洗液罐、热水罐、加热器、进料泵、回流泵、分配器、控制箱等组成。根据发酵工艺，清洗液可以选择碱液，能去除脂肪、蛋白质等残留物；选择酸液能去除钙盐和矿物油等残留物。

二、生产设备管理

生物制药原料药生产设备包括菌种培养和发酵设备以及提取和纯化设备。

常用的菌种培养和发酵设备包括：电子天平、配料桶、冰箱、液氮罐、高压蒸汽灭菌器、超净工作台、恒温培养箱、种子罐、发酵罐等。

常用的提取和纯化设备包括：离心机、压滤机、真空过滤机、高压匀质机、超声波振荡器、萃取罐、超临界流体萃取装置、蒸发器、提取罐、醇降罐、膜分离器、层析设备、结晶器、干燥设备等。

三、生产工艺与生产管理

1. 生产工艺　生物制药选择的生物资源包括微生物、动物细胞、植物细胞等，生产工艺不完全相同。传统发酵工艺，主要是利用微生物细胞或其代谢产物生产药物，生产过程主要分为菌种培育、发酵、提取和纯化（图4－1）。

2. 生产管理　人员是药品生产的基础，人员管理是药品生产管理的重点，GMP要求与药品生产质量有关的人员都应具有良好的职业素质，药品生产企业应合理设置组织和机构，制定职位，加强教育和培训。生物制药生产的主要岗位包括菌种岗位、发酵岗位、提取岗位和纯化岗位，各岗位应明确职责，协同合作，保证药品生产的正常运转和药品的质量安全。

（1）菌种岗位

1）负责菌种保存、培养、计数，操作正确，标签规范。

2）负责培养基的制备、保存和灭菌，操作正确，符合相应质量标准。

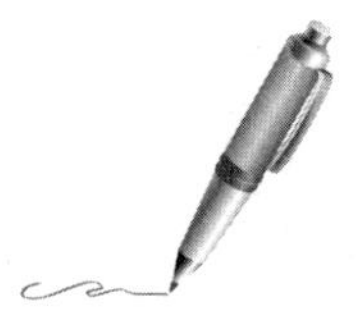

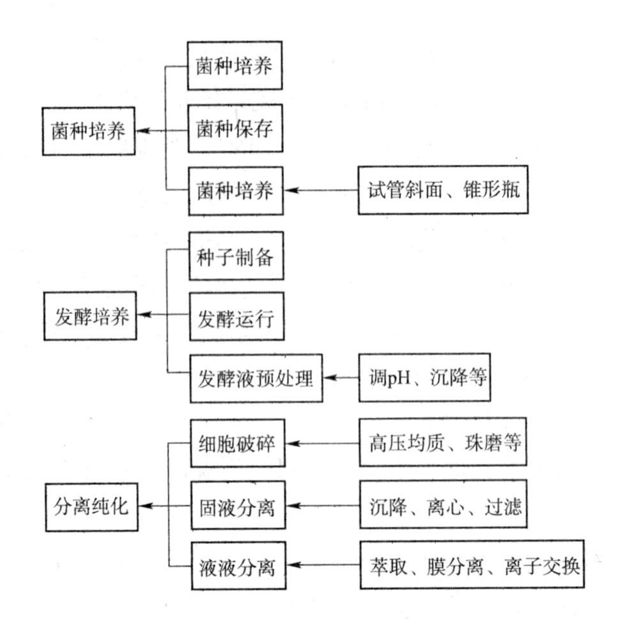

图4－1　微生物发酵生产过程基本流程

3）严格按照无菌操作要求进行各项操作，进入无菌室要更衣、消毒，操作前后应及时进行紫外灭菌，使用前后的器皿必须经过彻底的清洗和灭菌。

4）正确使用所需各种仪器设备，及时保养，发现异常及时上报。

5）及时、准确做好数据记录，按规定填写记录（表4－1）。

表4－1　培养基制备和灭菌记录

培养基名称			批号		规格	
有效期至	年　月　日		编号			
开封日期	年　月　日		生产商			
称量设备编号			称取前培养基重（g）		称取后培养基重（g）	
配制方法						
配制批号			配置总量		ml，共　瓶	
pH测定仪编号			配制日期	年　月　日	配制人	
灭菌前pH			有效日期	年　月　日	复核人	
消毒方法：高压蒸汽灭菌	115℃ 15分钟	115℃ 20分钟	115℃ 30分钟	121℃ 15分钟	121℃ 20分钟	其他
灭菌开始时间	时　分		灭菌结束时间		时　分	
灭菌仪器编号			灭菌压力（MPa）		灭菌后pH	
灭菌后贮存条件			灭菌人： 日期：　年　月　日		复核人： 日期：　年　月　日	
无菌平皿（试管）的分装：取经过灭菌处理的（　　　）培养基至洁净检测室，在超净工作台上，以无菌操作方式倾注平皿或试管。共分装（　　）平皿/试管						
操作人： 日　期：　年　月　日			复核人： 日　期：　年　月　日			

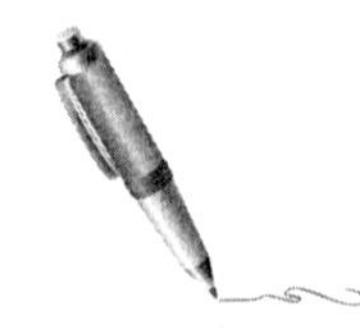

（2）发酵岗位

1）负责发酵设备的操作、保养、维护以及发酵前后的处理，操作正确，符合相应质量标准。

2）负责使用物料的领取、称量和投放，操作过程严格核对品名、规格、批号、数量等信息。

3）严格按照工艺规程操作，注意观察和检测发酵过程参数变化，做好发酵记录，出现异常情况应及时上报。

4）维护发酵车间环境清洁。

发酵岗位最常见、最严重的问题是染菌，染菌的原因很多，主要有：设备渗流，无菌空气过滤失败，灭菌不彻底，其他操作不规范等。发酵工应提高工作责任心，严格按照工艺规程操作，定期对设备进行检查和维护（表4－2）。

表4－2　发酵岗位生产记录表

产品批号		设备号				日期		年　月　日
时间点	时长（小时）	罐温（℃）	罐压（MPa）	通风（m^3/h）	风压（MPa）	搅拌（Hz）	消沫情况	记录人	备注
时　分									
时　分									
时　分									
时　分									

（3）提取岗位职责

1）负责使用物料的领取、称量和投放，操作过程严格核对品名、规格、批号、数量等信息。

2）负责常用仪器离心机、配液罐等设备的操作、保养、维护，操作熟练、规范。

3）严格按照工艺规程操作，能参与工艺改良。

4）定期巡查，发现异常立即处理，及时上报。

5）做好生产记录，如实填写取样信息和各项生产指标。

（4）纯化岗位职责

1）负责使用物料的领取、称量和投放，操作过程严格核对品名、规格、批号、数量等信息。

2）负责常用仪器超滤器、层析仪等设备的操作、清洁、保养工作。

3）负责超滤、纯化、层析等工作，操作熟练、规范。

4）定期巡查，发现异常立即处理，及时上报。

5）做好生产记录，如实填写原始数据和仪器使用记录。

（5）清场　为避免使用同一设备、场所带来的污染和混淆，在每批产品发酵、提取、纯化等工作结束以后，必须对生产现场进行清场，对包括产品、半成品、原料、辅料、包装材料以及设备进行清理。

1）物料的清理，将生产过程中所使用的所有物料予以清理、储存、销毁等。

2）文件的清理，将生产中所用到的各种规程、制度、指令、记录、标识等予以清除、交接、归档、销毁等。

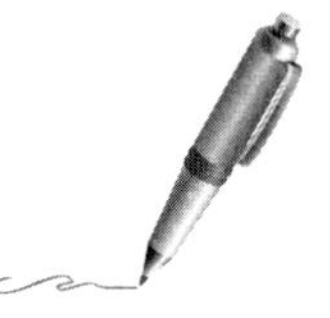

3）环境清洁，包括环境的清洁与设备、设施、容器、工具的清洁，清洁必须按照相关操作规程进行。

4）对生产阶段完成后的清场情况进行检查与复核，检查合格后由检察人员记录清场检查结果。

四、目标检测

1. 简述菌种岗位的岗位职责。
2. 试述微生物发酵生产过程基本流程。
3. 清场的意义是什么？应进行哪些工作？

（陈龙华）

扫码“学一学”

任务二　反应设备系统的工艺流程

生物制药反应设备是利用酶、微生物或者动、植细胞所具有的特殊功能，在体外进行生化反应的装置系统，它的作用是为生物体代谢提供一个适宜的环境，使生物体快速生长。发酵时采用的生物体不同，培养或发酵条件也不同，要根据发酵过程的特点和要求，选择和设计生物反应设备。

除了酒精、乳酸等少数发酵为厌气外，绝大部分都是通气发酵。通气反应设备应具有良好的传热和传质性能，防其他菌污染，使培养基混合和流动良好，有可靠地检测和控制系统，维修和清洗方便等特点。常用的通气反应设备有机械搅拌式、气升式、自吸式等，其中机械搅拌式最为常用。

一、机械搅拌式反应设备构造

常见的机械搅拌式生物反应设备（发酵罐见图4－2），是上下为椭圆形的圆柱罐，其结构包括：罐体、搅拌器、挡板、轴封、通气装置、传动装置、传热装置、冷却管、消泡器、视镜等，内设温度、pH、溶氧等传感器，可以进行参数检测。

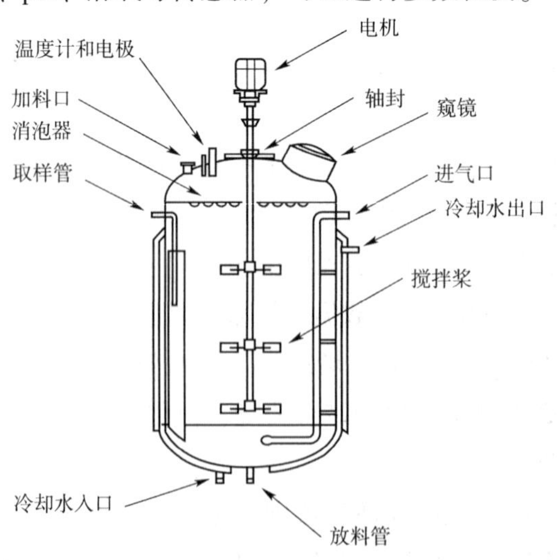

图4－2　机械搅拌式发酵罐的构造图

1. 罐体 罐体为复合不锈钢材料，承压能力应大于 2.5kg/cm^2，承受温度应大于 130℃。灌顶有进料管、补料管、排气管、接种管和压力表接管等连接管；罐身有冷却水进出管、空气管，以及温度和 pH 等检测仪器接口。

2. 搅拌装置 搅拌装置的作用包括：打碎气泡，提高溶氧，使生物细胞悬浮，加快传质、传热等。常用的是涡轮式搅拌器，一般设置为 3 层。

3. 通气装置 通气装置向罐内吹入无菌空气，通气管的出气口应位于最下层搅拌器的正下方，可以使空气均匀分布。

4. 消泡装置 消泡装置一般安装在发酵罐的转轴上，或安装在排气系统上（大型罐常采用），可以将泡沫打碎，使气液两相分离。

5. 传热装置 传热装置采用夹套式蛇管。夹套焊接在发酵罐的外壁，蛇管安装在罐内。传热装置可以保证发酵在恒温下进行。

二、机械搅拌式反应设备操作流程

1. 清洗 罐体及补料瓶等设备可用洗洁精浸泡、刷洗，自来水冲洗干净。必要时，用 1% 氢氧化钠溶液浸泡后，先后用自来水和纯化水反复冲洗干净。

详细的清洗参见本项目任务六“设备清洗”。

pH 电极用纯化水清洗干净后，浸泡在饱和 KCl 溶液中；DO 电极和温度传感器用纯化水清洗干净，晾干。详细操作可参见项目五任务七“常用测定电极的安装与调试”。

2. 电极校正 每次使用前，pH 电极、DO 电极都必须进行校正；温度电极和消泡电极，也应在使用一段时间后进行检查、校准。详细操作见项目五任务七“常用测定电极的安装与调试”。

3. 装配和罐体气密性测试 详细操作见本项目任务八“反应设备的蒸汽灭菌”。

4. 灭菌 详细操作见本项目任务八“反应设备的蒸汽灭菌”。

5. 无菌试验 按正常工艺设定好温度、pH、溶氧、转速等参数，无菌试验通常要进行 24～48 小时。期间注意观察并记录 pH 和 DO 的变化，以及罐内培养基的澄清度。取样进行无菌检查，合格方可进行发酵培养。

6. 培养与反应器的控制

（1）无菌试验结束后，更换新的培养基，接种细胞，按工艺进行培养，注意观察并记录各参数变化。

（2）培养过程的取样、补料等操作时，应注意管道内液体的排空与无菌操作。详细操作见本项目任务九“无菌接种与补料操作”。

7. 培养结束 收集培养液，按后续工艺要求处理。检查搅拌、温度等控制程序全部关闭后，关闭控制柜主机电源，将罐体清洗、烘干、灭菌后保存。

机械搅拌式发酵罐操作流程见图 4-3。

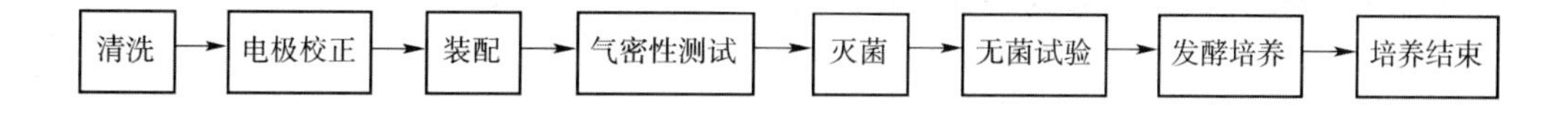

图 4－3 机械搅拌式发酵罐操作流程

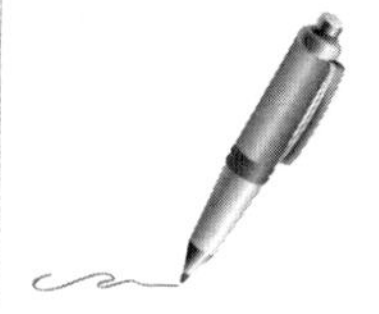

三、其他生物反应设备

（一）气升式发酵设备

气升式发酵设备具有类似塔式结构，高径比较大，无机械搅拌结构，通过喷射孔将无菌空气射进发酵液中，在发酵罐内形成环流，实现液体混合和溶氧传质。

在植物细胞、产生菌丝的真菌如酵母菌等培养方面较有优势（图4－4）。

（二）自吸式发酵设备

自吸式发酵设备是一种不需要空气压缩机提供加压空气，依靠自带的机械搅拌吸气装置或液体喷射吸气装置吸入无菌空气的生物反应器。主要用于醋酸、部分维生素发酵（图4－5）。

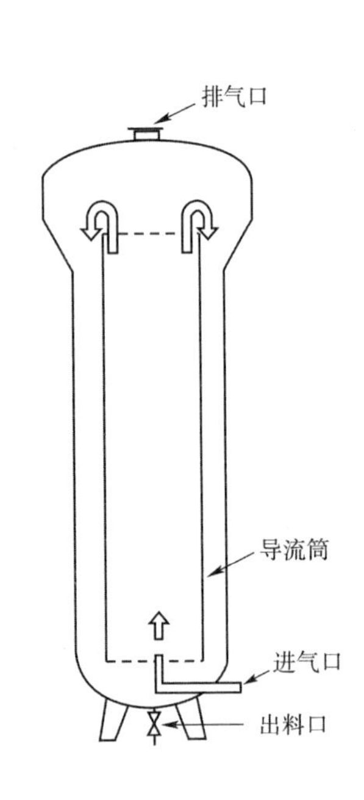

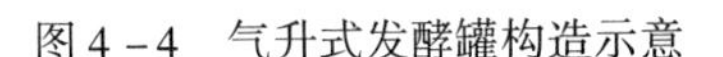
图4－4　气升式发酵罐构造示意

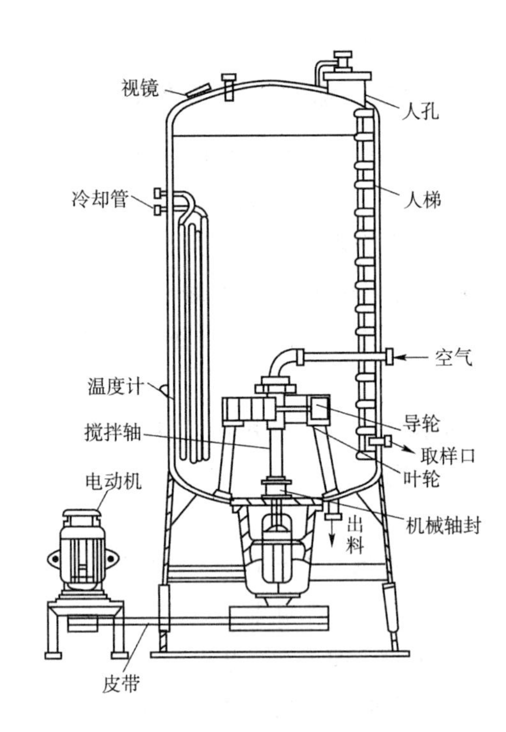

图4－5　机械搅拌自吸式发酵罐构造图

（三）固态发酵设备

固态发酵设备是采用固态发酵工艺的反应设备，相对于深层液体发酵而言，固态发酵几乎没有自由水的存在，发酵过程是在有一定湿度的水不溶性固态基质中进行，发酵菌种多为一种或多种微生物。固态发酵设备适合对无菌要求较低的生产，在生物制药领域主要用于制备部分抗生素和酶制剂。

四、目标检测

1. 发酵过程应观察和记录哪些参数？有何意义？
2. 试述机械搅拌式发酵罐的一般操作步骤。

（陈龙华）

扫码“学一学”

任务三　空气洁净度检测

一、实训目的

了解生物制药生产中空气洁净度的要求和意义；学会浮游菌检测法测定空气中微生物含量的基本方法和操作。

二、实训原理

氧气是绝大多数微生物生长和代谢必不可少的条件，微生物的培养、发酵通常以空气作为氧源。空气中含有各种尘埃和微生物，必须排除后才能使用。

生物发酵工业中使用“无菌空气”，一般指空气含菌量为极低或零，一般要求1000个使用周期只允许一次染菌，即染菌概率为10^{-3}。

环境中空气含尘（微粒）量的多少，称为空气洁净度。不同类型的发酵生产、同一工厂的不同生产区域（环节），有不同的空气洁净度要求。我国环境空气洁净度标准如表4－3所示。

表4－3　环境空气洁净度标准

洁净度级别	尘粒最大允许数（m^3）				微生物最大允许数（动态）		
	静态		动态				
	≥0.5μm ×10^3	≥5μm ×10^3	≥0.5μm ×10^3	≥5μm ×10^3	浮游菌 cfu/m^3	沉降菌（90mm）cfu/4h	擦拭菌 cfu/25cm^2
A级	3.52	0.02	3.52	20	<1	<1	1
B级	3.52	0.029	352	2900	10	5	5
C级	352	2.9	3520	29000	100	50	25
D级	3520	29	不做规定	不做规定	200	100	50

生物制药工业空气洁净度检测主要包括环境空气含尘量检测、微生物检测以及发酵空气的微生物检测，环境空气微生物检测与发酵空气微生物检测方法相似，合格标准不同。

测定空气中的含尘量目前一般采用光学法，利用微粒对光线的散射作用，测量空气中粒子的大小和数量，所用仪器为光学粒子计数器。测量时以一定速度将空气通过检测区，同时强烈光束也被射入检测区，空气中的微粒把光线散射，散射光被投入光电倍增管并转化为电信号，仪器自动计算出粒子的大小和数量。此法一般可以测出粒径≥0.5μm的粒子，如测定粒径≥0.1μm粒子，需采用大流量激光光学粒子计数器。

准确测定空气中的含菌量是比较困难的，目前一般采用培养法测定其近似值，根据取样方式不同又可分为浮游菌检测法和沉降菌检测法。浮游菌检测法是通过收集悬浮在空气中的生物粒子，在适宜条件的培养基平皿中，经过一定时间繁殖，并对菌落进行计数。沉降菌检测法是通过自然沉降原理，收集空气中的生物粒子，进行培养检测。

三、实训器材

1. 设备　光学粒子计数器，浮游菌检测仪，真空抽气泵，恒温培养箱等。

2. 器皿与材料　培养皿，CM琼脂培养基，消毒剂等。

四、操作步骤

（一）空气含尘量检测

1. 检测前准备 检测前空调净化系统已经过清洗，并连续稳定运行24小时以上。温度、空气流量、流速、压差以及湿度等均处于正常状态。采样管必须干净，测定人员必须穿洁净服，且不宜超过3名。

2. 采样点数目和采样量 采样点应均匀分布于整个待检区域，距地面高度0.8米左右或按规定的指定高度。最小采样点数目按公式计算：$N_L = A^{0.5}$，其中 N_L 为最小采样点数目（四舍五入整数），A 为洁净区面积（m^2）。

每个采样点的采样量应符合《洁净厂房设计规范》规定，每个采样点采样量至少为2L，要采集能保证检测出至少20个粒子的空气量：

$$V_s = \frac{20}{C_{n,m}} \times 1000$$

式中，V_s：每个采样点的每次采样量（L）；$C_{n,m}$：被测洁净室空气洁净度等级下被测粒径的浓度限值（pc/m^3）；20：可检测到的粒子数（pc）。

3. 采集样本 单向流洁净室，采样口应迎向气流方向；非单向流洁净室，采样口应向上。

4. 记录数据和判定 记录每次采样检测的结果与各等级粒径粒子的浓度，计算平均值。采样点为2~9个时，须计算每个采样点的平均粒子浓度、全部采样点的平均粒子浓度及其标准差，并计算95%置信上限值。采样点超过9个时，可采用算术平均值作为置信上限值。

全部采样点的平均粒子浓度的95%置信上限值应小于或等于洁净度等级规定的限值（表4-4）。

表4-4 《洁净厂房设计规范》规定

洁净度级别	粒径（μm）					
	0.1	0.2	0.3	0.5	1.0	5.0
1	2000	8400	—	—	—	—
2	200	840	1960	5680	—	—
3	20	84	196	568	2400	—
4	2	8	20	57	240	—
5	2	2	2	6	24	680
6	2	2	2	2	2	68
7	—	—	—	2	2	7
8	—	—	—	2	2	2
9	—	—	—	2	2	2

（二）空气微生物检测（浮游菌检测法）

1. 检测前准备 检测前被检测洁净室（区）应已进行过消毒。温度、空气流量、流速、压差以及湿度等均处于正常状态。可选择离心式、狭缝式或针孔式采样器，采样器、培养皿等检测仪器进行严格消毒灭，采样口和采样管使用前须高温灭菌。测定人员必须穿洁净服，且不宜超过2名，双手要用消毒剂消毒。

2. 采样点数目和采样量 浮游菌检测法采样点位置可与微粒检测方法相同。最小采样点数见表4－5。

表4－5 浮游菌检测最小采样点

面积A（m^2）	空气洁净度等级							
	A级		B级		C级		D级	
	环境验证	日常监测	环境验证	日常监测	环境验证	日常监测	环境验证	日常监测
$A<10$	2～3	1	2	1	2	—	2	—
$10\leqslant A<20$	4	2	2	1	2	—	2	—
$20\leqslant A<40$	8	3	2	1	2	—	2	—
$40\leqslant A<100$	16	4	4	1	2	—	2	—
$100\leqslant A<200$	40	—	10	—	3	—	3	—
$200\leqslant A<400$	80	—	20	—	6	—	6	—
$A\geqslant 400$	160	—	40	—	13	—	13	—

最小采样量应按不同洁净度等级确定，见表4－6。

表4－6 浮游菌检测最小采样量

空气洁净度等级	采样量（L/次）		空气洁净度等级	采样量（L/次）	
	日常监测	环境验证		日常监测	环境验证
A级	600	1000	C级	50	100
B级	400	500	D级	—	100

3. 采集样本

（1）开动真空泵抽气，使仪器中残留的消毒剂挥发，时间应不少于5分钟。

（2）关闭真空泵，放入培养皿，调节好采样器流量、转速，按要求设定定时器。

（3）置采样口于采样点后，依次打开采样器、真空泵采样。

（4）采样完成后，将培养皿取出，置于30～35℃恒温培养箱中培养48小时。

单向流洁净室，采样口应迎向气流方向；非单向流洁净室，采样口应向上。

4. 检测结果和判定 用5～10倍放大镜计数，有菌落重叠现象，需分别计数，计算浮游菌平均浓度：

$$C=\frac{P_s}{V_s}$$

式中，C：被测房间的浮游菌平均浓度（cfu/m^3）；P_s：被测房间总菌落数（cfu）；V_s：总的采样量（m^3）。

被测洁净室（区）浮游菌平均浓度应符合相应洁净度等级规定。

五、目标检测

1. 试述常见生物制药工作区的洁净度标准。
2. 简述浮游菌检测空气中微生物含量时，取样点的选择要求。

（陈龙华）

扫码“学一学”

任务四　制备无菌空气

一、实训目的

熟悉规模化生物反应过程中制备无菌空气的工艺流程和关键工艺控制点，懂得工艺运行原理和基本操作。

二、实训原理

空气中飘浮着大量水滴、雾滴、油滴、尘粒等各种微粒，是微生物附着的载体。制风就是空气净化，除去空气中的水滴、雾滴、油滴和各种尘埃颗粒，同时对净化后的空气流进行适当的温度调节和湿度调节，为生物反应过程提供洁净、无菌的空气环境，同时满足好氧生物反应过程的供氧需求。

空气净化可以通过介质过滤等手段来完成，依据过滤去除的颗粒性质和不同大小，有多种形式的过滤设备。空气调温和调湿可以通过加热、冷却、喷淋等手段实施。

采用化学杀菌或辐射杀菌技术，也能杀灭一定环境范围中的空气微生物，这称为空气消毒，严格来说，不属于制风的工艺设备流程，但可纳入空气净化的管理范畴。

按照制风的目的不同，可分为生物反应过程制风（如发酵通风等）和生物反应环境制风（如实验室洁净间、GMP 加工车间等）。这里重点关注环境制风，简称空调净化。

空调净化是由动力、回风、混合、加热、冷却、过滤等多种设备，按照一定的工艺流程实现的，称为空气调节净化机组（简称风柜）。根据对空气处理功能的不同，空调净化机组可分成多个设备段，如空气混合、均流、过滤、冷却、加热、去湿、加湿、送风、回风、喷湿、消声、热回收等。这些功能段可视生产工艺或洁净要求进行自由选择组合。功能段内的设备可按照工艺要求进行选型（如风机型号、过滤器形式），也可视根据安装场所进行结构形式的设计和调整（如卧式、立式和屋顶式，二次回风等）。除个别屋顶式空调净化机组中设置有高效过滤器之外，通常情况下，风柜与用风点（反应场所）之间有一定距离，为防止管道中的净化空气被二次污染，高效过滤器多被设置在用气点附近。

图 4－6 和图 4－7 是常见的空气净化机组结构示意，其中的主要功能段说明如下。

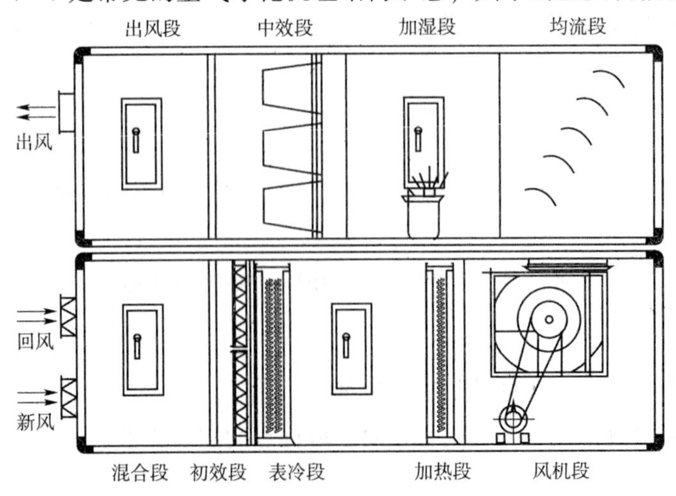

图 4－6　空气净化机组示例 1

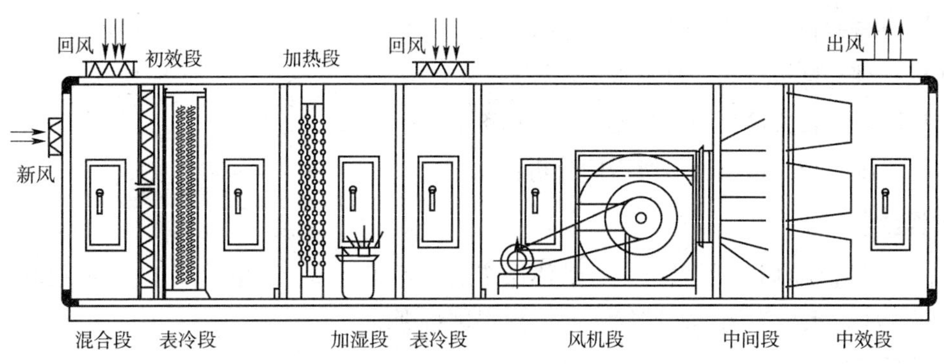

图 4－7　空气净化机组示例 2

（1）混合段　新风、回风的风口位置可按工艺和结构要求可分别设计在端部、顶部或左右侧面。

（2）过滤段　包括初效段和中效段，采用介质填充和袋式两种过滤形式。

（3）表冷段　通过冷水盘管换热器或风冷翅片换热器，对过滤风进行降温除湿。

（4）加热段　可采用管式换热器或电加热器，对过滤风进行升温除湿。

（5）中间段　各段之间的过渡连接和检修。

（6）回风段　可视情况设置多次回风。

在空调机组的运行过程中，必须注意监测和控制微生物的污染点，主要包括机组的箱体、过滤器、加湿器等，这些地方结构、温度和湿度较适宜细菌等微生物的滋长，应经常清洗、消毒。

三、实训器材

1. 设备　空气净化设备机组的设备组成与工艺流程见图 4－8。

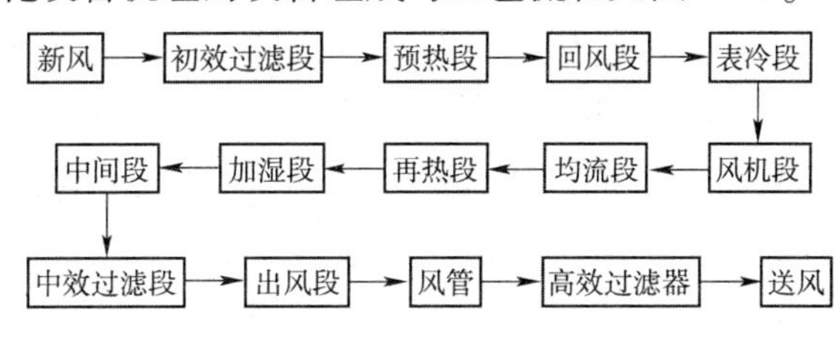

图 4－8　空调净化工艺流程（示例）

（1）空气处理机组　即空调器或空调箱（俗称风柜），包括对空气进行净化和各种加湿处理的主要设备，如加热、加湿、冷却、减湿、以及风机等。

（2）空气输送设备　包括风管系统、调节风阀等。

（3）空气分布装置　设在各用气点的各种类型的送风装置（如高效过滤器、散流器等）和回风口。

（4）排风除尘过滤装置　产尘量大的反应场所（操作间），必须设置。

依据工艺状况不同，空调净化设备机组可以有多种型号。例如，依据处理风量的不同，可以从 3，500m^3/h 至 200 000m^3/h，但机组的结构外观大体相似（图 4－9）。

图 4－9　空调净化设备机组（示例）

2. 器皿与材料

（1）材料　自然空气、自来水。

（2）试剂　相关检测项目所需的分析试剂。

（3）器皿　相关检测项目所需的分析器皿。

四、操作步骤

不同型号规格的空调设备机组，具体操作上会存在差异。这里以图 4－8 流程的固体制剂车间空气净化系统为例，按照操作岗位规程进行训练。

1. 开机前检查

（1）检查新风、送风、回风的各控制阀是否处于正常工作状态。

（2）检查初、中效过滤器的滤袋有无破损、松动。

（3）检查风管道和冷、热流体管道的各紧固件是否紧固，表冷器是否有漏水现象。

（4）检查热蒸汽压力是否正常，有无跑、冒、滴、漏现象。

（5）检查三角皮带是否有松动，盘车确认风机叶轮的旋转方向。

（6）检查制冷机组压缩机润滑系统，必要时提前（通常 30 分钟）供电运行，预热润滑油（润滑油保持一定温度，既能防止制冷剂稀释润滑油，又可减少润滑油中的泡沫，便于压缩机正常运转）。

2. 开机启动

（1）开启空调机组启动按钮，检查风机运行是否正常，是否有异常声音。

（2）检查排水管路是否堵塞。

（3）根据现场湿度情况，打开或关闭加湿器控制器，开启或关闭管道加湿器阀门。

（4）根据现场检测数据微调相应的控制开关，使温度及相对湿度控制在适宜范围。

（5）调整风机运行状态，确保各用气点的空气平衡，压差值维持在规定限度内，空气洁净级别不同的相邻用气点之间的静压差应大于 10Pa。

（6）按规定检查并按时填写设备运行记录。

3. 运行结束

（1）关闭温度调节阀门。

（2）关闭加湿器控制器电源开关和加湿管路阀门。

（3）关闭空调机组风机电源开关。

（4）关闭空调系统总电源。

（5）按照清洁规程，清洁运行结束后的工作场所。

（6）空气净化系统在运行过程中出现的任何偏差均要有记录，并加以注明或解释。

五、目标检测

1. 通常情况下，集中设置的风柜中没有高效过滤器，为什么？

2. 空调净化机组中的表冷段，在工艺操作中起什么作用？

3. 风柜运行中应注意各用气点的空气平衡，不同空气洁净级别的相邻用气点之间的静压差应大于 10Pa。为什么？

（王玉亭）

扫码“学一学”

任务五　制备生产用水

一、实训目的

熟悉规模化生物反应过程中获得生产用水（制水）的工艺流程和关键工艺控制点，懂得常见制水设备的工艺运行原理和基本操作。

二、实训原理

生产用水，也称为工业用水，包括生产过程中必备的原、辅料用水。《中国药典》规定，制药用水可分为饮用水、纯化水、注射用水等不同规格，食品及其他生物工程产品的生产也参照执行类似标准。各种用水规格中等级最高的是注射用水，要求无杂质、无微生物、不含热原，其制备过程包括原水预处理、纯化水制备及蒸馏除热原等环节，每个环节都由一个或多个设备单元组成。

根据原水状况和工艺要求的不同，同一规格生产用水的制备过程也不相同。二级反渗透是常见的纯化水制备方法，其一般性的工艺流程如图 4－10 所示。其中，多介质过滤器、一/二级反渗透膜分离、杀菌与精密过滤等设备单元是核心，有些还增设了离子交换（软水器）、EDI（电渗析）、紫外线/臭氧、中间储水及增压泵等。

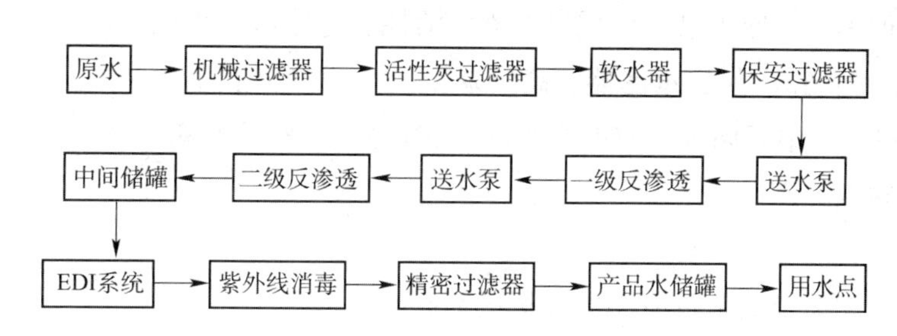

图 4－10　两级反渗透法制备纯化水的一般性流程

通常，原水预处理是制水的第一步，采用絮凝、多介质机械过滤（如石英砂、锰砂、活性炭等）、精密过滤（如陶瓷滤芯、纤维滤芯等）和软化器（离子交换）去除水中的絮凝物、胶体物、颗粒杂质、绝大多数微生物及 Ca^{2+}、Mg^{2+} 等离子；预处理后的水，再经过保安过滤器（通常 $\leq 5\mu m$，防止预处理滤料微粒及 $5\mu m$ 以上的杂质进入膜组件）、两级高压泵增压（如 0.7～1.2MPa）、两级反渗透膜分离（RO），获得 RO 纯水（整机脱盐率一般为 97%～99%）。RO 纯水可用电渗析系统（EDI）进一步去除水中离子，获得纯化水。纯化水再用紫外线/臭氧进行杀菌处理后，经过精密过滤器分离，可进一步提高纯化水的洁净度。

三、实训器材

1. 设备　二级反渗透法制备纯化水系统。

市场上的二级反渗透法制备纯化水系统很多，通常是以产水量作为主要的设备指标，在运行过程中检测流量、压力、电导率和电阻率等，有的增加了投药装置（如阻垢剂）、中间储罐、杀菌系统等。

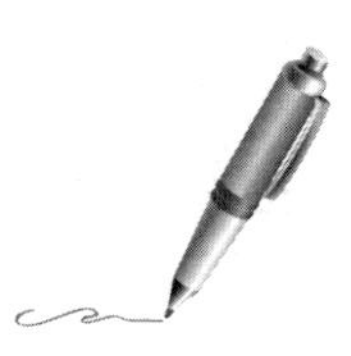

这里以非无菌制剂生产工艺用纯化水的制备为例，采用两级反渗透（RO）+EDI系统，技术参数见表4－7，系统组成和工艺流程见图4－11。

表4－7 两级反渗透法制备纯化水系统的技术参数

项目	指标	项目	指标
产水量（25℃）	≤0.5 t/h	压力	0.7～1.0 MPa
电导率（25℃）	≤350μs/cm	设计温度	5～40℃
浊度	≤5NTU	整机功率	≤5 kW
pH	6～8		

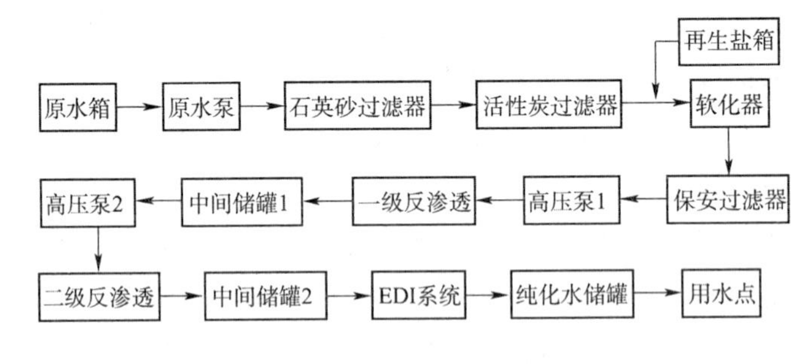

图4－11 两级反渗透法制备纯化水流程

（1）预处理单元 原水泵、机械过滤器、活性炭过滤器、软化器。

（2）RO单元 5μm保安过滤器、高压泵、一/二级RO膜组件。

（3）EDI单元 中间储水、EDI给水泵、EDI系统、纯化水箱。

2. 器皿与材料

（1）材料 自然空气、自来水。

（2）试剂 相关检测项目所需的分析试剂。

（3）器皿 相关检测项目所需的分析器皿。

四、操作步骤

不同型号规格的纯化水制备系统，在具体操作上会存在差异。以下按图4－11的0.5 t/h二级反渗透＋EDI制水流程，进行全手动的岗位操作训练。

1. 运行前检查

（1）检查生产场所是否整洁。

（2）检查原水进水压力、各个泵、每段管道与阀门的状态。应特别注意阀门的种类和开启方式。

（3）按工艺流程检查原水、多介质过滤、二级反渗透、EDI等设备单元是否正常、完好；各温度、压力、玻璃转子流量计等检测仪表是否正常。

2. 启动运行

（1）预处理单元操作 主要指多介质过滤器和软化器的清洗，本质上是过滤器和软化器的再生。清洗包括反冲洗与正冲洗，操作时应注意通过管道阀门来控制过滤器内的流体走向。管线控制流程见图4－12。其中，过滤器和软化器的操作控制原理相同，软化器多了盐再生操作。

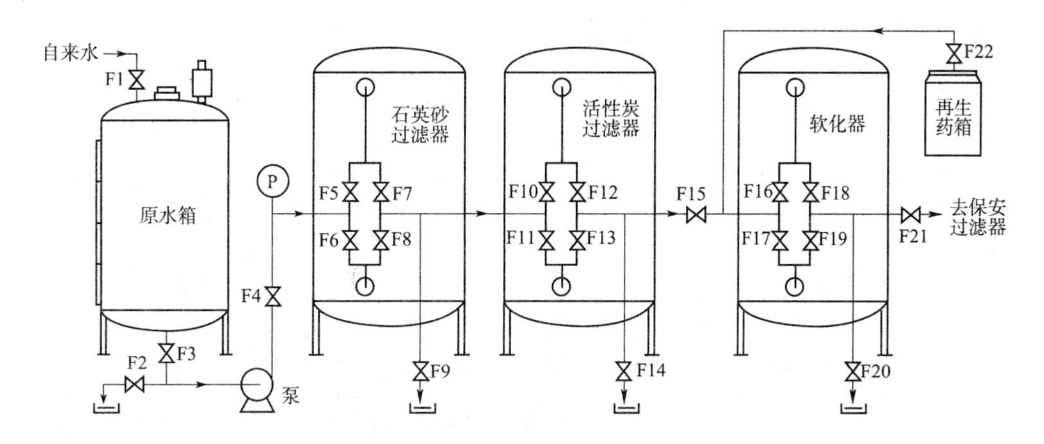

图4－12　制备纯化水预处理单元管线控制流程

1）石英砂过滤器的操作　先进行反向冲洗：依次关闭 F15、F10/F11、F5、F8，开启 F3、F6、F7、F9；启动原水泵，开启 F3，反冲洗 20 分钟；再进行正向冲洗：依次开启 F5、F8，关闭 F6、F7，保持 F9 开启，正冲洗 15 分钟。

清洗结束后，关闭 F9，可将产水引入下一步操作。

2）活性炭过滤器的操作　先进行反冲洗：依次关闭 F10、F13，开启 F11、F12、F14，反冲洗 20 分钟；再进行正冲洗：依次开启 F10、F13，关闭 F11、F12，正冲洗 15 分钟。

清洗结束后，关闭 F14，开启 F15，进入下一步操作。

注意：活性炭过滤器反冲洗时，应控制较小的原水流量，以防止活性炭床层松动，活性炭颗粒随水流向上反冲。如出现进水压力增大的情况，必须立即转为正冲洗操作，正冲洗 1～2 分钟，再继续反冲洗。

3）软化器的操作　按照离子交换树脂的不同，软化器有反洗、再生、正常运行等操作模式。

初次运行（使用新的离子交换树脂）时，先反洗：关闭 F21、F16、F19，确认 F22 为关闭状态，开启 F15、F17、F18、F20，至有排水出时关闭 F15；待软化器内树脂浸泡约 2 小时后，开启 F15，至出水透明清澈（一般约 30 分钟）后，转入盐再生操作。

当离子交换树脂失效时，需要进行软化器再生操作。可从 F20 处取软化水样，用络合试剂检测法判断软化器的运行能力。再生剂为盐水（约 15% NaCl，软化水配制），操作如下：关闭 F15、F21 和 F16、F19，开启 F17、F18、F20；开启 F22，使再生盐水进入软化器，浸泡树脂（一般为 0.5～2 小时）；然后关闭 F22 和 F17、F18，开启 F16、F19 和 F15，进入正洗过程；当排水的络合试剂检测合格后，可投入正常运行；否则，需重新进行再生操作。

正常运行时，确认 F22 为关闭状态，关闭 F17、F18、F20，开启 F15、F16、F19 和 F21，进入下一步操作。

（2）反渗透单元操作　反渗透（RO）单元为膜分离方式，操作时需用高压泵来驱动运行，产物为淡水（即纯水）和浓水。一级 RO 浓水可回收用于预处理单元的清洗，二级 RO 浓水可回收或排放，两级 RO 纯水分别存储于中间储罐中待用。

管线控制流程见图 4－13（F：控制阀门，L：流量计）。

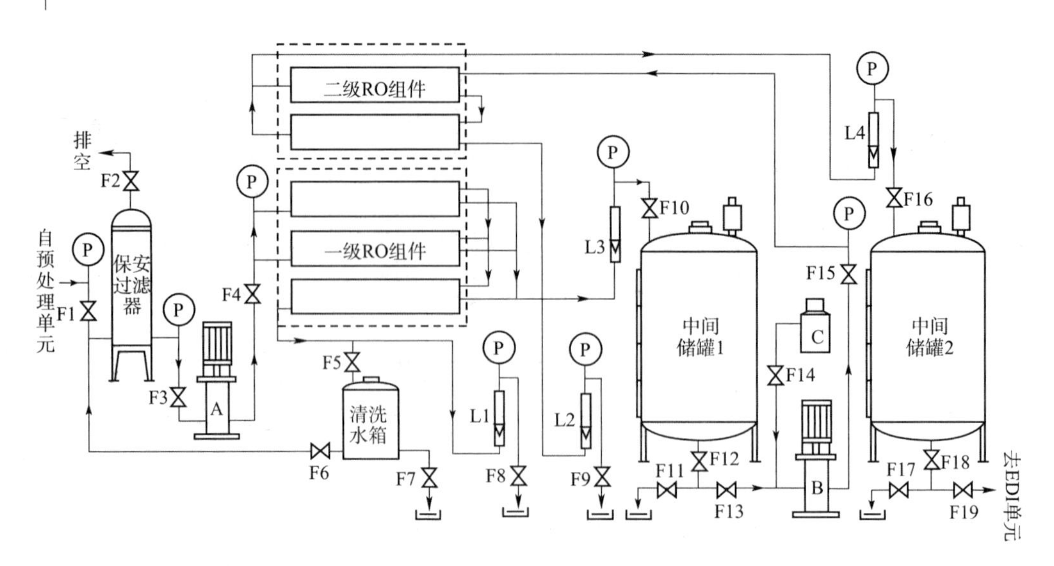

图4-13 制备纯化水反渗透单元管线控制流程

A：高压泵1；B：高压泵2；C：酸碱调节装置

1）初次启动 启动之前，先检查确认各管道阀门均处于关闭状态，高压泵、流量计、中间储罐等处于正常的工作状态。

RO单元首次使用时，应先排空RO膜组件中的空气：开启F1、F3、F4，和F10、F8，确认进水压力≥0.2 MPa，将进水引入一级RO膜组件中（二级RO组件的操作原理与之相同），连续流入20~40分钟，以排除膜组件中的空气；再启动高压泵，开启F12/F18，和F11/F17，检查是否有水流出（若无水流出，应检查并重新进行）。然后调节浓水回收率：通过观察L1与L3，缓慢调整F8与F10（以及L2-L4、F9-F16），使一/二级RO的回收率≤规定值，并注意控制RO膜组件的工作压力，使RO系统稳定运行。

2）正常操作 正常运行时不需要排空，其他启动操作与前相同，操作中应注意压力和流量的控制。以下几点应特别注意。

a）保安过滤器的工作效能 保安过滤器的滤芯可截留水中颗粒，防止其进入RO膜组件应每1~2个月更换一次，或者当过滤器压力降增加到0.05~0.08 MPa时更换。更换滤芯时要注意密封与排气。

b）压力和回收率的调控 运行期间，应注意监测保安过滤器、一/二级RO组件前后的压力表数值变化，特别是RO组件的压力降变化。通过调节两组阀F8-F10和F9-F16来保证运行压力（一级为0.7~1.2MPa、二级为0.7~1.2MPa）和回收率（一级为50%~60%、二级为80%~90%）。

c）高压泵运行期间，出口阀（F4、F15）必须保持开启状态。

3）运行维护 若产水流量或总流量下降，脱盐率下降（可参照初始运行新RO膜组件的运行参数），则需进行一级RO组件的清洗。操作如下：关闭F10、F1，开启F6、F3、F4和F8，启动高压泵1；清洗完成后，开启F1、F10，关闭F6、F8。

日常运行中，可开启F5、F7，对清洗水箱补充水；补充完毕后，关闭F5、F7。

若RO系统不能正常运行，应进行如下检查：

a）检查进水阀开关是否正确，保安过滤器的滤芯是否堵塞。

b）检查电气系统是否正常，泵的运行是否正常。

c）检查总流量是否处于正常范围内，注意水温不能偏高、压力不能偏低。

（3）EDI单元的操作　EDI是一种结合了离子交换与电渗析技术的填充床式电渗析系统。在实际应用中，为了减轻膜组件内的浓度极化现象，延缓膜的污染，EDI被设计成频繁倒极的控制模式（图4－14）。

1）开机准备　启动前，务必先确认电源符合设备的供电需求，检查连接的水管道和电路，调校仪表并检查各流量阀门的开关动作是否正常（均处于关闭状态），确认中间储水箱（RO单元中间储罐2）液位≥1/2总容积。

2）启动运行　开启F1，启动水泵；缓慢开启F2、F3、F4，开启F7、F5，使各流量计有水通过。

设备初次启动时，应先排除EDI模块中的空气，消除气阻。不同的EDI模块型号，操作可能有所不同，具体可参阅设备使用说明。

调节上述阀门，使进水、浓水补水的流量和压力均达到设计范围，注意进水压力≤设定值；待系统稳定后，关闭F7，开启F6、F8，待产水检测合格后，关闭F8，进入产水状态，产品水储存于储罐中，待用。

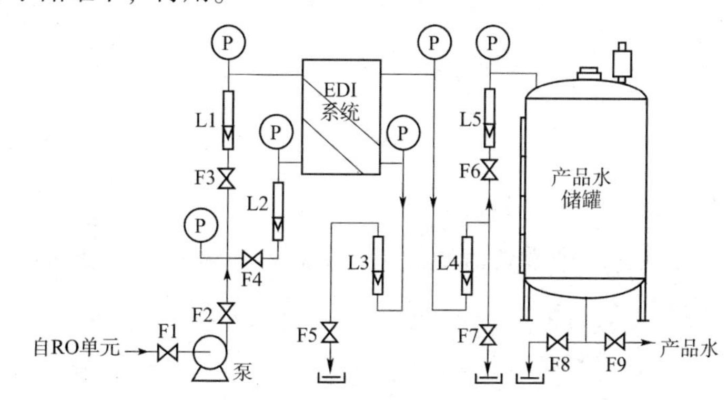

图4－14　制备纯化水EDI单元管线控制流程

运行期间，应注意观察、检测产水流量与水质。当水质超过设定值时，应立刻关闭F6、开启F7。在实际应用中，一般都是将F6与F7设置为联动运行的控制模式。同时，也应注意电流变化，经常性检查产水的电导率变化。

3. 停机操作　当产品水储罐液位达到总容积罐的70%以上时，制水系统应进入停机程序。

正常停机操作时，为保护RO膜组件和EDI模块，尽可能避免空气进入各单元组件内，以及防止高压泵运转异常，应按照如下顺序操作：

（1）关闭EDI单元　先依次关闭F9、F6、F7、F5、F4、F3和F2，再切断EDI单元控制电源，关闭水泵，关闭F1。

（2）关闭RO单元

1）冲洗RO膜组件　开启F8、F9，关闭F10、F16，关闭电导率仪等辅助检测设备电源，调节F8、F9，降低一/二级RO膜组件前后的压力差，对一/二级RO膜组件进行低压冲洗少许时间（通常数分钟），防止不合格RO产水进入纯化水储罐。

2）关闭高压泵　先依次关闭高压泵2、高压泵1，再依次关闭F8、F9和F4、F15，关闭F12/F18和F12、F19，关闭F3和F1。

（3）关闭预处理单元　先关闭F1，再依次关闭F4和F3，关闭原水泵；然后关闭石英砂过滤器（关闭F8、F5和F4）、活性炭过滤器（关闭F15、F13和F10）和软化器（关闭

F21、F19和F16）。

（4）关闭总电源。

五、目标检测

1. 制药生产过程中，可以通过以下哪种方法获得注射级用水？

A. 原水经过预处理、两级RO处理　　B. 原水经过预处理后蒸馏

C. 原水经过两级RO处理后蒸馏　　D. 原水经过预处理、两级RO处理后蒸馏

2. RO单元首次使用时，应先排空RO膜组件中的空气。在确认各管道阀门均处于关闭状态之后，对一级RO膜组件排空操作中，开启了F1、F3、F4之后，还要开启F8、F10。开启F8与开启F10，两者操作的作用有什么不同？

3. 图4－14制备纯化水的EDI单元操作中，什么情况下开启F7？

（王玉亭）

扫码"学一学"

任务六　设备清洗

一、实训目的

熟悉规模化生物反应过程中设备清洗的工艺原理，懂得CIP清洗的工艺流程，能够进行设备清洗操作。

二、实训原理

用于生物工程技术产品规模化制备的设备（管道），在使用前后都需要进行清洗。为确保产品质量，设备的清洗应符合（参照）GMP的要求。

清洗不同于消毒，尽管两者都是对设备或反应场所的表面进行处理，且具有相关性，但不能用清洗来替代消毒。传统的设备清洗需要拆卸设备，现代生产均采用CIP清洗模式。CIP清洗是指不拆卸设备或元件，在密闭条件下，用一定温度和浓度的清洗液对设备（管道）进行表面清洗的一种技术方法。

CIP清洗系统则是应用这种技术方法，针对不同的生产场所和工艺要求而设计的设备系统，一般包括：清洗/回流泵、清洗液储罐、（浓）清洗剂储罐、过滤及加热设备、流量控制阀门管路等，具体的设备组成和工艺流程可视清洗对象不同而不同。依据对清洗剂使用方式的不同，常见的CIP系统可分为三种类型。

（1）清洗剂一次性使用　清洗剂只使用一次，被清洗设备/管路与CIP装置形成回路，清洗结束后，清洗剂排放。

（2）清洗剂可重复使用　碱、酸等清洗剂分别在各自的储罐中稀释调配成清洗液，清洗完毕后分别回收，当清洗剂浓度降低后，再补充调配，重复使用。

（3）清洗剂集中回收多次使用　系统由多个独立的标准单元组成，清洗剂由配制清洗剂的专用罐集中供给，清洗完毕后回收清洗剂。目前，使用较为普遍的是可重复的CIP系统。

CIP清洗工艺的要素有：清洗液浓度、清洗温度、清洗液的机械冲击力和清洗操作的时间。在规模化产品生产中，CIP经常被设计成自动化的清洗操作模式。CIP清洗只针对特定

的生产场所，其清洗工作不能影响其他区域的正常生产活动。CIP清洗操作时，常根据污垢性质和清洁剂去污能力，选择合适的清洗程序：①三步法。预冲洗（清水或前一个CIP的冲洗回收水）→清洗剂浸洗（酸/碱）→清水冲洗。②五步法。预冲洗（清水或前一个CIP的冲洗回收水）→清洗剂浸洗（酸/碱）→中间冲洗（清水）→清洗剂浸洗（碱/酸）→清水冲洗。③七步法。预冲洗→清洗剂浸洗（碱/酸）→中间冲洗（清水）→清洗剂浸洗（酸/碱）→再冲洗（清水）→消毒（化学消毒/蒸汽灭菌）→清水冲洗（4－15）。

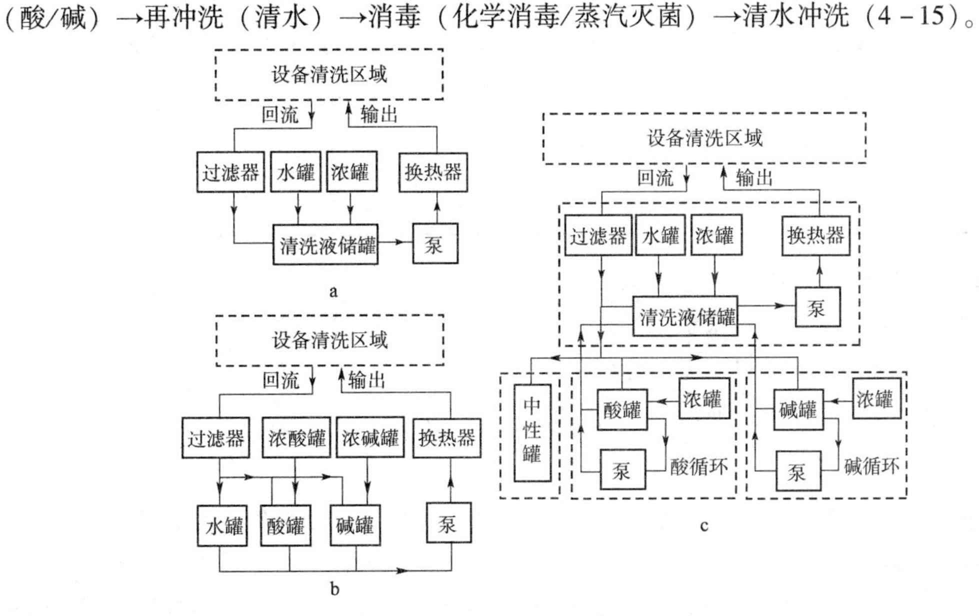

图4－15 常见的CIP清洗工艺流程

a. 清洗剂一次性使用；b. 清洗剂可重复使用；c. 清洗剂集中回收多次使用

三、实训器材

1. 设备 CIP清洗系统。

采用酸碱两种清洗剂的可重复CIP系统，系统的管线控制流程如图4－16所示。

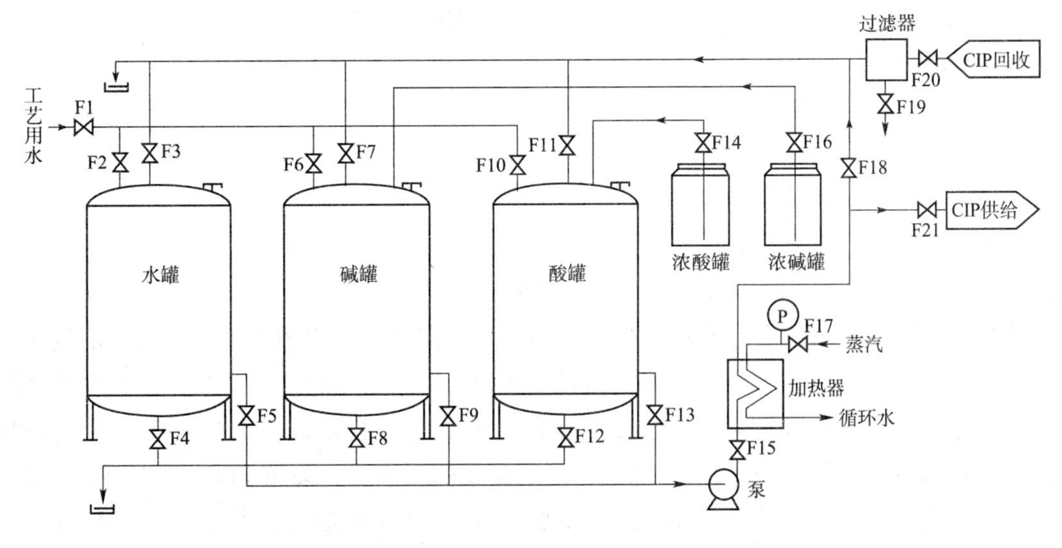

图4－16 酸碱两种清洗剂的可重复CIP系统控制流程

CIP系统可供酸（HNO_3，1%～3%）、碱（NaOH，1%～3%）两种清洁剂，软水冲洗，配置蒸汽加热，清洗操作温度60～80℃，消毒温度92～95℃。系统的工作参数如表4－8。

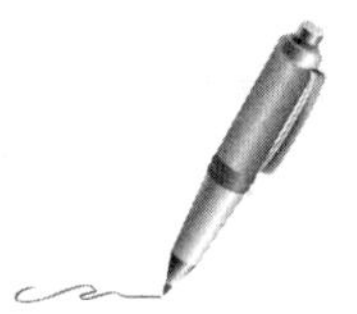

表 4-8 酸碱两种清洗剂的可重复 CIP 系统工作参数

清洗程序	内容	清洗液	时间（min）	温度（℃）
1	预冲洗	清水或工艺用水	3~5	常温或<60
2	碱液浸洗	NaOH，1%~3%	10~20	60~80
3	中间冲洗	工艺用水	5~10	<60
4	酸液浸洗	HNO_3，1%~3%	10~20	60~80
5	再冲洗	工艺用水	3~10	常温或<60
6	生产前消毒	工艺用水	15~30	92~95
7	清水冲洗	工艺用水	3~5	常温

2. 器皿与材料

（1）材料　自然空气、自来水。

（2）试剂　相关检测项目所需的分析试剂。

（3）器皿　相关检测项目所需的分析器皿。

四、操作步骤

以两种清洗剂可重复 CIP 系统（图 4-18）为例，按照全手动操作模式进行训练。

1. 开机前检查

（1）CIP 系统检查　所需要的工艺用水、电、蒸汽等是否符合要求，泵、加热器均能正常工作。

（2）确认 CIP 系统各管路阀门均处于关闭状态。

（3）被清洗设备检查　确认被清洗设备的 CIP 接入点，确认已处于接受 CIP 清洗的状态（即已经停止正常的工艺运行，被清洗段已经处于相对独立、封闭的空间）。

（4）清洗剂检查　浓酸罐与浓碱罐中的清洗剂均已经按要求准备完毕。

2. 启动操作

（1）启动电源　开启 CIP 系统电源。

（2）储罐装液　确认水罐、碱罐和酸罐分别储满量的清洗用水或酸/碱清洗剂（≥一次清洗用量）。

水罐装液的操作如下：开启 F4，排除罐内的残液后，关闭 F4；开启 F1、F2，将工艺用水引入水罐中；待达到所要求的容量后，关闭 F2、F1。

酸罐和碱罐的装液操作与水罐类似，不同的是要依据清洗剂的浓度，先将一定量的工艺用水引入储罐，再从浓罐中引浓液入储罐。通常，可采用压缩空气或泵的输入方式（图 4-16 中未标注）。酸/碱罐装液操作如下：开启 F12/F8，排除罐内的残液后，关闭 F12/F8；开启 F14/F16，引浓酸/碱液入储罐，至所需要的用量后，关闭 F14/F16；再开启 F1、F10/F6，将工艺用水引入罐中；待达到所要求的容量、完成配制后，关闭 F1、F10/F6。

3. 预冲洗　清洗液为水罐中的工艺用水。

（1）启动清洗液输送　开启 F5、F15、F18 和 F3，启动泵。

（2）启动加热器　开启 F17，引蒸汽入加热器，调节 F17，使水温升至工艺所要求的温度（如 60℃）。

（3）对设备预冲洗　关闭 F18，开启 F21、F20，关闭 F3，引清洗液（预冲洗用水）进

待清洗设备，回收的清洗液排掉。持续冲洗 3 ~ 5 分钟。

（4）结束预冲洗　关闭 F3、F15 和 F5，转入下一步操作。

4. 碱液浸洗　操作与步骤 3 基本相同，清洗液为碱罐中的碱液。

（1）启动碱液输送　确认泵正常运行中；开启 F9、F15、F18 和 F7。

（2）调节加热温度　操作同步骤 3 中（2），温度调整至工艺要求值（如 80℃）。

（3）对设备碱洗　关闭 F18，开启 F21、F20，引清洗液（碱液）进待清洗设备，同时回收清洗液。持续冲洗 10 ~ 20 分钟。

（4）结束碱浸洗　关闭 F7、F15 和 F9，转入下一步操作。

5. 中间冲洗　操作与步骤 3 相同，清洗液采用水罐中的工艺用水。

（1）启动清洗液输送　确认泵正常运行中；开启 F5、F15、F18 和 F3。

（2）调节加热温度　操作同步骤 3 中（2），温度调整至工艺要求值（如 <60℃）。

（3）对设备冲洗　关闭 F18，开启 F21、F20，关闭 F3，引清洗液（工艺用水）进待清洗设备，回收的清洗液排掉。持续冲洗 5 ~ 10 分钟。

（4）结束中间冲洗　关闭 F3、F15 和 F5，转入下一步操作。

6. 酸洗　操作与步骤 3 基本相同，清洗液为酸罐中的酸液。

（1）启动清洗液输送　确认泵正常运行中；开启 F13、F15、F18 和 F11。

（2）调节加热温度　操作同步骤 3 中（2），温度调整至工艺要求值（如 60 ~ 80℃）。

（3）对设备冲洗　关闭 F18，开启 F21、F20，引清洗液（工艺用水）进待清洗设备，同时回收清洗液。持续冲洗 10 ~ 20 分钟。

（4）结束酸洗　关闭 F11、F15 和 F13，转入下一步操作。

7. 再冲洗　操作与步骤 5 相同，清洗液为水罐中的工艺用水；温度调整至工艺要求值（如 <60℃）；回收清洗液排掉；持续冲洗 3 ~ 10 分钟。

8. 生产前消毒　操作与步骤 5 类似。

（1）输送与调温　清洗液为水罐中的工艺用水；温度调整至工艺要求值（如 92 ~ 95℃）。

（2）回收清洗液　开启 F3，回收清洗液入水罐。

（3）持续冲洗 3 ~ 10 分钟。

9. 清水冲洗　操作与步骤 5 类似。

（1）输送与调温　清洗液为水罐中的工艺用水；关闭 F17。

（2）回收清洗液　开启 F3，回收清洗液入水罐。

（3）持续冲洗 3 ~ 5 分钟。

10. 结束操作

（1）关闭 F21、F20。

（2）关闭 F15、F5。

（3）关闭泵。

注意：清洗操作中，当过滤器压力明显增大时，表明回收清洗液中含较多杂质，可通过开启 F19，排空过滤器。

五、目标检测

1. 请简要说明常见的 CIP 清洗类型。
2. 实际生产中，大型设备的清洗多采用以下哪种 CIP 清洗模式？

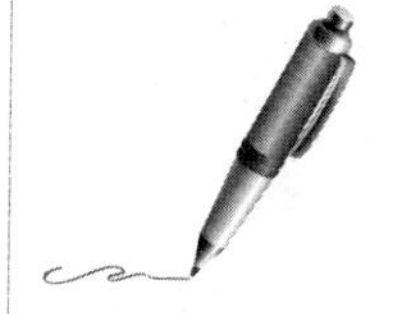

A. 清洗剂一次性使用　　B. 清洗剂两次性使用
C. 清洗剂可重复使用　　D. 清洗剂集中回收多次使用

3. 图 4－16 的操作流程中，F18 在操作过程中起什么作用？
A. 调节清洗液温度　　B. 输送清洗液进入待清洗设备
C. 排掉储罐中过多的清洗液　　D. 回收 CIP 清洗液

（王玉亭）

扫码“学一学”

任务七　高压蒸汽灭菌锅的操作

一、实训目的

懂得高压蒸汽灭菌的工艺原理，能够使用高压蒸汽灭菌锅进行灭菌操作。

二、实训原理

高压蒸汽灭菌是常用的湿热灭菌方法，可用于生物反应、提取或分析的试剂、材料等的灭菌处理。高压蒸汽灭菌锅是实验室与规模化生产中常见的典型灭菌设备，主要用于培养基、各种操作材料和器皿的灭菌。

高压蒸汽灭菌锅有多种形式，其工作原理与操作方法基本相同，都是基于水的沸点随着蒸汽压力的提高而升高的特点，使装有灭菌材料的空间内充满着纯的高压水蒸汽，并保持恒压一定时间，一般是蒸汽压力 103.42kPa（121.3℃）、15～30 分钟，可实现较为彻底的灭菌。不同型号的高压蒸汽灭菌锅，使用的蒸汽来源不同，可以用水箱加热产生，也可以用蒸汽锅炉产生蒸汽，或者利用工业二次蒸汽。

三、实训器材

便携式蒸汽灭菌锅。

四、操作步骤

1. 准备工作

（1）检查排气阀、安全阀及压力/温度表。

（2）清洗内筒。

（3）检查水量，加注适量水（为减少水垢的积存，可用已煮开过的水）。注意水量要加足，防止干锅。

2. 装入物品　放入待灭菌物品，加盖密封。

注意锅内待灭菌的物品的摆放不能过密，应便于蒸汽流通；另外，旋紧锅盖时应注意对称旋紧，否则易造成漏气。

3. 预热排气

（1）启动电源，加热升温，同时打开排气阀以排除锅内的空气。

（2）当排气阀有蒸汽排出时（表明锅内已经充满了水蒸气），关闭排气阀。

4. 升压恒温

（1）继续加热，注意观察压力表。

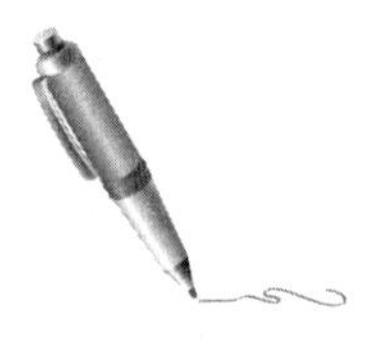

(2) 当表压(锅内蒸汽压)升至灭菌要求的额定值时,恒定蒸汽压力,维持一定时间后停止加热。

恒定锅内蒸汽压力的方法可以有两种。

a)间歇加热法 当压力略超过额定值时,关闭电源,停止加热,待压力略低于额定值时,再打开电源,继续加热,直至完成灭菌。

b)连续排汽法 当压力略超过额定值时,微微开启排气阀,使蒸汽排出少许,待压力略低于额定值时,再关闭排气阀,继续加热,直至完成灭菌。这种方法要求灭菌环境可允许适量蒸汽的存在,且锅内存水能满足灭菌过程的需要。

5. 结束灭菌

(1) 达到灭菌时间后,停止加热。

注意: 缓慢排汽(当锅内有液体培养基时,应特别注意)。

(2) 当压力值下降接近于零时,冷却,开盖取物。

五、目标检测

1. 操作蒸汽灭菌锅时,为什么要先升温排出锅内的空气?
2. 手动操作便携式高压蒸汽锅灭菌时,如何恒定高压锅内的蒸汽压力?
3. 使用便携式高压蒸汽灭菌锅进行培养基灭菌时,以下哪种操作是正确的?
   A. 升温和恒温阶段,保持排气阀开启,以排除锅内冷空气
   B. 恒温时,可以微开排气阀,控制锅内蒸汽压力不能超高
   C. 降温时,可以打开排气阀,使锅内快速降温
   D. 恒温时,不可以打开排气阀,以保持锅内蒸汽压力恒定

(王玉亭)

任务八 反应设备的蒸汽灭菌

扫码“学一学”

一、实训目的

运用高压蒸汽灭菌原理,通过对发酵罐的蒸汽灭菌操作,懂得如何进行对发酵罐进行蒸汽灭菌,能够独立、熟练完成发酵罐空消、实消工况下的蒸汽灭菌操作,以及发酵运行过程中对采样管线的灭菌操作。

二、实训原理

发酵罐是主要的生物反应设备,在每一次投入使用前必须先进行灭菌。

在实践中,一些小型发酵罐,其玻璃罐体可直接搬离基座,可放入高压蒸汽灭菌锅中灭菌。稍大型的罐体只能采用在位灭菌的方式。

发酵罐的灭菌,通常使用高压蒸汽灭菌方法,通过高压蒸汽所产生的高温来实现灭菌。依据工艺和工况的不同,发酵罐的灭菌可包括空消灭菌、实消灭菌和采样管线灭菌。有些发酵罐配置有空气过滤器,可通过灭菌对其进行清洗和再生。

空消灭菌和实消灭菌都是采用高压蒸汽灭菌方式,不同的是:空消不用考虑加热蒸汽对培养基的稀释,实消需要考虑加热蒸汽对培养基的稀释。为避免培养基在灭菌过程中因

加热蒸汽冷凝而被稀释的情况发生，必须控制好加热蒸汽进入罐内的时机，使其即能加热罐内培养基，又不会因长时间沸腾而使培养基浓缩。在实消中，常常先用夹套预加热至罐内温度接近100℃（如≥95℃）时，再将加热蒸汽引入发酵罐内，最终完成灭菌操作。

空气过滤器和采样系统的灭菌，一般采用流通蒸汽吹扫的方式进行。

不同型号发酵罐，系统的组成配置有所差异。例如，有些型号设置有可蒸汽灭菌的空气过滤器，有些在罐底设置有可蒸汽灭菌的采样系统。尽管配置不同，但进出罐的气体、加热蒸汽、控温循环水以及罐内排液/采样等物料管线的控制原理是相同的，通过这些管线的阀门控制，来实现灭菌的过程。

在对发酵罐进行灭菌操作前，必须对照设备操作说明，明确系统的管线工艺流程和各个物料控制点的阀门作用和操控方式。图4－17为一种包含了两级空气过滤器和蒸汽过滤器、采样灭菌系统和循环水箱的发酵罐在位灭菌控制流程。

灭菌操作中，应重点关注三个环节：一是排除待灭菌部位（如罐体内部）的冷空气，确保灭菌时为饱和水蒸气状态；二是（实消灭菌时）控制加热蒸汽进入罐内的时机，确保培养基不会因水蒸气冷凝或水分蒸发而发生浓度的改变；三是降温过程中应及时引入无菌空气，防止出现罐内二次染菌的现象。

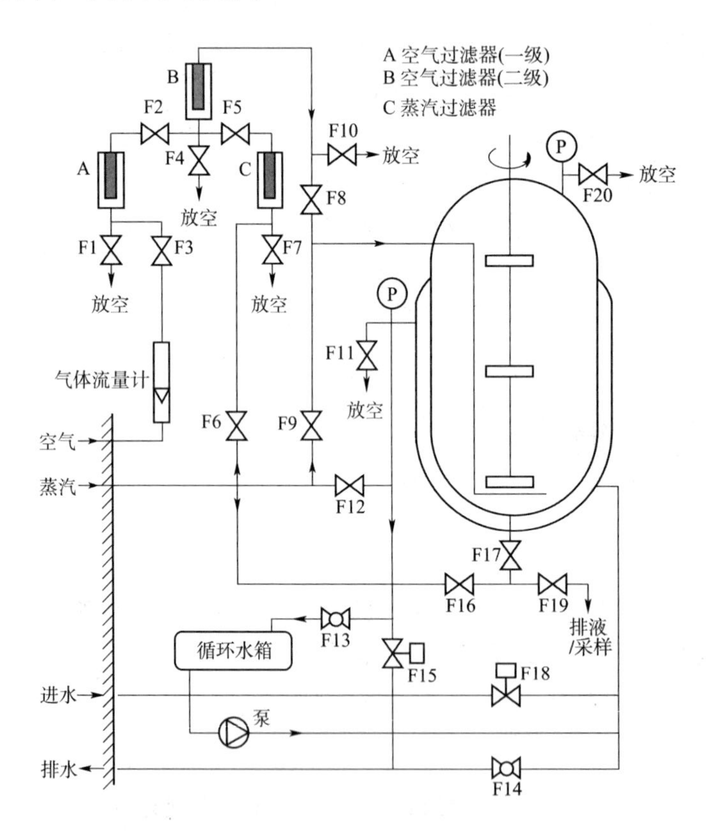

图4－17 发酵罐在位灭菌管线控制流程

三、实训器材

发酵罐系统

（1）小型发酵罐 5～100L一体式发酵罐。

（2）蒸汽发生器 配套的小型蒸汽发生器（蒸汽锅炉），或外部加热蒸汽源。

（3）空气压缩机 配套的空气压缩机，或外部压缩空气源，及空气净化系统。

（4）循环水系统　配套的循环水泵与水箱，或外部循环水源。

四、操作步骤

操作之前，请对照图 4 – 17，明确发酵罐系统的管线控制流程，标注相关的控制阀门。

（一）发酵罐空消

1. 灭菌准备

（1）整体检查

1）外观检查。

2）管线检查　检查发酵系统物料管线，确认各手动阀门均处于关闭状态。

3）电源检查　检查发酵设备系统电源。

4）辅助系统检查　检查空气压缩机、蒸汽发生器，及其与罐体的连接管线。

（2）系统管路阀门检查

1）确认罐体已经安装就位，罐顶封盖已经对称旋紧。

2）空气管路检查　确认及关闭：F3、F2、F8。

3）蒸汽管路检查　确认及关闭：F6、F5、F9、F12、F16。

4）放空管阀检查　确认及关闭：F1、F4、F7、F10、F11、F20、F17、F19。

5）循环水管路检查　确认及关闭：F13、F14。

（3）启动发酵罐系统

1）开启电源　开启发酵罐电源、空气压缩机电源和蒸汽发生器电源。

2）循环水箱注水　打开 F13、F14，启动循环水控制系统，向水箱注水（此时，F15、F18 开启），待有排水流出时，关闭 F13。

（4）罐体耐压与气密性检查

1）先打开 F20，再打开 F3、F2 和 F8，然后微开 F20，同时观察罐压力表，当压力升高少许（如 0.2kPa）后，关闭 F20 和 F3、F2、F8。

2）维持 15 ~20 分钟后，观察罐体压力表。

如果压力值没有变化，表明罐体密闭良好；如果压力值有所降低，表明罐体有泄漏，应检测泄漏点并进行处理。

2. 升温灭菌

（1）罐内排水　打开 F17、F19 和 F20，排除罐内残液后，关闭 F17、F19。

（2）升温排气

1）打开 F12 和 F11，排除蒸汽管线中的冷凝水后，关闭 F11。

2）打开 F9、F14，将蒸汽同时引入罐体内和夹套内。

3）观察罐和夹套的压力，通过 F9 和 F12，调节和控制进罐、进夹套的蒸汽量。

4）当 F20 有蒸汽冒出时，关闭 F20，观察罐压力。

（3）恒温灭菌

1）当罐内温度接近灭菌要求的温度值（如 121℃）时，微开 F20，通过调节 F20 和 F9，使罐内温度维持在灭菌所要求的温度值，并开始计时。

2）注意调节 F20 和 F9，维持罐内温度至灭菌所要求的时间（如 20 分钟）。

3）此间，应观察罐内与夹套压力表，防止罐内蒸汽超压。

（4）降压降温

1）达到灭菌时间后，关闭 F9、F12 和 F14，启动循环水系统（电磁阀 F18 和 F15 开启）向夹套通水，使罐内降温，同时观察压力的下降情况。

2）当罐内压力值下降至接近 0 时（如 0.1 ~ 0.3kPa），立即打开 F3、F2 和 F8，将无菌空气引入罐内，同时观察罐内压力表。

3. 恒压备用 调节 F3 和 F20，使罐压维持在正压状态（如 0.1 ~ 0.3kPa），等待下一步操作。

（二）发酵罐实消

1. 灭菌准备 同步骤（一）1。

2. 培养基入罐

（1）罐内排水 打开 F17、F19 和 F20，排除罐内残液后，关闭 F17、F19。

（2）灌装培养基 将配制好的培养基装入罐内，封好接种口。

3. 升温灭菌

（1）预加热排气

1）打开 F12、F11，排除蒸汽管线中的冷凝水后，关闭 F11。

2）打开 F14，将蒸汽引入夹套内。

3）观察夹套压力表，通过调节 F12，控制夹套蒸汽压力。

4）观察罐内压力表，当罐内温度接近于沸腾时（如≥95℃，常压下），打开 F9，将蒸汽引入罐内，观察 F20 的排气状况。

5）当 F20 有蒸汽冒出时，关闭 F20，观察罐压力表。

（2）恒温灭菌

1）当罐内温度接近灭菌要求的温度值（如 121℃）时，微开 F20，调节 F20 和 F9，维持罐内温度在灭菌所要求的温度值，开始计时。

2）注意调节 F20 和 F9，使罐内温度在额定的温度值下维持灭菌所要求的时间。

3）此间，应注意观察罐内与夹套压力表，防止罐内蒸汽超压。

（3）降压降温

1）达到灭菌时间后，关闭 F9、F12 和 F14，启动循环水控制系统（电磁阀 F18 和 F15 开启）向夹套通水，使罐内降温，同时观察压力值的下降情况。

2）注意调节 F20，使罐内压力缓慢下降。

3）当罐内压力值下降至接近 0 时（如 0.1 ~ 0.3kPa），立即打开 F3、F2 和 F8，将无菌空气引入罐内，同时观察罐压力值的变化。

4. 恒压备用 调节 F3 和 F20，使罐压维持在正压状态（如 0.1 ~ 0.3kPa），等待下一步操作。

（三）进罐空气过滤器灭菌

1. 灭菌准备

（1）整体检查 与步骤（一）1.（1）相同。

（2）系统管路阀门检查 与步骤（一）1.（2）基本相同。

确认 F3、F2、F8、F5、F6、F9、F12、F16、F1、F4、F7 和 F10 均处于关闭状态。

（3）启动发酵罐系统 与步骤（一）1.（3）基本相同，启动空气压缩机与蒸汽发

生器。

2. 管线放空

（1）依次打开 F1、F3，排除空气管线内的残留液后，关闭 F1。

（2）依次打开 F4、F2，排除一级空气过滤器和管段内的残留液后，关闭 F4、F3。

3. 蒸汽灭菌

（1）依次打开 F7、F6，排除蒸汽管线内的残留液后，关闭 F7。

（2）依次打开 F10、F5，将蒸汽引入二级过滤器，确认 F10 有蒸汽流出。

（3）打开 F1，确认 F2 打开，将蒸汽引入一级过滤器，确认 F1 有蒸汽流出。

（4）调节 F6，确保 F1、F10 有蒸汽流出，但蒸汽量不必过大，同时开始计时。

4. 空气吹扫

（1）达到灭菌所要求的时间后（可视过滤器的使用情况而定，一般常压蒸汽吹扫 10 ~ 15 分钟），打开 F3，关闭 F6，吹扫排出空气管线盲端中的冷凝水。

（2）打开 F4，关闭 F1，引空气入一级空气过滤器，吹扫排出过滤器和管段内的冷凝水。

（3）关闭 F4，引空气入二级空气过滤器，吹扫排出过滤器和管段内的冷凝水。

（4）打开 F7，引空气入蒸汽过滤器，吹扫排出过滤器和管段内的冷凝水。

5. 结束 片刻后（如 5 分钟），依次关闭 F7、F5，确认 F1 关闭，微开 F10，等待下一步操作。

（四）罐内采样系统灭菌

1. 灭菌准备

（1）整体检查 采样和放料前，应先检查确认引入蒸汽、排液/采样（放空/排污）的管路、阀门是否正常，确认 F17 处于关闭状态。检查完毕后，可进行下一步操作。

（2）启动发酵罐辅助系统 与步骤（一）1.（3）基本相同，启动蒸汽发生器。

2. 吹扫灭菌

（1）打开 F19、F16，引入蒸汽。

（2）待 F19 排出冷凝水，并有蒸汽冒出后，微开 F19，开始计时。

（3）持续吹扫至规定时间（如常压吹扫 10 ~ 15 分钟）后，关闭 F19、F16。

五、目标检测

1. 发酵罐的空消和实消操作过程，在工艺上的本质区别是
   A. 空消是用高温空气消毒，实消是用高压蒸汽消毒
   B. 空消是罐内培养基不接种消毒，实消是罐内培养基接种后消毒
   C. 空消是罐内无培养基时的消毒，实消是罐内有培养基时的消毒
   D. 空消是罐内培养基通入蒸汽的消毒，实消是罐内培养基不通入蒸汽的消毒
2. 如图 4－17 所示，当罐内温度下降至接近常温时，需要立即打开阀门
   A. F1　　B. F3　　C. F6　　D. F9
3. 题 2 的操作是基于以下哪种考虑？
   A. 排除空气管线中的残留冷凝水　　B. 排除罐内残留的冷空气
   C. 防止罐内的加热蒸汽冷凝　　D. 防止罐外的空气倒吸入罐内
4. 如图 4－17 所示，实消时，如果过早打开 F9，或者没有及时打开 F9，分别会出现怎

样的情况？

5. 如图 4 - 17 所示，实消时达到灭菌时间后，为何要使罐内的压力缓慢下降？

6. 题 5 的操作中，如何才能使罐内的压力缓慢下降？

A. 及时打开 F3　　B. 及时关闭 F8

C. 缓慢关闭 F9　　D. 缓慢调节 F20

7. 如图 4 - 17 所示，空气过滤器灭菌时，蒸汽吹扫后，为什么要先打开 F3，再关闭 F6？

（王玉亭）

扫码“学一学”

任务九　无菌接种与补料操作

一、实训目的

熟悉规模化生物反应（特别是好氧发酵）过程的工艺原理，能熟练进行无菌接种，懂得如何在反应过程中进行补料操作。

二、实训原理

1. 无菌接种　生物反应的种类不同，规模化生产的设备规模也不一样。通常，规模化生产是在不同规格的生物反应容器内完成的，例如，90% 以上的生物技术产品是应用深层好氧发酵反应生产制备的。发酵罐是主要的生物反应设备。

无菌接种，是微生物操作技术的基础。这里的无菌接种，指的是在发酵罐灭菌之后，在无菌条件下向罐内进行种子液的接种操作。通常情况下，此时罐内已经充填了灭菌并降温至正常发酵温度的培养基。完成种子液的接种操作后，就可以进行下一步的发酵操作。

无菌接种操作，可以简单分成管线法和火焰法。

管线法：对于较大的生产型发酵罐，或者种子液采用较小型种子罐培养的情况，将两个罐子用管线连接起来，用泵或是两罐间的压差将种子液输送进发酵罐。管线是设计安装在两罐之间，在罐体消毒灭菌的时候完成灭菌操作。

火焰法：对于大多数中小型发酵罐，种子液采用三角瓶或小型罐培养的情况，接种时或用三角瓶倾倒，或用已经灭菌的临时管线在两罐间连接后利用泵进行输送。无论是三角瓶倾倒还是临时管线的连接，均需要在灭菌后的发酵罐的罐体上打开接口，在火焰圈下达到无菌操作条件，完成接种操作。

这里以发酵罐的火焰法接种为例，进行操作训练。

通常情况下，按照好氧发酵 10% 接种量估算，10L 以下发酵罐的种子液培养可用三角瓶进行，接种时直接倾倒入罐即可；10L 以上发酵罐则多是通过小型罐进行种子液的放大培养，接种时可借助连接两个罐体的临时管线（多为硅胶软管），通过蠕动泵（可使用外接蠕动泵，也可使用罐上配置的蠕动泵）完成接种操作。

2. 补料操作　分批培养是目前微生物培养的主流模式。这类培养模式中又依据培养过程中是否有进行补料而分为简单分批培养、补料分批培养和反复分批培养等。无论采用哪种模式，都需要在培养过程中向培养液体系添加物料或试剂。

发酵过程中的 pH 调节、控制消泡、添加营养成分等，都是在反应过程中向封闭的反应体系中添加反应物，都属于补料操作。

由于补料操作发生在生物反应或发酵进程中，为保证生物反应连续进行而不被中断，其操作程序、操作材料等都需要满足无菌操作条件。

补料操作对于所有型号的发酵罐，都是一样的操作程序，但对于不同灭菌模式的罐体，操作细节上有所不同：

（1）采用基座分离式的罐体　罐顶配置有多针补料接头，可同时连接酸/碱/消泡剂等补料管线（硅胶软管），这些接口需在灭菌前进行无菌包扎；灭菌后，在接种、运行前需拆除无菌包扎，连接相应的补料管线。

（2）采用在位灭菌式的罐体　灭菌时，罐顶的酸/碱/消泡剂等进料口采用密封头密封，待灭菌结束后再换成多针补料接头，连接相应的补料管线。

三、实训器材

1. 设备

（1）发酵罐系统

1）小型发酵罐　可采用 5～100L 一体式发酵罐。

2）蒸汽发生器　配套的小型蒸汽发生器（蒸汽锅炉），或外部加热蒸汽源。

3）空气压缩机　配套的空气压缩机，或外部压缩空气源，及空气净化系统。

4）循环水系统　配套的循环水泵与水箱，或外部循环水源。

（2）小型泵　建议使用蠕动泵。

3. 器皿与材料

（1）试剂　75% 乙醇、发酵培养基等。

（2）器皿　50ml 烧杯、洗瓶等。

四、操作步骤

（一）无菌接种操作

1. 三角瓶接种

（1）操作前准备

1）检查培养基　确认发酵罐已经完成了培养基的装填与灭菌。

2）检查设备控制　确认发酵罐已经接通电源并启动了控制系统，罐内培养基的温度符合接种培养的要求。

3）检查电极　确认各检测电极、pH 调节、消泡控制等均已经完成了安装调试。

4）检查通气状态　确认空压机已经启动并运行正常，发酵罐内处于无菌空气通入的微正压状态。

5）检查其他　确认火圈环、种子培养液已经准备完毕，接种量符合工艺要求。

（2）接种口灭菌

1）操作消毒　用75% 乙醇棉擦拭操作者的双手，及罐顶接种口周围；待酒精挥发少许后，点燃火圈环，使火圈环靠近接种口。

2）松开封口　拧松接种口的封盖，但不要取下；松开（松动）种子培养液的三角瓶塞，但不要取下。

（3）接种操作

1）瓶口消毒　将种子液三角瓶的瓶口靠近罐顶的火焰，取下瓶塞，使瓶口在火焰上快速过火（瓶口斜向上方）。

2）灌装培养基　拧下罐顶接种口的封盖，封盖最好持在手上，不要离开火焰过远；将三角瓶的内种子液在火焰中倾入罐内。

3）封装罐体　将封盖在火焰上过火后，拧入接口内，封紧；然后，熄灭火圈。

（4）启动运行

1）启动搅拌　启动发酵罐的搅拌，调整搅拌转速至工艺要求值。

2）启动控温　启动发酵罐的循环水温控系统，调整发酵罐温度工艺要求值。

3）调整通气　调整进罐通气量、罐压至工艺要求值。

4）进一步确认　确认 pH、溶解氧、消泡等检测、调节和控制系统均工作正常。

5）整理　清理火圈环、种子液三角瓶、无菌包扎物等。

2. 管线接种

（1）操作前准备

1）确认灭菌状态　确认物料管线（连接种子罐和发酵罐的硅胶软管）的规格与发酵罐进料口（可选用罐顶部的采样管、或多针补料接头、或专用的进料接口）、种子罐采样口相匹配，并且已经完成了灭菌。

2）检查　与步骤1.（1）1）~5）相同；确认蠕动泵工作正常。

注意：大多数用于种子液扩大培养的小型发酵罐，采用基座分离式罐体和位于罐顶部的倒吸式采样管，罐顶的采样管接口在灭菌时处于无菌包扎状态。

（2）安装蠕动泵

1）确认灭菌状态　确认已经灭菌的管线两端的管口均处于无菌包扎状态。

2）管线安装　将管线安装于蠕动泵上（注意蠕动泵的旋转方向，泵出口管线应与发酵罐的接种口相连接）。

（3）连接种子罐

1）操作消毒　用75%乙醇棉擦拭操作者的双手，及种子罐采样管接口周围；待乙醇挥发少许后，点燃火圈环，使火圈环靠近接种口。

2）管线连接　将管线的泵进口端管口靠近火圈环，松开管口的无菌包扎，使管口快速过火；在火圈环的火焰附近，松开采样管接口的无菌包扎，快速将管口与种子罐采样管接口相连接。

（4）连接发酵罐

1）确认接口　确认与管线相连接的发酵罐接种口（如罐顶部的采样管，或多针补料接头，或专用的进料接口）。

2）操作消毒　用75%乙醇棉擦拭操作者的双手，及发酵罐接种口周围；待乙醇挥发少许后，点燃火圈环，使火圈环靠近接种口。

3）管线连接　将管线的泵出口端管口靠近火圈环，松开管口的无菌包扎，使管口快速过火；松开接种口管线接头的无菌包扎，快速将管口与接种口相连接；然后，熄灭火圈。

（5）接种操作

1）输送种子液　启动蠕动泵，种子罐中的种子液经蠕动泵进入发酵罐。

2）结束输送　待种子液的接种量满足工艺要求后，点燃火圈环，在火焰附近，断开管线与接种口的连接，将接种口复原；然后，熄灭火圈。

（6）启动运行

1）调整运行参数　与步骤1.（4）1）~4）相同。

2）整理　清理火圈环、管线、（外接）蠕动泵，清洗种子罐、无菌包扎物等。

（二）补料操作

1. pH调节

（1）运行准备

1）检查pH计　确认已经完成安装、调试。

2）检查通气状态　与步骤（一）1.（1）4）相同。

3）检查管线　确认酸/碱管线（硅胶软管）已经与盛装足够量酸/碱的储瓶连接，并完成灭菌，管线自由端的管口均处于无菌包扎状态。

4）检查安装部位　对于基座分离式罐体，确认已经完成灭菌，罐顶的多针补料接头的管线接头处于无菌包扎状态；对于在位灭菌式罐体，确认多针补料接头已经完成灭菌，并处于无菌包扎状态。

注意：发酵过程中调节pH用的酸液和碱液，一般为较低浓度（如0.1mol/L）的强酸（如H_2SO_4）或强碱（如NaOH），是可以进行高温灭菌的。有些弱酸（如HAC）、弱碱（如NH_3 H_2O）不能进行高温灭菌。

（2）连接发酵罐（基座分离式罐体）

1）操作消毒　用75%乙醇棉擦拭操作者的双手、管线自由端管口周围、发酵罐顶部多针补料接头周围；待乙醇挥发少许后，点燃火圈环，使火圈环靠近罐顶进料口。

2）管线连接　将管线的泵进口端管口靠近火圈环，松开管口的无菌包扎，使管口快速过火；松开多针补料接头的无菌包扎，快速将管口与进料口相连接；然后，熄灭火圈。

3）安装蠕动泵　分别将酸/碱管线安装在发酵罐pH调节用的蠕动泵上。

4）整理　清理火圈环、无菌包扎物等。

（3）连接发酵罐（在位灭菌式罐体）

1）操作消毒　与步骤（2）1）相同。

2）管线连接　将管线的泵进口端管口靠近火圈环，松开管口的无菌包扎，使管口快速过火；松开罐顶进料口的密封盖；松开多针补料接头的无菌包扎；快速将管口与进料口相连接；然后，熄灭火圈。

3）安装蠕动泵　分别将酸/碱管线安装在发酵罐pH调节用的蠕动泵上。

4）整理　与步骤（2）4）相同。

2. 消泡控制

（1）运行准备

1）检查消泡电极　确认已经完成安装、调试。

2）检查通气状态　与步骤（一）1.（1）4）相同。

3）检查管线　确认消泡剂管线（硅胶软管）已经与盛装足够量消泡剂的储瓶连接，并完成灭菌，管线自由端的管口均处于无菌包扎状态。

4）检查安装部位　与步骤1.（1）4）相同。

（2）连接发酵罐（基座分离式罐体）

1）操作消毒　与步骤1.（2）1）相同。

2）管线连接　与步骤1.（2）2）相同。

3）安装蠕动泵　将消泡剂管线安装在发酵罐消泡用的蠕动泵上。

4）整理　操作与步骤1.（2）4）相同。

（3）连接发酵罐（在位灭菌式罐体）

1）操作消毒　与步骤1.（2）1）相同。

2）管线连接　与步骤1.（2）2）相同。

3）安装蠕动泵　与步骤（2）的3）相同。

4）整理　与步骤1.（2）4）相同。

3. 添加营养物　营养物的添加，可通过发酵罐上设置的蠕动泵来实现。有的发酵罐，除酸/碱调节、补加消泡剂之外，还设置有专用的补料泵，这时，可用专用的补料泵来添加营养物；有的发酵罐，只设置了酸/碱调节和补加消泡剂的蠕动泵，可将这些泵改为手动控制，更改蠕动泵的物料管线，进行营养物的添加。

少量的营养物添加，可用补料储瓶，大量的营养物补充，可用小型储罐。储瓶与储罐的操作区别，可参见操作步骤（一）中2的管线接种部分。这里，以少量的储瓶操作为例。

（1）运行准备

1）检查营养物　确认待添加的营养物已经装填入储瓶、连接好管线（硅胶软管）、完成了灭菌，储瓶的管线接头处于无菌包扎状态。

2）检查运行状态　确认发酵罐为正常运行状态，按照工艺要求，须添加营养物。

3）检查通气状态　操作与步骤（一）1.（1）4）相同。

4）确认安装方式　如果发酵罐配置有补料专用泵，则将管线安装在专用泵上；如果没有配置专用泵，可视发酵罐的运行现状，选取酸泵、碱泵或消泡泵作为补料泵。

5）确认连接方式　如果发酵罐顶部配置有专用的补料接口，则需确认补料接头已经完成灭菌并处于无菌包扎状态。如果没有配置专用的补料接口，则需要借用酸/碱/消泡剂的补料接口；此时，还应另外准备一条与原有物料管线相同的管线，两端管口包扎，灭菌备用。

（2）管线连接

1）切换控制模式　如果选取补料专用泵，此步骤可省略。如果选用替代补料泵，则必须先将该泵的自动控制模式改为手动控制，然后拆除原有的物料管线。

2）安装与连接　将补料管线安装于补料泵上。

如果罐体上有专用补料口，则参照步骤（二）1.（3），将补料口上的密封盖换成补料接头，连接补料管线。

如果借用罐体上的酸/碱/消泡剂的补料接口，则应先拆除原多针补料接头上的相应管线，可参照步骤（一）2.（5）2）进行操作；然后连接补料管线，可参照步骤（二）1.（2）进行操作。

（3）添加物料　手动启动相应的泵，向罐内输送营养物，至工艺要求的添加量，停止泵输送。

（4）结束操作

1）管线复原　点燃火圈环，在火焰附近，断开接种口的管线连接。

如果是专用补料口，需将补料口重新封装，参照步骤（二）1.（3），将补料接头换成密封盖。

如果是借用罐体上的酸/碱/消泡剂的补料接口，则需恢复原有的管线，可参照步骤（二）1.（2）进行操作。

复原后，熄灭火圈。

2）整理　清理火圈环、补料储瓶、无菌包扎物等。

注意：如果添加物料的时间较短（如≤5 分钟），且罐顶多针补料接口的无菌包装物未离开火圈环火焰附近，这种情况下再次使用该无菌包装物；否则，必须使用新的已经灭菌的无菌包装物进行包扎。

五、目标检测

扫码“练一练”

1. 在位灭菌式罐体，为什么罐顶的补料接口在灭菌时使用密封盖，灭菌后再换成多针补料接口？

2. 无菌接种操作时，操作者在完成准备工作，开始连接管线之前，应首先进行以下的哪一步操作？

　　A. 检测罐内的生物量　　B. 用 75% 的乙醇棉擦拭操作部位

　　C. 计算需要接种的种子液量　　D. 明确接种操作的模式

3. 为什么在进行补料操作前，都要先确认补料管线的两端是否处于无菌包扎状态？

　　A. 确保管线规格正确无误　　B. 确认管线内的物料种类正确无误

　　C. 为了便于进行 75% 乙醇擦拭消毒　　D. 确认管线已经完成灭菌且没有被污染

4. 多针补料接头与普通补料接头相比，有什么优点？

5. 为什么可以借用酸/碱/消泡泵进行营养物的添加？

（王玉亭）

项目五

反应过程的检测

任务一 生物量的测定

扫码“学一学”

一、实训目的

了解生物量测定的分类、意义和原理；学会血细胞计数法计算菌体数的操作方法；掌握光密度法测定菌体浓度的方法和计算。

二、实训原理

发酵就是利用微生物的代谢活动，来制备包括微生物本身在内的各种代谢产物。发酵过程中微生物量的多少，对发酵代谢活动的影响很大。测定不同发酵时段微生物的量，可以了解菌体的生长活力，评价培养条件、营养物质等对微生物生长的影响，以便调整发酵工艺参数，更好地控制发酵过程。

测定生物量的方法很多，常用的有：直接计数法、平板菌落计数法、体积测量法、干菌称重法、光密度法等。

（1）直接计数法　是利用血细胞计数板，测定样品中所含细菌、孢子、酵母菌等单细胞微生物的数量。

（2）平板菌落计数法　是活菌计数法，在将待测菌液稀释后，接种在装有适宜培养基的培养皿中，经过一定时间的培养，测定出现的菌落数，可得待测菌液的含菌数。

（3）体积测量法　又称菌丝浓度测量法。一般通过离心，取待测菌液的上清液，测定其体积。求出离心机压缩体积，来反映微生物细胞的含量。

（4）干菌称重法　是将待测菌液过滤，将滤得的菌体烘干至恒重，冷却后称量，得到菌体干重，可以反映微生物生产情况。

（5）光密度法　指待测菌液经过适当的稀释后，一定波长的光穿过该溶液后，其光密度与菌体浓度成正比，利用这一原理，使用分光光度计进行测定。

本实训选择直接计数法联合光密度法进行实验。

三、实训器材

1. 仪器　紫外－可见分光光度计，血细胞计数板，显微镜。

2. 器皿　载玻片，盖玻片，容量瓶，烧杯，刻度吸管等。

3. 试剂　发酵液，纯化水。

四、操作步骤

（1）取发酵液，进行适当稀释。如酵母菌发酵液，一般稀释为每小格含酵母菌4～5个为宜。

（2）取一块洁净的血细胞计数板，在计数区盖上一块盖玻片。

（3）用滴管吸取稀释后的发酵液，从计数板中间平台两侧的沟槽内，沿盖玻片下缘注入一滴，避免产生气泡，加盖盖玻片。

（4）静置2分钟后，将计数板置于显微镜载物台固定，先用低倍镜找到计数区，再换高倍镜进行计数。

（5）如计数区由16方格组成，按对角线方位，对左上、右上、左下、右下的4个中间格进行计数（100小格）。如计数区由25方格组成（图5-1），还需对中央格进行计数（80小格）。计数时，对落在格线上的菌体应按统一原则计数。

扫码“看一看”

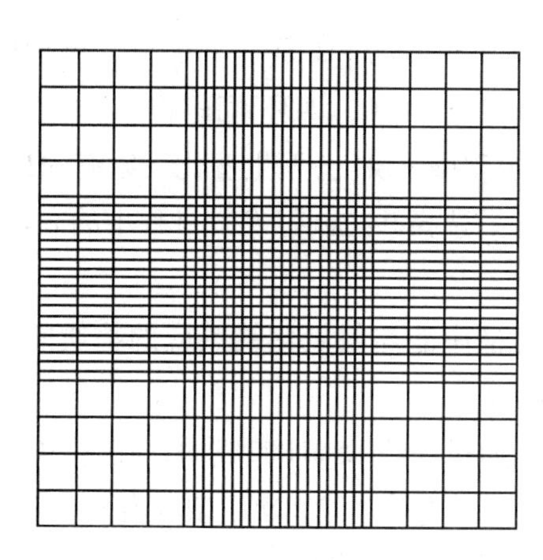

图5-1　血细胞计数板示意图25方格（16小格）

（6）计数完成，取下盖玻片，将血细胞计数板清洗干净，晾干。另取血细胞计数板，每个样品重复测量3次。

（7）计算

16格×25格血细胞计数板计算公式：

$$菌体数/ml=100小格内菌体个数/100\times400\times10^4\times稀释倍数 \quad (5-1)$$

25格×16格血细胞计数板计算公式：

$$菌体数/ml=80小格内菌体个数/80\times400\times10^4\times稀释倍数 \quad (5-2)$$

（8）用纯化水将该发酵液进行稀释备用，稀释倍数为：5倍、10倍、15倍、20倍、25倍、30倍，计算各稀释液的菌体浓度。

（9）以纯化水为空白，在600nm处测定各稀释溶液的光密度（OD）值。

（10）以光密度值为横坐标，以菌体浓度为纵坐标，绘制工作曲线。

（11）测定该菌种的生物量时，进行适当稀释，测定其光密度，在工作曲线中查找相应的浓度值。

五、目标检测

1. 简述生物量的概念，比较几种测定方法的优缺点。
2. 光密度法测定菌体浓度选择波长是多少？为何选择这个波长？
3. 查阅资料，试写出干菌称重法的实验步骤。

（陈龙华）

任务二　酸度和 pH 测定

扫码“学一学”

一、实训目的

了解酸度测定的原理并学会操作方法；建立 pH 测定法标准操作规程，学会 pH 测定的规范操作，学会 pH 计的校准和使用。

二、实训原理

微生物的生长代谢，需要在合适的 pH 条件下进行。每种微生物生长都有最适 pH 范围，如：青霉菌生长最适宜 pH3.5～6.0，四环素菌体生长最适宜 pH6.0～6.8，酵母菌生长最适宜 pH3.8～6.0。在发酵进程中，pH 会发生变化。影响 pH 的主要因素有：菌种遗传特性、培养基的成分和培养条件。选择并控制好发酵过程中的 pH 对维持菌体正常生长并取得预期的发酵产量至关重要。

发酵液的酸度，是指发酵液中能与氢氧化钠反应的物质的总量，通常指所有酸性物质的总量，与 pH 之间存在一定关系。

发酵液 pH 的测定主要是通过在线 pH 计完成的。在线 pH 计由控制器、二次表和复合玻璃电极组成，可对发酵罐内 pH 进行连续监测，其工作原理和普通离线 pH 计基本一致。

酸度可用标准氢氧化钠液进行滴定测定。

现行版《中国药典》规定，pH 计使用前，必须用标准缓冲溶液进行校正。这些标准缓冲溶液包括：草酸盐标准缓冲溶液（25℃，pH 1.68），邻苯二酸钾盐标准缓冲溶液（25℃，pH 4.01），磷酸盐标准缓冲溶液（25℃，pH 6.86），硼砂标准缓冲溶液（25℃，pH 9.18），氢氧化钙标准缓冲溶液（25℃，pH 12.45）。校正时，应选择两种 pH 约差 3 个单位的标准缓冲溶液，并使样品的 pH 处于两者之间。由于大多数微生物的适宜生长 pH 范围是 3～6，通常选择苯二酸钾盐标准缓冲溶液和磷酸盐标准缓冲溶液进行在线 pH 计的校正。

三、实训器材

1. 仪器　在线 pH 计，电子分析天平，恒温干燥箱。

2. 器皿　碱式滴定管或两用滴定管，新校准的温度计，容量瓶，锥形瓶，烧杯，称量瓶，玻璃棒，小滴管，擦镜纸。

3. 试剂　邻苯二甲酸氢钾，无水磷酸氢二钠，磷酸二氢钾，0.1mol/L 氢氧化钠标准溶液，酚酞指示液，纯化水。

四、操作步骤

（一）酸度的测定

（1）取发酵液适量，4000r/min 离心 10 分钟，去除菌体。精密量取上清液约 20ml（可根据发酵液酸度适当调整），置于 150ml 锥形瓶中，滴加酚酞指示液 3 滴，摇匀。

（2）用 0.1mol/L 氢氧化钠标准溶液滴定，溶液出现粉红色即为终点，记录消耗滴定液的体积，重复测定三次，取平均值。

（3）计算　每 100ml 发酵液消耗 1mol/L 氢氧化钠的体积（ml）

$$总酸 = (1/C) \times V \times 5 \quad (5-3)$$

式中，C：氢氧化钠滴定液的浓度（mol/L）；V：消耗滴定液的平均体积（ml）。

（二）pH 的测定

1. 标准缓冲溶液的配制

（1）精密称取在115℃ ±5℃干燥2～3小时的邻苯二甲酸氢钾10.21g，加水溶解，稀释定容至1000ml，摇匀。

（2）精密称取在115℃ ±5℃干燥2～3小时无水磷酸氢二钠3.55g与磷酸二氢钾3.40g，加水溶解，稀释定容至1000ml，摇匀。

2. pH 计的校准

（1）在三个100ml小烧杯中分别倒入适量的苯二酸钾盐标准缓冲溶液、磷酸盐标准缓冲溶液和纯化水。

（2）检查pH计温度是否准确，如不准确用新校准的温度计进行温度校准。

（3）将电极插入与样品pH接近的标准缓冲溶液，浸泡2分钟。

（4）按下“MENU”键，进入定位模式，用“↑”“↓”键调整预定pH与校准用标准缓冲液pH一致（可能需要多次设定）。

（5）取出电极，用纯化水浸泡、冲洗，并用擦镜纸将电极擦干。

（6）将电极插入另一标准缓冲溶液中，浸泡2分钟。

（7）按下“MENU”键，进入斜率模式，用“↑”“↓”键调整预定pH与校准用标准缓冲液pH一致（可能需要多次设定）。

（8）取出电极，用纯化水浸泡、冲洗，并用擦镜纸将电极擦干。

（9）将电极重新插入定位标准缓冲溶液，待读数稳定后，应与标准缓冲溶液pH一致，则校准工作完成。如不一致，重复步骤（2）～（7），直至显示pH与标准缓冲溶液pH一致。

3. pH 的测定 将pH计安装在发酵罐相应位置，测定并记录发酵过程中的pH变化（表5－1）。

扫码“看一看”

表5－1 反应器运行pH定期监测记录

样品编号	pH 单点校正记录			pH 定期监测记录			操作人	复核人
	输入值	最终 zero 值	检测值	在线值	差值	接受标准差值≤±1		
1								
2								
3								
4								
5								
6								

五、目标检测

1. 简述pH变化对菌体的生长和代谢物合成的影响。
2. 简述pH计校准标准缓冲溶液的选择和校准过程。

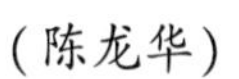

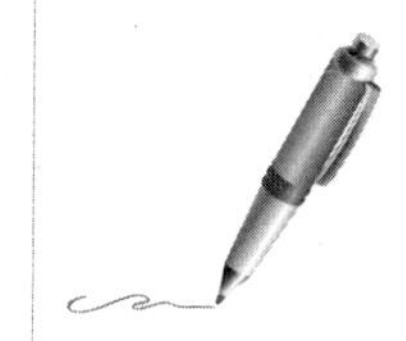

任务三　总糖和还原糖的测定

扫码“学一学”

一、实训目的

了解总糖、还原糖含量测定的原理；掌握斐林试剂法和DNS法测定总糖和还原糖的操作方法。

二、实训原理

培养基是确保发酵进行的基本条件，其中的碳源是发酵进程中的重要能量和前体物质。根据代谢产物的不同，碳源的差异十分明显。一般来说，初级代谢产物多选择单糖作为碳源，次级代谢产物多选用多糖作为碳源。常用的碳源有淀粉酶解后的葡萄糖、蔗糖、麦芽糖、木糖、果糖等。

在糖类中，双糖、多糖具有还原性，称为还原糖。总糖包括还原糖和非还原糖，是测定条件下具有还原性或者能水解为还原糖的糖类总称。

在发酵过程中，多糖碳源一般会检测总糖和还原糖，单糖碳源一般只检测还原糖。

测定总糖和还原糖的经典化学法很多，都是以其能被各种试剂氧化为基础，总糖需进行水解预处理，还原糖一般可直接测定。常见的测定方法有斐林试剂法、3，5－二硝基水杨酸法（DNS法）、铁氰化钾法、蒽酮比色法等。其中的斐林试剂法、铁氰化钾法和3，5－二硝基水杨酸法是常用的测定方法。

本实训采用斐林试剂法和3，5－二硝基水杨酸法。

斐林试剂包括甲液（碱性酒石酸钾钠溶液）和乙液（硫酸铜溶液）。甲、乙液在混合后，硫酸铜与氢氧化钠反应生成天蓝色氢氧化铜沉淀，该沉淀再与酒石酸钾钠反应生成氧化剂酒石酸钾钠铜，遇到含有还原性醛基或者酮基的糖类，在碱性条件下加热，二价铜离子被还原为一价氧化亚铜，根据斐林试剂的消耗量可计算还原糖和总糖的含量。

3，5－二硝基水杨酸法是利用还原糖在碱性条件下与3，5－二硝基水杨酸共热，还原糖被氧化为糖酸和其他产物，3，5－二硝基水杨酸被还原为棕红色3－氨基－5－硝基水杨酸（碱性环境下呈橘红色）。3－氨基－5－硝基水杨酸在540nm处有最大吸收，颜色深浅与还原糖的量成正比关系，可利用比色法测定和计算样品中的含糖量。

三、实训器材

1. 仪器　电子分析天平，离心机，紫外－可见分光光度计，水浴锅。

2. 器皿　锥形瓶，碱式滴定管（或两用滴定管），容量瓶（1000ml、250ml、100ml），移液管，刻度吸管，量杯，白瓷板，烧杯，玻璃棒，试管，小滴管。

3. 试剂

（1）常规试剂　0.05mol/L的$Na_2S_2O_3$，2mol/L H_2SO_4 10ml，20% KI溶液，1mg/ml葡萄糖溶液，无水葡萄糖，6mol/LHCl，碘－碘化钾试液，6mol/L NaOH溶液，酚酞指示液。

（2）特殊试剂

1）斐林试剂甲液　称取硫酸铜69.3g，用纯化水溶解，制成1000ml。

2）斐林试剂乙液　称取酒石酸钾钠187.5g、氢氧化钠125g，纯化水溶解，制成1000ml。

3）DNS 试剂　称取 3，5－二硝基水杨酸 6.5g，溶于适量热纯化水，置于 1000ml 容量瓶中，加入 2mol/L NaOH 溶液 325ml，加入丙三醇 45g，放冷，定容，摇匀。

四、操作步骤

（一）斐林试剂法

1. 样品处理　取发酵液适量，4000r/min 离心 10 分钟，去除菌体。精密量取上清液约 10ml（可根据发酵液含糖量适当调整），置于 250ml 容量瓶中，加纯化水至刻度，摇匀，过滤 60～70ml。量取过滤液 50ml 置于 100ml 烧杯中，加 6mol/L HCl 10ml，摇匀。沸水水浴加热 15 分钟，用玻璃棒蘸取溶液 1 滴，置于白瓷板上，加 1 滴碘－碘化钾试液，检查是否水解完全。如水解完全，取出后迅速冷却至室温。加入酚酞指示液 1 滴，用 6mol/L NaOH 滴至溶液显微红色。将溶液完全转移至 100ml 容量瓶中，加纯化水定容，摇匀，作为样品液。

如测定还原糖可取滤液 50ml 置于 100ml 容量瓶中，直接加纯化水定容，摇匀，作为样品液。

2. 空白滴定　精密量取纯化水 1.0ml，置于 150ml 锥形瓶中，分别精密量取 5.0ml 斐林乙液和 5.0ml 斐林甲液，加纯化水 20ml，加玻璃珠 3 粒，加热煮沸 5 分钟，快速冷却，加入 20% KI 溶液 2ml 和 2mol/L H_2SO_4 10ml，立即用 0.05mol/L 的 $Na_2S_2O_3$ 滴定至淡黄色，加入淀粉指示液 2ml，继续滴至蓝色褪去，记录消耗 $Na_2S_2O_3$ 溶液体积（ml），平行操作 3 次取平均值 $V_{空}$。

3. 标准溶液的滴定　精密量取 1mg/ml 葡萄糖溶液 1.0ml，置于 150ml 锥形瓶中，分别精密量取 5.0ml 斐林乙液和 5.0ml 斐林甲液，加纯化水 20ml，加玻璃珠 3 粒，加热煮沸 5 分钟，快速冷却，加入 20% KI 溶液 2ml 和 2mol/L H_2SO_4 10ml，立即用 0.05mol/L 的 $Na_2S_2O_3$ 滴定至淡黄色，加入淀粉指示液 2ml，继续滴至蓝色褪去，记录消耗 $Na_2S_2O_3$ 溶液体积（ml），平行操作 3 次取平均值 $V_{标}$。

4. 样品溶液的滴定　精密量取样品液 1.0ml，置于 150ml 锥形瓶中，分别精密量取 5.0ml 斐林乙液和 5.0ml 斐林甲液，加纯化水 20ml，加玻璃珠 3 粒，加热煮沸 5 分钟，快速冷却，加入 20% KI 溶液 2ml 和 2mol/L H_2SO_4 10ml，立即用 0.05mol/L 的 $Na_2S_2O_3$ 滴定至淡黄色，加入淀粉指示液 2ml，继续滴至蓝色褪去，记录消耗 $Na_2S_2O_3$ 溶液体积（ml），平行操作 3 次取平均值 $V_{样}$。

5. 计算含糖量

$$X=\frac{V_{空}-V_{样}}{V_{空}-V_{标}}\times 1\text{mg/ml}\times M\times D \tag{5-4}$$

式中，X：样品中总糖或还原糖含量（以葡萄糖计），g/ml；M：样品的体积，ml；$V_{空}$：空白试验消耗滴定液的平均体积，ml；$V_{样}$：样品溶液消耗滴定液的平均体积，ml；$V_{标}$：标准溶液消耗滴定液的平均体积，ml；D：稀释倍数。

（二）3，5－二硝基水杨酸法

1. 制作葡萄糖标准曲线　取 105℃烘干至恒重的葡萄糖约 200mg 精密称定，加适量纯化水溶解，转移至 100ml 容量瓶中，用纯化水定容，摇匀，作为葡萄糖标准溶液（2.0mg/ml）。

取 6 支试管，按表 5－2 所示，依次加入葡萄糖标准溶液、纯化水和 DNS 试剂。

表 5-2 标准溶液的准备

编号	葡萄糖标准溶液（ml）	纯化水（ml）	DNS 试剂（ml）
0	0	1	2.0
1	0.2	0.8	2.0
2	0.4	0.6	2.0
3	0.6	0.4	2.0
4	0.8	0.2	2.0
5	1.0	0	2.0

将6支试管于沸水浴中加热5分钟，取出后快速冷却，分别加入纯化水9.0ml，摇匀。以“0”号管作为空白，在540nm处测定其余各管吸光度*A*，以葡萄糖含量为横坐标，吸光度*A*为纵坐标，绘制标准曲线。

2. 样品的处理

（1）取发酵液适量，4000r/min离心10分钟，去除菌体。

（2）精密量取5.0ml（可根据发酵液含糖量度适当调整）上清液，置于100ml容量瓶中，用纯化水稀释至刻度，摇匀，滤过，取续滤液用于测定还原糖。

（3）精密量取5.0ml上清液，加入6mol/L HCl 10ml，在沸水浴中加热15分钟，用玻璃棒蘸取溶液1滴，置于白瓷板上，加1滴碘-碘化钾试液，检查是否水解完全。如水解完全，取出后迅速冷却至室温。加入酚酞指示液1滴，用6mol/L NaOH滴至溶液微红色。将溶液完全转移至100ml容量瓶中，用纯化水定容，摇匀，滤过，取续滤液用于测定总糖。

3. 样品的测定 取7只试管，按表5-3操作，以“0”号管作为空白，在540nm处测定其余各管吸光度*A*，在标准曲线上查出相应的糖浓度。

表 5-3 样品的处理和测定

编号	样品量（ml）	纯化水（ml）	DNS 试剂（ml）	煮沸时间（分钟）	快速冷却	纯化水（ml）	A_{540}
0	0	2.0	2.0	5	√	9.0	
1	1.0	1.0	2.0	5	√	9.0	
2	1.0	1.0	2.0	5	√	9.0	
3	1.0	1.0	2.0	5	√	9.0	
4	1.0	1.0	2.0	5	√	9.0	
5	1.0	1.0	2.0	5	√	9.0	
6	1.0	1.0	2.0	5	√	9.0	

4. 计算含糖量 分别计算出发酵液中还原糖和总糖含量：

还原糖（mg/ml）=样品还原糖浓度（mg/ml）×发酵液稀释倍数 （5-5）

总糖（mg/ml）=样品还原糖浓度（mg/ml）×发酵液稀释倍数 （5-6）

五、目标检测

1. 总糖和还原糖的测定方法有哪些？简述其基本原理。

2. 分别测定总糖和还原糖的目的是什么？在实验操作上有何区别？

（陈龙华）

任务四　氨基氮和铵离子的测定

一、实训目的

了解发酵液中氨基氮和铵离子的测定原理；学会测定氨基氮和铵离子的操作方法。

二、实训原理

工业发酵所用的氮源包括无机氮和有机氮，氮源对菌体代谢能产生明显的影响。对发酵液的氮源进行检测，利于控制发酵工艺参数，影响产物合成的方向和产量。

有机氮源主要是氨基酸，氨基酸是两性化合物，通常具有α-氨基氮结构。由于氨基酸的NH_4^+解离常数较高，完全解离pH为11~13，不能直接用酸碱滴定法进行测定。使用甲醛处理后，甲醛与氨基形成羟甲基衍生物，增强氨基酸的酸性，反应式如下：

$$R-NH_2+CH_3CHO \longrightarrow R-N\ (CH_2CH)_2$$

$$RN-N_3{}^+ \longrightarrow H^+ + R-NH_2$$

滴定终点移至pH9附近，此时可以用酚酞作指示剂，用氢氧化钠滴定液进行滴定。

无机氮源的检测，实际上是测定发酵液中的铵离子浓度。目前测定铵离子浓度的方法较多，有毛细管电泳法、离子色谱法、Berthelot颜色法、甲醛滴定法等。其中甲醛滴定法与有机氮源的测定基本一致，离子色谱法仪器昂贵不普及，毛细管电泳法易受钠、钾离子的干扰。

本次实训采用Berthelot颜色法测定发酵液中铵离子浓度。在碱性溶液中，铵离子与次氯酸盐反应生成一氯代胺。以硝普盐为催化剂，与苯酚和过量次氯酸盐作用，生产蓝色化合物靛酚蓝，在630nm处有最大吸收。铵离子的浓度与溶液吸光度成正比，可以用比色法来测定其浓度。

三、实训器材

1. 仪器　紫外可见分光光度计，离心机，电子天平。

2. 器皿　碱式滴定管或两用滴定管，恒温水浴锅，容量瓶（1000ml、100ml），移液器，锥形瓶，试管。

3. 试剂

（1）常规试剂　标准氨溶液（NH_4^+ 100mg/L），1mol/L盐酸溶液，0.1mol/L氢氧化钠标准溶液，枸橼酸-枸橼酸钠缓冲溶液，甲醛，苯酚，亚硝基铁氰化钠，氢氧化钠，次氯酸钠，氯化铵，甲基红指示剂，酚酞指示剂，发酵液。

（2）特殊试剂

1）试剂A　称取苯酚60g和亚硝基铁氰化钠0.25g，加适量纯化水溶剂，转移至1000ml容量瓶中定容，摇匀。

2）试剂B　称取氢氧化钠52.5g、氯化铵5.35g，用枸橼酸-枸橼酸钠缓冲溶液溶解后，转移至1000ml容量瓶中定容，摇匀。

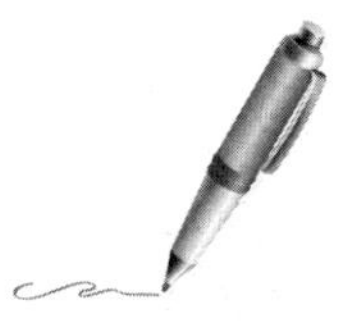

四、操作步骤

（一）氨基氮的测定

1. 发酵液的处理 取发酵液适量，4000r/min 离心 10 分钟，取上清液备用。

2. 样品的测定 精密量取上清液 1.0ml，置于 100ml 锥形瓶中，加入纯化水 20ml，甲基红指示剂 2～3 滴，加入 1mol/L 盐酸溶液 1～2 滴使溶液呈红色，放置 3 分钟。用 0.1mol/L 的氢氧化钠标准溶液滴定至刚好转橙黄色，记录消耗滴定液的体积 V_1。加入 15% 中性甲醛 5ml，放置 5～10 分钟，加入酚酞指示剂 2～3 滴，用氢氧化钠标准溶液继续滴定，至微红色即为终点，记录消耗滴定液的体积 V_2。

3. 计算含量

$$\text{氨基氮含量} = \frac{(V_2 - V_1) \times C \times M}{1.0} \quad (5-7)$$

式中，V_2：最终消耗滴定液体积（ml）；V_1：第一次消耗滴定液的体积（ml）；C：滴定液的浓度（mol/L）；M：氮的相对分子量 14。

（二）铵离子的测定

1. 发酵液的处理 取发酵液适量，4000r/min 离心 10 分钟，取上清液进行适当稀释作为样品溶液。

2. 绘制标准曲线 分别精密量取标准氨溶液（NH_4^+ 100mg/L）适量，置于 100ml 容量瓶中，加入 10ml 枸橼酸－枸橼酸钠缓冲溶液，用纯化水定容。具体配制方法见表 5－4。

表 5－4 标准氨溶液配制

编号	标准氨溶液 100mg/L	定容 (ml)	浓度 (mg/L)	A (n = 630)
0	0	100	0	
1	5	100	5	
2	10	100	10	
3	20	100	20	
4	30	100	30	
5	40	100	40	
6	50	100	50	

精密量取各溶液 1.0ml 置于试管中，向每支试管中分别加入 A 试剂 3ml、B 试剂 3ml，摇匀，于 37℃水浴中反应 30 分钟，在 630nm 处测定各溶液的吸光度。以 NH_4^+ 浓度为横坐标、吸光度为纵坐标绘制标准曲线。

3. 样品的测定 精密量取样品溶液 1.0ml 置于试管中，分别加入 A 试剂 3ml、B 试剂 3ml，摇匀，于 37℃水浴中反应 30 分钟，在 630nm 处测定吸光度。

4. 计算含量 根据标准曲线查找样品溶液 NH_4^+ 浓度，并计算发酵液的 NH_4^+ 浓度。

五、目标检测

1. 甲醛滴定前为何要先用盐酸酸化，再用氢氧化钠滴至中性？

2. 试述标准曲线法测定铵离子浓度的过程。

（陈龙华）

扫码“学一学”

任务五　生物效价检测

一、实训目的

理解测定生物效价的意义；了解管碟法测定发酵液生物效价的原理并掌握其操作方法。

二、实训原理

抗生物类药物主要由微生物发酵，化学提取、纯化，化学结构修饰等过程制备。由于生产工艺复杂，发酵过程易产生多种生物大分子物质，给发酵生产的评价工作造成困难。检测抗生素类药物效价的方法包括微生物检定法和理化方法。

理化方法是根据抗生素分子结构的特点，利用其特有的化学或物理性质进行测定。这种方法具有简便、快速、专属性高的特点，但易受发酵液其他成分干扰，有时不能准确反映出抗生素的临床价值。

微生物检定法是以抗生素对微生物的杀伤或抑制程度为指标，来评价抗生素效价的一种方法，这种方法灵敏度高、需用量小、适用范围广、结果与临床价值一致。是目前抗生素类药物效价测定的常用方法。

抗生素的微生物检定法包括稀释法、比浊法和管碟法，管碟法是目前的通用方法。管碟法在测定时，为了消除干扰因素，一般采用标准品和供试品在相同实验条件下进行比较的方法，具体可分为一剂量法、二剂量法和三剂量法（图 5－2）。本实训将采用管碟法的二剂量法测定红霉素效价（图 5－3）。

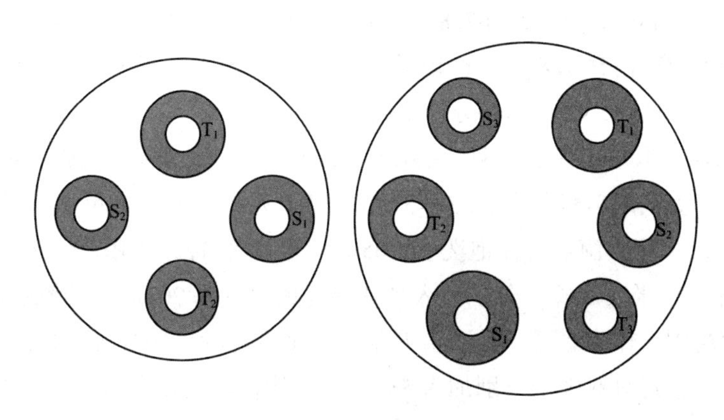

图 5－2　管碟法二剂量法和三剂量法示意图

T：供试品不同剂量抑菌圈直径；S：标准品不同剂量抑菌圈直径

三、实训器材

1. 仪器　恒温培养箱，电子天平，电热套，真空泵。

2. 器皿　平底双碟，不锈钢小管（又名牛津杯，内径 6.0mm ± 0.1mm，外径 7.8mm ± 0.1mm，高 10.0mm ± 0.1mm），游标卡尺，pH 计，显微镜，抽滤瓶，布氏漏斗，容量瓶（1000ml、50ml），移液器，烧杯，玻璃棒，小滴管，医用手套。

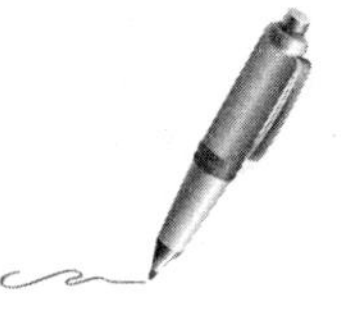

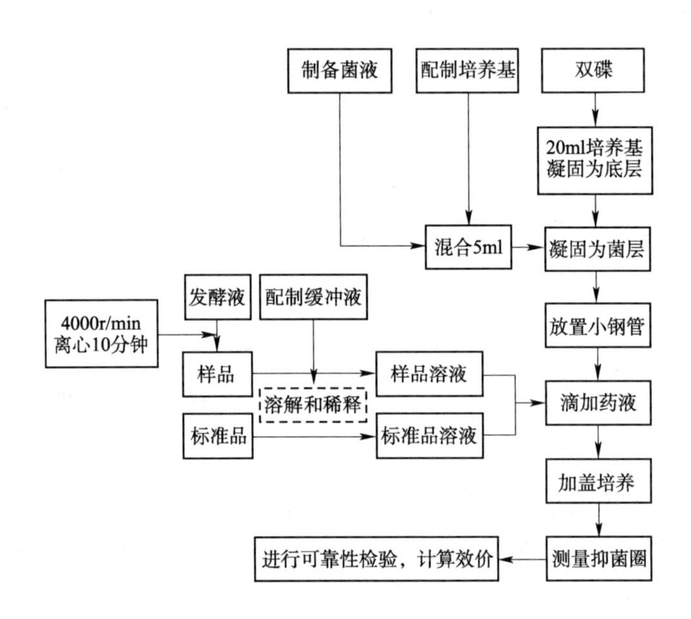

图5-3　管碟法操作流程图

3. 试剂

红霉素标准品，磷酸氢二钾，磷酸二氢钾，蛋白胨，牛肉浸出粉，琼脂，，灭菌水。

红霉素发酵液，短小芽孢杆菌［CMCC（B）63202］。

四、操作步骤

1. 灭菌　对培养皿、移液枪头、吸管等仪器115℃灭菌30分钟；对不锈钢小管、镊子、陶瓦盖等150～160℃灭菌2小时。

2. 制备培养基

蛋白胨5g、牛肉浸出粉3g、琼脂15～20g、磷酸氢二钾3g，水1000ml。

除琼脂外，其余成分混合，用pH计调节pH比最终pH略高0.2～0.4，加入琼脂，加热融化后滤过，调节pH使灭菌后为7.8～8.0，115℃下灭菌30分钟备用。

3. 制备缓冲溶液（pH 7.8）　称取磷酸氢二钾5.59g与磷酸二氢钾0.41g，加水至1000ml，过滤除渣，115℃下灭菌30分钟备用。

4. 制备菌悬液　取短小芽孢杆菌［CMCC（B）63202］的营养琼脂斜面培养物，接种于盛有营养琼脂培养基的培养瓶中，35～37℃培养7天，用革兰染色法涂片镜检，芽孢含量应达到85%以上。用灭菌水将芽孢洗下，65℃加热30分钟，备用。

5. 制备双碟　取平底双碟，分别注入加热融化的培养基20ml，在碟底摊布均匀，放置在水平台面上使凝固，作为底层。另取培养基适量加热融化，放冷至60℃，加入试验菌混悬液适量，摇匀，在每只双碟中分别加入5ml，摊布均匀，放置在水平台面上凝固，作为菌层。在每只双碟中以等距离均匀安置不锈钢小管4个，用陶瓦盖覆盖备用，并在双碟外壁相应位置做好标记。

6. 制备标准溶液　精密称取红霉素标准品适量，加乙醇溶解后，用灭菌水制成每1ml中约含1000单位的溶液（1000单位红霉素相当于1mg $C_{37}H_{67}NO_{13}$），作为高剂量标准溶液。取适量高剂量标准溶液稀释1倍，作为低剂量标准溶液。

7. 制备样品溶液　取发酵液适量，4000r/min离心10分钟，去除菌体。精密量取上清液约10ml（可根据发酵液含糖量适当调整），置于100ml容量瓶中，加灭菌水至刻度，摇

匀，滤过，作为高剂量溶液。取滤液稀释1倍，作为低剂量溶液。

8. 培养 按事先做好的标记，在每只双碟中对角的2个不锈钢小管中分别滴加高、低剂量的标准品溶液，其余2个小管中分别滴加相应的高、低剂量样品溶液。培养温度为35～37℃，培养14～16小时。

9. 测量并计算 测量各双碟中的标准品和样品的抑菌圈并记录，进行可靠性检验，计算效价。

五、目标检测

1. 试述管碟法测定生物效价的操作步骤。
2. 管碟法的影响因素有哪些？如何减少操作误差？
3. 试述可靠性检验的基本步骤。

（陈龙华）

任务六 生物反应废液COD的测定

扫码“学一学”

一、实训目的

学习和掌握重铬酸钾法测定生物反应废液COD的方法和基本操作。

二、实训原理

发酵废液中有机污染物被生物降解的难易程度，是影响废液处理工艺的重要因素之一。化学需氧量（COD），是指以化学方法测定水样中易被氧化的还原物质的量。在各种废液测定中，COD是一个非常重要的且易被快速测定的有机物污染参数。

化学需氧量（COD）的测定，一般是在一定条件下，以氧化1L水样中的还原物质所消耗的氧化剂的量为指标，折算成需要氧的毫克数，即mg/L。通常测定用的氧化剂为重铬酸钾或高锰酸钾，我国常用重铬酸钾法测定。根据测定方法的不同，又分为滴定法和分光光度法。

滴定法和分光光度法前期都需要对待测废液进行消解处理，在硫酸酸性介质中，以重铬酸钾作为氧化剂，以硫酸银作为催化剂，以硫酸汞为氯离子掩蔽剂，加热煮沸2小时左右，完成消解后将消解液冷却。滴定法是以试亚铁灵为指示剂，用硫酸亚铁铵标准溶液滴定剩余的重铬酸钾，根据消耗的硫酸亚铁铵滴定液的量计算COD。分光光度法是利用六价铬和生成的三价铬的吸光度，与水样COD之间的相关性，建立联系来进行测定。

本实训通过滴定法测定生物反应废液的COD。

三、实训器材

1. 设备 玻璃回流装置（500ml圆底烧瓶、冷凝管），磁力搅拌电热套。

2. 器皿与材料 酸式滴定管或两用滴定管，锥形瓶，刻度吸管。

3. 试剂 发酵废液，重铬酸钾标准溶液（0.2500mol/L），硫酸亚铁铵溶液（0.1mol/L），试亚铁灵指示剂，硫酸－硫酸银试液，硫酸汞。

四、操作步骤

1. 滴定液的标定 精密量取0.2500mol/L重铬酸钾标准溶液10.0ml，置于250ml锥形

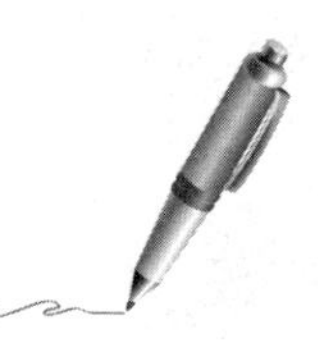

瓶中，加纯化水100ml，边搅拌边缓慢加入30ml浓硫酸，摇匀，冷却。加入3滴试亚铁灵指示剂，用硫酸亚铁铵滴定液滴定，溶液颜色由黄色经蓝绿色变至红褐色即为终点，记录消耗滴定液体积。则滴定液浓度为：

$$C = \frac{0.2500 \times 10.0}{V} \qquad (5-8)$$

式中，C：滴定液的浓度（mol/L）；V：消耗滴定液的体积（ml）。

扫码“看一看”

2. 发酵废液的消解 精密量取发酵废液20.0ml（或稀释后发酵废液）置于500ml圆底烧瓶中，精密加入重铬酸钾标准溶液10.0ml，加入磁子。组装好回流装置，自冷凝管上口缓慢加入硫酸-硫酸银试液30ml，打开磁力搅拌装置，加热回流2小时。消解完成后，冷却，用90ml纯化水自冷凝管上口加入，冲洗冷凝管管壁。发酵废液中氯离子含量超过30mg/L时，应在加入废液前先加入0.4g硫酸汞。

3. 发酵废液的测定 溶液放冷后，加入3滴试亚铁灵指示剂，用硫酸亚铁铵标准溶液滴定至终点，记录滴定液的消耗体积。

4. 空白实验 精密量取纯化水20.0ml，重复消解试验和滴定试验，记录滴定液的消耗体积。

5. 计算COD

$$COD = \frac{(V_{空} - V_{样}) \times C \times 8 \times 1000 \times D}{M} \qquad (5-9)$$

式中，$V_{空}$：空白试验滴定液消耗体积（ml）；$V_{样}$：发酵液（或稀释液）消耗滴定液体积（ml）；C：滴定液的浓度（mol/L）；M：量取发酵液（或稀释液）的体积（ml）；D：稀释倍数；8：氧的原子量。

五、目标检测

1. 空白实验的意义是什么？
2. 简述本实验中各种试剂的作用。
3. 试述发酵液消解处理过程。

（陈龙华）

扫码“学一学”

任务七 常用测定电极的安装与调试

一、实训目的

掌握常用的生物反应过程测定电极的工作原理，运用无菌操作知识，独立、熟练完成常用测定电极在发酵罐上的安装与调试。

二、实训原理

电极的作用是进行在线检测，实时了解生物反应的进程，通常安装于反应设备中，感应各种物理和化学的变化，可将这些变化转化为电信号，送到反应器的控制单元进行检测处理。常用的电极主要有温度电极、溶氧电极、pH电极、消泡电极等。

这些电极中，温度电极和消泡电极都是应用金属的导电特性来进行检测，可以在发酵罐灭菌之前安装就位。pH 电极和溶氧电极均属于电化学电极，高温加热往往会其影响其电化学反应过程，使标定后的检测结果产生偏差。尽管目前新技术的发展使得这类电极耐受高温的能力大大增强，但适度减少高温灭菌的次数，有利于延长电极的使用寿命和测定结果的准确性。

此外，这类电化学电极是否需要在罐体灭菌前安装，还要取决于电极在罐体的安装位置和发酵罐的灭菌类型。例如：对于小型罐，各类电极均安装于罐体的顶部，则可以在罐体灭菌后再于无菌操作下安装电极；而对于电极安装于罐体侧面的且发酵罐采用实消的灭菌类型，可以先安装电极，使电极与发酵罐内的培养基一起进行高温灭菌，此时 pH 电极需要在灭菌前进行标定。溶氧电极的原位标定可以在灭菌前进行，也可以在灭菌后进行。

三、实训器材

1. 设备　发酵罐系统。

（1）小型发酵罐　可采用 5～100L 一体式发酵罐；配套的 pH 电极、溶氧电极、温度电极与消泡电极；pH 电极、溶氧电极以梅特勒－托利多电极为例。

（2）蒸汽发生器　配套的小型蒸汽发生器（蒸汽锅炉），或外部加热蒸汽源。

（3）空气压缩机　配套的空气压缩机，或外部压缩空气源，及空气净化系统。

（4）循环水系统　配套的循环水泵与水箱，或外部循环水源。

2. 器皿与材料

（1）试剂　pH 标准缓冲液、N_2、75% 乙醇溶液、蒸馏水、无菌蒸馏水等。

（2）器皿　50ml 烧杯、洗瓶等。

四、操作步骤

各种型号的电极产品，在使用之前，应先认真阅读产品的使用说明。这里，按照一般的操作原则，对在线式电极进行操作训练。

（一）pH 电极的安装调试

1. 使用前检查　每次使用前，都应该对电极进行检查和维护。包括以下几方面。

（1）使用期限　一般来说，pH 电极使用寿命为 50 个消毒批次（6 个月有效寿命）。

（2）外观清洁　检查电极（玻璃球）是否被污染。如出现污染，应严格按照清洗规程进行清洗。

（3）电解液　如果电极中的电解液减少，应及时加入电解液。

2. 活化　如果电极长时间没有使用，或者储存在干燥的环境下，则使用前必须在饱和 KCl 溶液中浸泡 24 小时以上，使其活化，否则标定和测量都将产生较大误差。

3. 清洗　pH 电极上的污染物，几乎都可用洗涤剂、温水、软毛刷清除掉。

（1）常规清洗

1）浸润　将电极于温热的中性洗涤液中浸润。

2）擦洗　可用软毛刷沾取溶液，轻轻擦洗电极玻璃管和玻璃球的中、上部。

3）冲洗　用蒸馏水冲洗干净。

4）浸泡　将电极浸泡于在饱和 KCl 溶液中，通常浸泡 30 分钟以上。

（2）无机沉积物的清洗

1）浸润　将电极的玻璃球在稀 HCl 溶液中浸泡几分钟（注意：仅限于玻璃球的底部）。

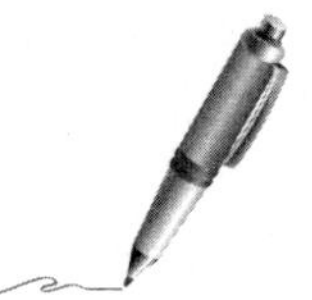

2）冲洗　用蒸馏水冲洗干净。

3）浸泡　将电极浸泡于饱和 KCl 溶液中，浸泡 30 分钟以上。

（3）有机油脂污染的清洗　一般情况下，可按步骤（1）清洗，如果清洗效果不好，可按下述方法清洗。

1）溶剂清洗　用酒精或丙酮清洗玻璃球（注意：仅限于玻璃球的底部，不得接触到玻璃管下部的隔膜）。

2）浸泡　将电极浸泡于饱和 KCl 溶液中，时间不少于 30 分钟。

注意事项：①新电极在使用之前，应在饱和 KCl 溶液中浸泡 12 小时以上。

②禁止将电极干放或保存在蒸馏水中。

③禁止直接擦洗电极玻璃球的底部，或用硬物刮碰玻璃球。

4. 调试

（1）连接信号线　pH 电极信号线连接 pH 电极与发酵罐的控制柜。

（2）启动控制系统　这里指的是启动发酵罐显示控制系统的 pH 调控部分。有些采用集成控制模式的发酵罐，可按照其操作手册，启动相应的控制模块；有些采用分仪表控制的发酵罐，可视需要和操作手册，启动相应的仪表（如 pH 控制仪表）即可。

（3）校正

注意：pH 电极的校正，必须在所使用的特定发酵罐控制系统上进行，且系统需要先通电预热 30 分钟以上。

1）清洗电极　用蒸馏水漂洗电极头部（玻璃球），去除所有的残存液，如保存液、过程介质，或前一次的样品液；清洗后，用吸水纸小心吸干电极上残存的蒸馏水。

注意：严禁擦拭电极玻璃球底部的玻璃膜！

2）温度平衡　将 pH 电极和 ATC（自动温度补偿探头）插入到 pH 6.86 标准缓冲液中，等待 30 秒，使电极和温度探头达到热平衡（与标准缓冲液的温度一致）；如果没有 ATC，可在 pH 6.86 标准液中插入温度计和 pH 电极，等待 1 分钟，让电极、温度计达到热平衡（与标准缓冲液的温度一致）。

3）参数校正　将主机显示数值调至与标准缓冲液 pH 一致（如 pH 6.86）。

4）清洗电极　将电极从标准缓冲液中取出，用蒸馏水充分冲洗（防止标准缓冲液之间的交叉污染）后，用吸水纸吸干。

5）温度平衡　换用 pH 4.00 或 pH 9.18 的标准缓冲液，重复步骤 2）。

6）再次校正　换用 pH 4.00 或 pH 9.18 的标准缓冲液，重复步骤 3）、4）。标准缓冲液的选择可视反应过程中 pH 的变化范围而定，应包含被测介质的 pH 范围。

通常情况下，在校正中性缓冲液后，只需再校正酸性或者碱性即可。

7）再次清洗　重复步骤 4）。

5. 安装　不同配置类型的发酵罐，pH 电极的设置方式不同。据此，pH 电极的安装可以有多种模式。

（1）灭菌前，罐体顶部的安装　这类安装模式多见于 10L 以下的小型玻璃发酵罐，电极从罐体的顶部接口处插入，用套在电极玻璃管上的密封塞旋紧，密封塞和电极玻璃管之间用密封圈密封。安装步骤如下。

1）松开封盖　拧动、松开罐体顶部接口上的封盖。发酵罐顶部一般采用标准接口，均适用于不同的电极或进料管线的安装，可视情况选择操作方便的接口进行安装。

2）插入电极　将已经清洗、调试完毕的电极套上密封塞，插入接口。插入时应小心操作，避免折断电极的玻璃管。

3）接口密封　将电极玻璃管上的密封塞旋紧在接口上。

（2）灭菌后，罐体顶部的安装　这类安装方法同模式（1），不同点在于：先进行罐体的灭菌，灭菌后在无菌操作下安装已经清洗、调试后的 pH 电极。安装步骤如下。

1）确认检查　确认灭菌后的罐体已经降温至所需要的工艺温度，罐内处于无菌空气通入的微正压状态。

2）操作准备　准备好无菌操作用的火圈环，用75%乙醇棉擦拭接口封盖及周围，和已经清洗、调试完毕的电极（注意：插入罐内的电极玻璃管部分都要擦拭，但不要碰到电极玻璃球的底部）及密封塞，套上密封塞。

3）插入电极　待接口周围和电极上的乙醇挥发后，拧动、松开接口上的封盖，点燃火圈并使火圈靠近接口，在火圈中快速将消毒后的电极插入。

4）接口密封　将电极玻璃管上的密封塞旋紧，熄灭火圈。

（3）灭菌前，罐体侧面的安装　这类安装模式多见于 10L 以上的不锈钢发酵罐，电极安装于罐体的侧面。由于罐体容积较大，pH 电极套是在保护套中进行安装和工作的。较大型的发酵罐，保护套上还配置有加压保护措施。安装步骤如下：

1）安装保护套　将清洗完毕的电极套入保护套中，连接好电极信号线。

2）调试电极　启动 pH 调控系统，对电极进行调试，方法同前。

3）确认检查　确认罐内处于未装入培养基，或培养基的装入量较少（培养基液位低于罐体侧面的安装接口）状态。

4）松开封盖　拧动、松开安装接口上的封盖。

5）插入电极　将安装好保护套、调试完毕的电极插入。

6）接口密封　将保护套旋紧在接口上。

7）保护套加压　对有加压保护的电极保护套，应对保护套加压，通常可略高于罐内的压力。

（4）灭菌后，罐体侧面的安装　安装步骤和模式（2）、模式（3）中的部分操作基本相同，不同的是：电极安装有保护套，且是安装于罐体的侧面。

1）安装保护套　将清洗完毕的电极套入保护套中，连接好电极信号线。

2）调试电极　模式（3）的步骤2）。

3）确认检查　确认灭菌后的罐体已经降温至所需要的工艺温度，罐内处于未装入培养基，或培养基的装入量较少（培养基液位低于罐体侧面的安装接口），且无菌空气通入的微正压状态。

4）操作准备　准备好无菌操作用的火圈环，用75%乙醇棉擦拭接口封盖及周围，和已经调试完毕并安装好保护套的电极（注意：插入罐内的保护套部分和保护套的密封塞都要擦拭，玻璃球部位的保护套格栅要小心擦拭，不要碰到电极玻璃球的底部）。

5）插入电极　同模式（2）的步骤3）。

6）接口密封　同模式（3）的步骤5）。

7）保护套加压　同模式（3）的步骤6）。

完成安装后，pH 电极即可投入使用。

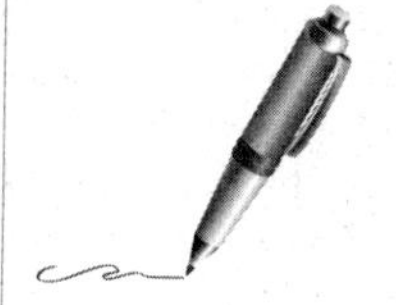

（二）溶氧电极的安装调试

溶氧电极属于电化学电极，本身存在使用寿命。溶氧电极的顶端有电极膜，又称透氧膜，膜内的电解液中浸泡有电极片，电极膜和电解液可以更换。膜与电解液的更换可视情况决定，一般来说，可每三个月更换一次电解液。

日常操作中，溶氧电极的安装调试按如下操作步骤进行。

1. 使用前检查 溶氧电极即便是闲置不用，其寿命也在缩短的进程中。因此，每次使用之前，都要先确认电极的闲置时间，校正时的偏差值。如果电极信号不正常（如响应时间长、在无氧介质中电流增大等）、机械损坏等，则需要更换电解液与溶氧膜。

2. 调试 溶氧电极的极化必须通电进行，需要启动发酵罐控制系统的溶氧电极控制部分。

（1）连接信号线 用信号线将溶氧电极与控制系统相连接。

（2）极化 启动控制系统，给电极通电 6 小时以上。

注意：以下情况，溶氧电极都需要先进行极化。

1）探头第一次使用。

2）更换膜或电解液。

3）系统断电，或电极与信号线断开，此时的极化时间需按见表 5－5 进行。

表 5－5 溶氧电极的极化时间

断电时间，t（分钟）	最短极化时间，t（分钟）
$t>30$	360
$30\geq t>15$	$6\times t$
$15\geq t>5$	$4\times t$
$t\leq 5$	$2\times t$

3. 安装 在发酵罐上，溶氧电极是采用原位法进行标定，其安装与 pH 电极类似，可依据电极是否灭菌，以及罐体接口位置的不同，有多种安装模式。

（1）灭菌前，罐体顶部的安装 将已经极化完毕的电极从罐体的顶部接口处插入，旋紧。

（2）灭菌后，罐体顶部的安装

1）确认检查 确认罐体已经降温，罐内处于无菌空气通入的微正压状态。

2）操作准备 用75%乙醇棉擦拭接口封盖及周围，擦拭已经极化完毕的电极（注意：插入罐内的电极部分和旋塞部分都要擦拭）。

3）插入电极 待接口周围和电极上的乙醇挥发后，拧动、松开接口封盖，点燃火圈并使火圈靠近接口，在火圈中快速将消毒后的电极插入。

4）接口密封 将电极旋紧，熄灭火圈。

（3）灭菌前，罐体侧面的安装

1）确认检查 确认罐内处于未装入培养基、或培养基的装入量较少（培养基液位低于罐体侧面的安装接口）状态。

2）松开封盖 拧动、松开安装接口上的封盖。

3）插入电极 将已经极化完毕的电极插入。

4）接口密封　将电极旋紧在接口上。

（4）灭菌后，罐体侧面的安装　电极安装于罐体侧面，安装步骤和模式（2）的部分操作基本相同。

1）确认检查　确认罐体已经降温，罐内处于未装入培养基，或培养基的装入量较少（培养基液位低于罐体侧面的安装接口），且无菌空气通入的微正压状态。

2）操作准备　同模式（2）的步骤2）。

3）插入电极　同模式（2）的步骤3）。

4）接口密封　同模式（2）的步骤4）。

4. 标定　无论采用哪种安装模式，标定方法都是一样的，都是采用原位标定。

（1）确认检查　确认罐内已经装入培养基，电极已经完成极化且没有断电，实消后尚没有接种，没有启动罐内的搅拌，灭菌后罐温已经降至正常值。

（2）标定零点　通入少许空气［有条件时可通入少许时间（如10分钟）的无菌氮气］，使罐内处于微正压状态，待系统显示测定数据稳定后，将系统显示调为零。

（3）标定饱和点　启动罐内搅拌并通气，将搅拌和通气均调至最大状态（工艺允许范围内），维持少许时间（如15分钟），待系统显示测定数据稳定后，将系统显示调为100%。

注意：最好规定统一的标定条件，包括通气种类、通气参数等，以便不同设备和不同发酵批次均有一致的标定状态。

完成标定后，溶氧电极即可投入使用。

（三）温度电极的安装调试

温度电极不属于电化学电极，几乎不受高温加热的影响，可以在罐体灭菌前安装。电极可以安装在罐内的上部（小型罐），也可以安装在罐内的侧面（大型罐）。

（1）确认检查　确认温度电极的安装位置，是否能够接触到反应液（培养液）。

（2）安装　将电极直接插入罐体的对应接口上，旋紧后连接好信号线，即可投入使用。

一般情况下，发酵罐的温度电极不需要进行经常的校正。当需要校正时，可用标准玻璃温度计做参比进行控制系统的温度校正。

（四）消泡电极的安装调试

消泡电极可以在罐体灭菌前安装，应安装在罐内的上部，离开培养液面少许高度。

（1）确认检查　确认电极的安装位置，电极的底部应高于培养液面少许。高度视培养状况而定（例如3~5cm）。

（2）安装　将电极直接插入罐体的对应接口上，旋紧后连接好信号线，即可投入使用。

五、目标检测

扫码“练一练”

1. 通常，发酵罐配置的pH电极属于

   A. 电阻型电极　　B. 极谱型电极　　C. 原电池型电极　　D. 压敏型电极

2. pH电极在较长时间闲置后，使用前应如何操作？

   A. 清洗后用pH标准缓冲液校正　　B. 活化后用进行原位标定

   C. 清洗、活化后用pH标准缓冲液校正　　D. 清洗、极化后用pH标准缓冲液校正

3. 产谷氨酸菌发酵的最适pH在7.0~8.0，发酵前调试pH电极时，应如何操作？

   A. 用pH6.86的标准缓冲液校正

   B. 用pH4.00和pH6.86的标准缓冲液校正

C. 用 pH9.18 的标准缓冲液校正

D. 用 pH4.00 和 pH9.18 的标准缓冲液校正

4. 校正 pH 电极时，为什么不可以用软布擦拭电极的玻璃球？

5. pH 电极是否必须在发酵罐灭菌前安装？如果不是，应该怎样操作？

6. 有关溶氧电极的安装调试，以下哪种操作是正确的？

A. 电极先进行清洗，再进行活化　　B. 电极先进行极化，再进行活化

C. 电极先通电，安装后再进行标定　　D. 电极先标定，安装后再通电

7. 如果先进行不锈钢发酵罐的实罐灭菌，再安装溶氧电极，应首先注意什么？

8. 消泡电极在安装时是否需要在火焰旁进行？为什么？

（王玉亭）

项目六

产品的提取分离与纯化精制

任务一 生物技术产品的分离纯化技术

扫码“学一学”

生物技术产品的分离纯化是指从动植物细胞、微生物代谢产物和酶促反应产物等生物物料中分离和纯化出目的产物，目的是要获得有用的、符合相关质量要求的各种生物药物或生物制品，由一系列的单元操作过程组成。

一、生物技术产品分离纯化的特点

生物物质大多具有生理活性和药理作用，对外界条件非常敏感，酸、碱、热、光、振荡等都有可能导致其丧失活性。生物技术产品的分离纯化必须保证其生理活性和药理作用，其特点主要表现在以下几个方面。

（1）生物材料来源广泛，组成复杂，这种差异导致分离纯化工艺多种多样。

（2）目的产物含量低、分离纯化难度大，通常需要多次提取、高度浓缩等处理。

（3）稳定性差，易受周围环境及其他杂质的干扰，操作要求严格。

（4）终产物多为医药、生物试剂等精细产品的主要成分，质量要求高。

二、生物技术产品分离纯化的一般工艺流程

按照生产过程的顺序，生物技术产品的分离纯化一般包括预处理、细胞分离、细胞破碎、初步纯化、高度纯化、浓缩干燥等单元操作，每一单元操作步骤都有几种方法可供选择（图6－1）。

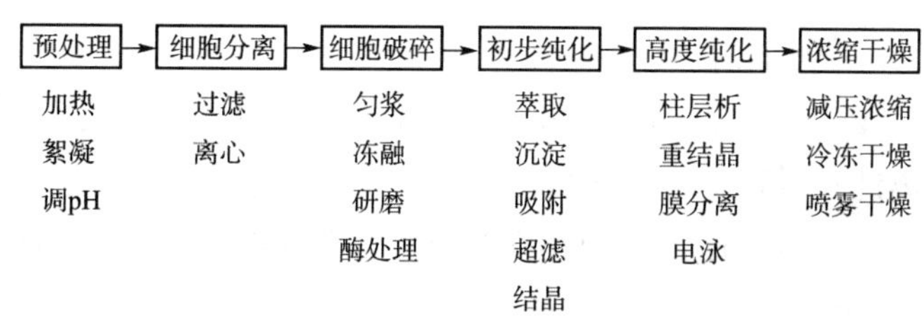

图6－1 生物技术产品分离纯化的一般工艺流程

1. 预处理 生物材料包括各种生物组织、动物细胞培养液、植物细胞培养液、微生物发酵液、动物血液、乳液等。这些材料中含有细胞、细胞碎片、蛋白质、核酸、脂类、糖类、无机盐类等多种物质的混合物，目标物浓度普遍较低，且可分为胞内与胞外两种，不同的存在方式决定了不同的处理方法。一般的预处理方法包括加热、絮凝、调节pH、凝聚等。

2. 细胞分离 又称固液分离。将生物组织的提取液与细胞碎片分离，或将发酵液中细胞、菌体、细胞碎片以及蛋白质沉淀物分离等。常规的细胞分离技术主要有过滤和离心分离等。

3. 细胞破碎 提取胞内物质时要先破碎细胞，释放胞内产物，对于膜上物质则要选择适当的溶剂使其从膜上溶解下来。如采用玻璃匀浆器、组织捣碎器或反复冻融法对细胞进行破碎处理等。细胞碎片的分离可采用离心过滤、膜过滤或双水相萃取等方法。

4. 初步纯化 初步纯化的目的主要是浓缩目的产物。涉及的单元操作包括：浸提和萃取（如溶剂萃取、双水相萃取、超临界萃取等），沉淀（如盐析、有机溶剂沉淀和等电点沉淀等），膜过滤（如利用微滤膜、超滤膜、反渗透膜等选择性透过膜进行分离或浓缩）。

5. 纯化精制 经初步纯化后物料的体积已大大缩小，但纯度尚不高，仍需进一步纯化和精制。大分子产物的精制主要采用层析技术，而小分子产物的精制常选用结晶技术。

（1）层析 主要有吸附层析、凝胶层析、离子交换层析、疏水层析和亲和层析等。

（2）结晶 适用于低分子量物质的纯化，例如抗生素、氨基酸、有机酸等产品。

（3）电泳 可分离不同的蛋白质分子、核酸分子等。

6. 浓缩干燥 干燥是生产固体状生物技术产品的最后一道工序。干燥的方法很多，针对生物产品大多有热敏失活的特性，多采用真空干燥、喷雾干燥、冷冻干燥、气流干燥和流化床干燥等方式。

三、生物技术产品分离纯化方法的选择依据

选择分离纯化方法的总体原则是：根据原材料中杂质组分和目的组分的理化性质，及对产品质量的要求，选择相应的单元操作，通过试验最终确定适合的单元操作及最有效的操作工艺。在选择和设计分离纯化工艺时，主要考虑以下因素：

1. 生产成本 生物分离与纯化过程所需的费用占产品生产总成本的比例很高，提高产率、降低成本是首要考虑的因素。

2. 原料组成和性质 生化物质的分离基本都是在液相中进行的，选择分离方法时首先要考虑分配系数、相对分子质量、离子电荷性质及数量、挥发性等因素，这是影响工艺条件的重要因素。

3. 分离与纯化步骤 步骤的多少不仅影响到产品的得率，而且还会影响到投资和操作成本。通常提高产品的总得率可以两种方法：一是提高各个步骤的回收率；二是减少所需的步骤。一般来说，应尽可能采用最少的步骤。

4. 产品稳定性 必须了解目的产物及其活性稳定的 pH 和温度范围、酸、碱性下的降解情况。在整个分离纯化过程中，要尽量使目的产物保持稳定。对于一些热不稳定的产品，可以采用冷冻干燥工艺。蛋白质产品因存在巯基，容易被氧化，必须排除空气并使用抗氧化剂。

四、目标检测

1. 简述生物技术产品的分离纯化的一般工艺流程及主要包括的单元操作。

2. 胞内产物和胞外产物的分离纯化流程有何不同之处？

3. 哪些方法比较适合生物物质的初步纯化？哪些方法比较适合生物物质的高度纯化？初步纯化与高度纯化的分离效果有何不同？

4. 简述选择生物分离与纯化方法的依据。

（卓微伟）

扫码“学一学”

任务二　细胞破碎操作

一、实训目的

理解常见的细胞破碎方法及原理，掌握各种常见细胞破碎方法的特点与应用范围。掌握超声波破碎细胞的原理，会使用超声波破碎仪。

二、实训原理

动物细胞培养的产物，大多分泌在细胞外培养液中；微生物的代谢产物，有的分泌在细胞外，也有许多是存在于细胞内部；而植物细胞产物，多为胞内物质。分泌到细胞外的产物，用适当的溶剂可直接提取，而存在于细胞内的，需要在分离与纯化过程之前先收集细胞并将其破碎，使细胞内的目的产物释放到液相中，然后再进行提纯。

细胞破碎是提取胞内产物的关键步骤。不同生物的细胞结构、组成和强度不同，动物、植物和微生物细胞的结构相差很大，而原核细胞和真核细胞也不同。应采用不同的细胞破碎方法进行破碎。

目前细胞破碎方法，主要有机械法和非机械法两大类。机械法有高压匀浆、超声波破碎、研磨等；非机械法有物理法（溶胀、冻融、干燥）、化学法、酶溶法等。

下面以超声波破碎法破碎大肠埃希菌细胞为例，介绍细胞破碎的具体操作。

超声波法是利用超声波振荡器发射 15～25kHz 的超声波处理细胞悬液，使细胞急剧振荡破裂，多适用于微生物和组织细胞的破碎，其作用机理可能与超声波引起的空穴现象有关，即超声波产生了强烈的冲击波压力，引起的黏滞性旋涡在悬浮细胞上造成了剪切力，促使细胞内液体发生流动，从而使细胞破碎。

超声波对悬浮细胞的破碎作用受许多因素的影响，如超声波的频率、液体温度、离子强度、压强和处理时间等。对于不同的菌种，超声波处理的效果不同。相比而言，杆菌比球菌易破碎，G^-菌比G^+菌细胞容易破碎，对酵母菌的破碎效果较差。

超声波破碎法在处理少量样品时，操作简便，液量损失少，重复性较好，在实验室和小规模生产中应用较普遍，而规模化工业生产中的应用还不多见。

三、实训器材

1. 仪器设备　超声波破碎仪、离心机、显微镜、血细胞计数板、烧杯、离心管。

2. 材料　大肠埃希菌、PBS 缓冲液（8g NaCl、0.2g KCl、1.44g Na_2HPO_4、0.24g KH_2PO_4、用蒸馏水溶解至 1000ml，pH7.3）、50mmol/L Tris－HCl 缓冲液（称取 1.2114g Tris 溶解至 80ml，用 1mol/L HCl 调 pH 为 8.0，定容至 200ml），溶菌酶裂解液［50mmol/L Tris－HCl、2mmol/L EDTA、100mmol/L NaCl、0.3%（质量分数）Triton X－100，加溶菌酶至 0.05 mg/ml，pH 8.0］。

四、操作步骤

1. 超声前菌体的准备　取大肠埃希菌培养物，4000r/min 离心 10 分钟后，用 PBS 缓冲液洗菌体沉淀 2～3 遍。

2. 酶法裂解细胞　每克湿菌体细胞沉淀悬浮于 3ml 溶菌酶裂解液中，冰上放置 30

分钟。

3. 超声波破碎细胞 细胞裂解液冰浴条件下进行超声波破碎。超声波破碎的条件是600W，工作10秒，间隔10秒，共20分钟。

4. 检查破碎率 用血细胞计数板显微镜下检查破碎情况，计算破碎率。

五、目标检测

1. 简述细胞破碎的目的。
2. 影响超声破碎法破碎效率的因素有哪些？
3. 超声破碎细胞时，超声时间太长，功率太高，会对样品产生什么影响？
4. 为何在超声过程中要尽量防止泡沫产生？
5. 如何选择合适的细胞破碎方法？

（卓微伟）

扫码"学一学"

任务三　过滤及离心分离操作

一、实训目的

了解过滤及离心分离技术的基本原理，掌握常规离心及密度梯度离心技术的原理和具体操作方法。

二、实训原理

过滤是实现产品固液分离最常用的一种手段。在过滤操作中，待过滤的悬浮液在自身重力或外力的作用下，其中液体携带较小的固体颗粒通过介质的孔道流出，而较大的固体颗粒被过滤介质截留下来，从而实现分离。

离心分离是利用惯性离心力和物质的沉降系数或浮力密度的不同而进行的一项分离、浓缩或提炼操作，可分为离心沉降和离心过滤两种方式，可用于悬浮液中液体或固体的直接回收，而且可用于两种互不相溶液体的分离（如液液萃取）和不同密度固体乳浊液的分离（如制备超离心技术）等。对于固体颗粒较小或液体黏度较大，过滤速度很慢，甚至难以过滤的悬浮液，离心分离十分有效。

下面以蔗糖密度梯度离心法提取叶绿体为例，介绍具体的操作步骤。

密度梯度离心法（简称区带离心法）是将样品加在惰性梯度介质中进行离心沉降或沉降平衡，在一定的离心力下把颗粒分配到梯度中某些特定位置上，形成不同区带的分离方法。本次实训是从绿色植物的叶子中先经破碎细胞，再用差速离心法得到去除细胞核的叶绿体粗提物，然后将叶绿体粗提物经蔗糖密度梯度离心法制备得到完整绿叶体。

三、实训器材

1. 仪器设备 组织捣碎器、高速冷冻离心机、普通离心机、普通离心管、耐压透紫外线的玻璃离心管（Corex离心管）、烧杯、漏斗、纱布、载玻片、盖玻片、普通光学显微镜、剪刀、滴管、荧光显微镜。

2. 材料 新鲜菠菜叶、匀浆介质（0.25mol/L蔗糖、0.05mol/L，Tris－HCl缓冲液，

pH7.4)、不同浓度的蔗糖溶液(60%、50%、409%、20%、15%)。

四、操作步骤

(1)洗净菠菜叶，尽可能使它干燥，去掉叶柄、主脉后，称取50g，剪碎。

(2)加入预冷到近0℃匀浆介质100ml，在组织捣碎机上选高速档捣碎2分钟。

(3)捣碎液用双层纱布过滤到烧杯中。

(4)滤液移入普通玻璃离心管，在普通离心机上500r/min离心5分钟，轻轻吸取上清液。

(5)在Corex离心管内依次加入50%蔗糖溶液和15%蔗糖溶液(或依次加入60%、40%、20%、15%的蔗糖溶液)，注意用滴管吸取15%蔗糖溶液沿离心管壁缓缓注入，不能搅动50%蔗糖液面，一般两种溶液12ml(如果是4个梯度则每个梯度加6ml)。加液完成后，可见两种溶液界面处折光率稍不同，形成分层界面，这样密度梯度便制好了。

(6)在制好的密度梯度上小心地沿离心管壁加入1ml上清液。

(7)严格平衡离心管，份量不足的管内轻轻加入少量上清液。

(8)高速冷冻离心机离心18000r/min，90分钟。

(9)取出离心管，可见叶绿体在密度梯度液中间形成带，用滴管轻轻吸出滴于载玻片上，盖上盖玻片，显微镜下观察。还可在暗室内用荧光显微镜观察。

五、目标检测

1. 简述过滤及离心分离的原理。
2. 蔗糖密度梯度在离心中起什么作用?
3. 两个梯度与四个梯度密度梯度介质中提取叶绿体的现象有何区别?

(卓微伟)

任务四　萃取与浸取分离操作

扫码“学一学”

一、实训目的

理解萃取及浸取的基本原理与流程，会用有机溶剂萃取抗生素，能用碘量法测定青霉素的含量，并计算出青霉素的萃取率。

二、实训原理

萃取是依据混合物中不同组分在两相之间分配系数的差异，使目的组分得到分离。如果被萃取的目的物在细胞内呈固相存在或与固体结合，萃取时由固相转入液相，称为固-液萃取，亦称浸取；如目的物呈液相存在，萃取时由液相转入另一互不相溶的液相，称为液-液萃取，亦称抽提。液-液萃取常用有机溶剂作为萃取剂，也称为溶剂苯取。根据萃取剂的种类和形式不同，又可分为溶剂萃取、双水相萃取、反胶团萃取、超临界流体萃取等。

萃取分离技术可应用于许多天然物质、胞内物质(包括胞内酶、蛋白质、多肽和核酸等)的分离与提取。萃取是一种初级分离技术。所得到的萃取相仍是一种均相混合物，但通过萃取技术可使目的物从较难分离的体系中转入到较易分离的体系中，为目的物的进一

步分离与纯化提供了便利条件。

下面以青霉素的萃取实验为例，介绍具体操作步骤。

萃取过程是利用混合物质在两个不相混溶的液相中各种组分的溶解度的不同，从而达到分离组分的目的。当 pH = 2.3 时，青霉素在乙酸乙酯中比在水中溶解度大，因而可以将乙酸乙酯加到青霉素溶液中，充分接触后，青霉素被萃取浓集到乙酸乙酯中，达到从原液中分离的目的。

萃取前、后青霉素的含量采用碘量法测定。碘量法的基本原理为青霉素类抗生素的碱水解产物青霉噻唑酸，可与碘作用（8mol 碘原子可与 1mol 青霉素反应），根据消耗的碘量可计算青霉素的含量。利用碘量法测定青霉素含量时，为了消除供试品中可能存在的降解产物及其他能消耗碘的杂质的干扰，还应做空白试验。做空白试验时，青霉素不经碱水解。剩余的碘用 $Na_2S_2O_3$滴定（$Na_2S_2O_3 : I_2 = 2 : 1$）。

三、实训器材

1. 仪器设备 分液漏斗、小烧杯、电子天平、酸式滴定管、移液管、容量瓶、量筒、玻璃杯。

2. 试剂 0.1mol/L $Na_2S_2O_3$（取约 $Na_2S_2O_3$ 2.6g 与无水 Na_2CO_3 0.02g，加新煮沸过的冷蒸馏水适量溶解，定容至 100ml）、0.1mol/L 碘液（取碘 1.3g，加 KI 3.6g 与水 5ml 使之溶解，再加 HCl 1 ~ 2 滴，定容至 100ml）、pH = 4.5 乙酸 - 乙酸钠缓冲液（取 83g 无水乙酸钠溶于水，加入 60ml 冰乙酸，定容至 1L）、NaOH 溶液（1mol/L）、HCl 溶液（1mol/L）、淀粉指示剂、乙酸乙酯、稀 H_2SO_4、蒸馏水。

四、操作步骤

1. $Na_2S_2O_3$的标定

（1）精密称取 $K_2Cr_2O_3$ 0.15g 于碘量瓶中，加入 50ml 水使之溶解，再加 KI 2g，溶解后加入稀 H_2SO_4 40ml，摇匀，密塞，在暗处放置 10 分钟。

（2）取出后再加水 25ml 稀释，用 $Na_2S_2O_3$滴定临近终点时，加淀粉指示剂 3ml，继续滴定至蓝色消失，记录 $Na_2S_2O_3$消耗的体积。

2. 青霉素的萃取

（1）用电子天平称取 0.12g 青霉素钠，溶解后定容至 100ml（以此模拟青霉素发酵液进行实验操作）。

（2）准确移取 10ml 青霉素钠溶液，用稀 H_2SO_4调节 pH 2.3 ~ 2.4，取 15ml 乙酸乙酯液，与青霉素钠溶液混合，置分液漏斗中，摇匀，静置 30 分钟。

（3）溶液分层后，将下方萃取相置于烧杯中备用，将上方萃取液回收。

3. 萃取率的测定

（1）测定萃取前青霉素钠溶液消耗的碘　取 5ml 定容好的青霉素钠溶液于碘量瓶中，加 NaOH 溶液（1mol/L）1ml 后放置 20 分钟，再加 1ml HCl 溶液（1mol/L）与 5ml 乙酸 - 乙酸钠缓冲液，精密加入碘滴定液（0.1mol/L）5ml，摇匀，密塞，在 20 ~ 25℃暗处放置 20 分钟，用 $Na_2S_2O_3$滴定液（0.1mol/L）滴定，临近终点时加淀粉指示剂 3ml，继续滴定至蓝色消失，记录 $Na_2S_2O_3$消耗的体积（$V_{前}$）。

（2）测定空白消耗的碘　另取 5ml 定容好的青霉素钠溶液于碘量瓶中加入 5ml 乙酸 - 乙酸钠缓冲液，再精密加入碘滴定液（0.1mol/L）5ml，摇匀，密塞，在 20 ~ 25℃暗处放

置 20mm，用 $Na_2S_2O_3$滴定液（0.1mol/L）滴定，临近终点时加淀粉指示剂 3ml，继续滴定至蓝色消失，记录 $Na_2S_2O_3$消耗的体积（$V_{空白}$）。

（3）测定萃取后萃余相中青霉素钠消耗的碘　取萃余相 5ml 于碘量瓶中，按步骤（1）的方法进行测定，记录 $Na_2S_2O_3$消耗的体积（$V_{后}$）。

4. 结果与讨论

（1）青霉素含量计算　因青霉素∶I_2 = 1∶4，若把青霉素所消耗的碘简写为青 I_2，则：

∵ 青霉素含量 = 青 I_2/4

青 I_2 = 总 I_2 − 杂 I_2 − 余 I_2

∴ 青霉素的含量 =（总 I_2 − 杂 I_2 − 余 I_2）/4

式中，总 I_2：滴定时总的碘含量，mol；杂 I_2：青霉素以外的杂质所消耗的碘，mol；余 I_2：青霉素和杂质消耗剩余的碘，mol。

总 $I_2 = 0.1 \times 5 \times 10^{-3}$（mol/L）

杂 I_2 =（总 I_2—C［$Na_2S_2O_3$］$\times V_{空白}$）/2

余 $I_2 = C$［$Na_2S_2O_3$］$\times V$［$Na_2S_2O_3$］/2

注：上式中，V［$Na_2S_2O_3$］，计算萃取前的青霉素含量时代入 $V_{前}$，计算萃取后的青霉素含量时代入 $V_{后}$。

（2）青霉素萃取率计算

$$青霉素萃取率（\%）=(萃取前青霉素含量 - 萃取后青霉素含量)\times 100\%/萃取前青霉素含量$$

五、目标检测

1. 萃取分离技术是如何进行分类的？
2. 溶剂萃取的原理是什么？操作过程包括哪些步骤？
3. 简述 pH 的调节在提高青霉素萃取率方面的重要性。

（卓微伟）

任务五　离子交换分离操作

扫码“学一学”

一、实训目的

理解离子交换分离的基本原理及操作要点，能够独立完成离子交换分离操作，会应用离子交换色谱分离技术分离氨基酸的具体操作。

二、实训原理

离子交换是以离子交换树脂作为固定相，用水或混合溶液作为流动相的一种应用广泛的分离方法。离子交换色谱是以离子交换树脂为吸附剂，将溶液中的待分离组分，依据其电荷差异，依靠库仑力吸附在树脂上，然后利用合适的洗脱剂将吸附质从树脂上洗脱下来。通过持续多次吸附、解吸的动态平衡过程，实现目标产物的分离。

离子交换分离的操作过程包括以下几步。

（1）色谱柱　根据分离的样品量选择合适的色谱柱，离子交换用的色谱柱一般粗而短，不宜过长。直径与柱长比一般为 1∶10 ~ 1∶50，色谱柱垂直安装，装柱应均匀平整。

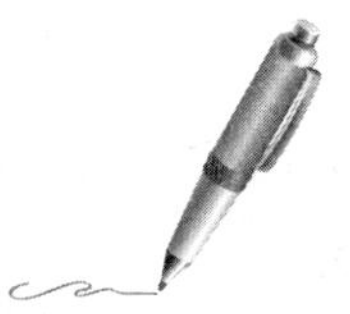

（2）平衡缓冲液　指装柱及上样后用于平衡离子交换柱的缓冲液，可使各个待分离的物质与离子交换剂有适当的结合，且各待分离组分与离子交换剂的结合有着较大的差别。一般是使待分离样品与离子交换剂有较稳定的结合，而杂质不与离子交换剂结合或结合不稳定，或者使杂质与离子交换剂牢固地结合，而样品与离子交换剂结合不稳，从而达到分离的目的。平衡缓冲液和洗脱缓冲液的离子强度和 pH 的选择对分离效果有很大的影响。

（3）上样　操作时应注意样品液的离子强度和 pH，上样量不宜过大，一般为柱床体积的 1% ~5% 为宜，使样品能吸附在色谱柱的上层，分离效果好。

（4）洗脱缓冲液　一般选择梯度洗脱，有改变离子强度和改变 pH 两种方式。改变离子强度是在洗脱过程中逐步增大离子强度，使与离子交换剂结合的各个组分被逐步洗脱下来。改变 pH 时，阳离子交换剂，一般是从低到高洗脱，阴离子交换剂则是从高到低洗脱。由于 pH 可能对蛋白质的稳定性有一定的影响，故改变离子强度的梯度洗脱更为常用。

洗脱液的流速也会影响离子交换色谱的分离效果，洗脱速度应保持恒定。一般来说，洗脱速度慢比洗脱速度快的分辨率要好，但洗脱速度过慢会造成分离时间长、样品扩散、色谱峰变宽等副作用，所以应根据实际情况选择合适的洗脱速度。

（5）样品的浓缩、脱盐　离子交换色谱得到的样品往往盐浓度较高、体积较大而浓度低，所以一般离子交换色谱得到的样品要进行浓缩、脱盐处理。

下面以离子交换色谱法分离氨基酸实验为例，具体介绍操作步骤。

氨基酸是两性电解质，有一定的等电点，在溶液 pH 小于其 pI 时带正电，大于其 pI 时带负电。故在一定的 pH 条件下，各种氨基酸的带电情况不同，与离子交换剂上的交换基团的亲和力亦不同。从而可以在洗脱过程中按先后顺序洗出，达到分离目的。

三、实训器材

1. 仪器设备　层析柱 1.2cm × 19cm、恒流泵、部分收集器、刻度试管 10ml（×1）、烧杯 250ml（×1）、吸管 1.0ml（×2）。

2. 试剂和材料

（1）732 型阳离子树脂。

（2）枸橼酸缓冲液（洗脱液，0.45mol/L，pH5.3）　称取 57g 枸橼酸，用适量的蒸馏水溶解，加入 37.2g NaOH，21ml 浓 HCl，混匀，用蒸馏水定容至 2000ml。

（3）显色剂（0.5% 茚三酮）　0.5g 茚三酮溶于 100ml 95% 乙醇中。

（4）0.1% $CuSO_4$ 溶液。

（5）氨基酸样品　0.005mol/L 的 Asp 和 Lys（用 0.02mol/L HCl 配制）。

四、操作步骤

1. 树脂的处理　干树脂经蒸馏水膨胀，倾去细小颗粒，然后用 4 倍体积的 2mo/L HCl 及 2mol/L NaOH 依次浸洗，每次浸 2 小时，并分别用蒸馏水洗至中性。再用 1mol/L NaOH 浸 0.5 小时（转型），用蒸馏水洗至中性。

2. 装柱　垂直装好层析柱，关闭阀门，加入枸橼酸缓冲液约 1cm 高。将处理好的树脂 12 ~ 18ml 加等体积缓冲液，搅匀，沿管内壁缓慢加入，柱底沉积约 1cm 高时，缓慢打开出门，继续加入树脂直至树脂沉积达 8cm 高，装柱要求连续、均匀，无纹路、无气泡，表面平整，液面不得低于树脂表面。否则要重新装柱。

3. 平衡　将缓冲液瓶与恒流泵相连，恒流泵出口与层析柱入口相连，树脂表面保留 3 ~

4cm 的液层，开动恒流泵，以 24ml/小时的流速平衡，直至流出液 pH 与洗脱液 pH 相同（需2～3倍柱床体积）。

4. 加样 揭去层析柱上口盖子，待柱内液体流至树脂表面 1.0～2.0mm 关闭出口，沿管壁四周小心加入 0.5ml 样品，慢慢打开出口，使液面降至与树脂表面相平处关闭，吸少量缓冲液冲洗柱内壁数次，加缓冲液至液层 3～4cm，接上恒流泵。加样时应避免冲破树脂表面，避免将样品全部加在某一局限部位。

5. 洗脱 以枸橼酸缓冲液洗脱，洗脱流速 24ml/h，用部分收集器收集洗脱液，4ml/管×20。

6. 测定 分别取各管洗脱液 1ml，各加入显色剂 1ml，混合后沸水浴 15 分钟冷却，各加 0.1% $CuSO_4$ 溶液 3ml，混匀，测 A_{570nm}。以吸光度值为纵坐标、洗脱液累计体积（每管 4ml，故 4ml 为一个单位）为横坐标绘制洗脱曲线。

以已知氨基酸的纯溶液为样本，按上述方法和条件分别操作，将得到的洗脱曲线与混合氨基酸的洗脱曲线对照，即可确定三个峰为何种氨基酸。

五、目标检测

1. 离子交换色谱法的主要应用有哪些？
2. 离子交换色谱法包括哪些步骤？操作中应该注意什么？

（卓微伟）

任务六 膜分离操作

扫码“学一学”

一、实训目的

掌握超滤和透析的基本原理和主要操作，能熟练应用超滤膜分离料液中不同分子量的物质，能利用透析袋对样品进行脱盐处理。

二、实训原理

膜分离是利用天然或人工合成的、具有选择透过能力的薄膜，以外界能量或化学位差为推动力，实现对双组分或多组分体系进行分离、分级、提纯或富集的方法。膜分离并不能完全把溶质与溶剂分开，只能把原液分成浓度较低与浓度较高的两部分。

膜分离的实质是小分子物质透过膜，而大分子物质或固体粒子被阻挡的过程（图6－2）。因此，膜分离的关键在于膜材料、膜结构及膜性能，膜分离已经发展了超滤技术、透析技术、反渗透技术等不同的膜分离技术。

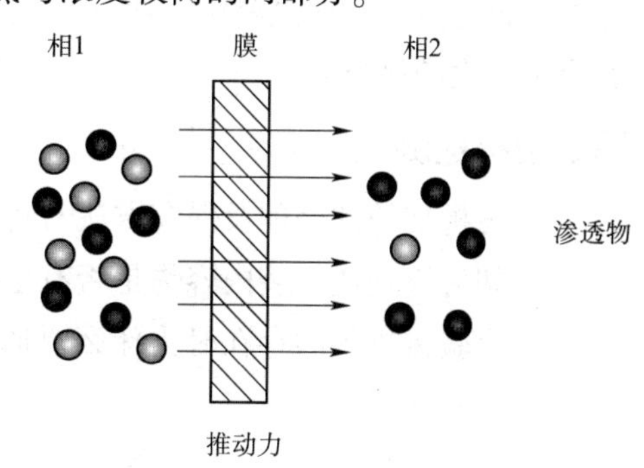

图6－2 膜分离示意图

膜分离可以认为是分子层面上的过滤，在膜分离过程中，膜为过滤介质，膜两侧的压力差为驱动力。在一定的压力下，当

原液流过膜表面时，膜表面密布的细小的微孔，允许水及小分子物质通过而成为透过液；原液中体积大于膜表面微孔径的物质则被截留在膜的进液侧，成为浓缩液。

在膜分离操作中，所有的溶质均被传送到膜表面上，不能完全透过膜的溶质受到膜的截留作用，在膜表面附近积累，造成浓度的升高，形成浓差极化现象，降低膜通量。当膜表面附近的浓度超过溶质的溶解度时，溶质会析出，形成凝胶极化现象。当分离含有菌体、细胞或其他固形成分的料液时，也会在膜表面形成凝胶层。

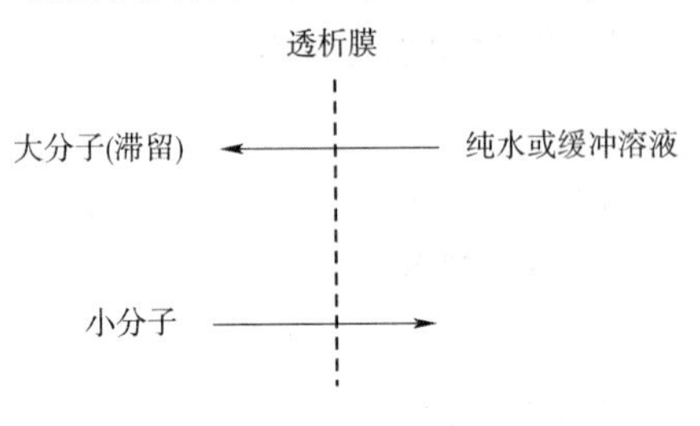

图 6－3　透析原理示意图

透析也是一种膜分离操作。透析的动力是横跨膜两边的浓度梯度形成的扩散压，如图 6－3 所示可将蛋白质溶液中的盐类分子全部除去，即半透膜的除盐透析；或改变蛋白质溶液中的无机盐成分，即半透膜的平衡透析。在离子交换色谱前，经常进行平衡透析处理。

透析速度与浓度梯度、膜面积及温度成正比。常用温度为 4℃，升温、更换袋外透析液或用磁力搅拌器，均能提高透析速度。

下面以透析法去除蛋白质溶液中的无机盐为例，介绍具体操作步骤。

三、实训器材

1. 仪器设备　透析管或玻璃纸、烧杯、玻璃棒、电磁搅拌器、试管及试管架。

2. 材料　蛋白质的氯化钠溶液（3 个除去卵黄的鸡蛋清与 700ml 水及 300ml 饱和 NaCl 溶液混合后，用数层纱布过滤即得）、10% 硝酸溶液、1% 硝酸银溶液、10% 氢氧化钠溶液、1% 硫酸铜溶液。

四、操作步骤

（1）卵清蛋白溶液加 10% $CuSO_4$ 和 10% NaOH，进行双缩脲反应。

（2）在透析管（或玻璃纸装入蛋白质的氯化钠溶液后扎成袋形，系于一横放在烧杯中的玻璃棒上）中装入 10～15ml 蛋白质的氯化钠溶液，并放在盛有蒸馏水的烧杯中。

(3) 1 小时后，自烧杯中取水 1～2ml，加 10% HNO_3 溶液数滴使成酸性，再加入 1% $AgNO_3$ 1～2 滴，检验氯离子的存在。

（4）从烧杯中取水 1～2ml 水，进行双缩脲反应，检验是否有蛋白质的存在。

（5）不断更换烧杯中的蒸馏水（并用电磁搅拌器不断搅动蒸馏水），加速透析过程。

（6）数小时后，从烧杯中的水中不再能检出氯离子。此时，停止透析并检查透析袋内容物是否有蛋白质或氯离子存在（此次应观察到透析袋中球蛋白沉淀的出现，这是球蛋白不溶于纯水的缘故）。

五、目标检测

1. 透析袋的预处理及保存方法有哪些？
2. 如何检查透析袋内容物是否有蛋白质或氯离子存在？
3. 检验氯离子的存在时为什么要加 10% HNO_3 数滴？

（卓微伟）

任务七 层析分离操作

一、实训目的

理解层析分离的基本原理与分类。能够独立完成凝胶过滤层析操作，能够应用层析和技术纯化和分析蛋白质。

二、实训原理

层析分离是一组相关分离方法的总称，也称之为色谱分离，是一种利用物质在两相中分配系数的差别进行分离的分离方法。其中一相是固定相，通常为表面积很大的或多孔性固体；另一相是流动相，多为液体或气体。当流动相流过固定相时，由于物质在两相间的分配情况不同，各物质在两相间进行多次分配，从而实现组分分离。

在柱层析操作中，流动相又称洗脱剂；在薄层层析时则称为展开剂。目的物质在固定相与流动相中含量的比值称为分配系数（用 K 表示，为常数，和溶质浓度无关）。

不同的物质，在同种溶剂中的分配系数及移动速度不相同。利用不同物质之间分配系数的差异，可利用层析法将其分开。差异程度越大，分离效果就越好。

根据分离原理的不同，层析法可分为吸附层析法、凝胶过滤层析法、亲和层析法、分配层析法等。

下面以凝胶过滤层析法分离蛋白质的实验为例，具体介绍操作步骤。

将蓝葡聚糖 2000（分子质量 2000kDa）、细胞色素 C（分子质量 17kDa）和 DNFP－甘氨酸（分子质量 0.5kDa）的混合物通过交联葡聚糖凝胶 G－50（SepHadex G－50）的色谱柱，以蒸馏水为洗脱溶剂进行洗脱。蓝葡聚糖 2000 分子质量最大，全部被排阻在凝胶颗粒的间隙中，而未进入凝胶颗粒内部，因而洗脱速度最快，最先流出柱。DNFP－甘氨酸分子质量最小不被排阻而可完全进入凝胶颗粒内部，洗脱速度最慢，最后流出柱。细胞色素 C 分子质量在上述二者之间，其洗脱速度居中，可以直接从蓝、红、黄三种不同颜色直接观察到三种物质分离的情况。

三、实训器材

1. 仪器设备 玻璃色谱柱 1cm×25cm，蠕动泵，收集器。

2. 试剂和材料

（1）交联葡聚糖凝胶 G－50 蓝葡聚糖 2000，配成 2mg/ml 溶液。

（2）细胞色素 C 配成 2mg/ml 溶液。

（3）DNFP－甘氨酸（二硝基氟苯－甘氨酸） 称取甘氨酸 0.15g 溶于 10% $NaHCO_3$ 1.5ml 中，调节其 pH 在 8.5～9.0；另取二硝基氟苯（DNFP）0.15g，溶于微热的 95% 乙醇 3ml 中，待其充分溶解后，立即倒入甘氨酸液管中。将此管置于沸水浴煮沸 5 分钟（防止乙醇沸溢），待冷却后加 2 倍体积的 95% 乙醇，可见黄色 DNFP 甘氨酸沉淀，离心 2000r/min，2 分钟弃去上清液，沉淀用 95% 乙醇洗 2 次，所得沉淀用蒸馏水 1ml 溶解，即为 DNFP－甘氨酸液，备用。

四、操作步骤

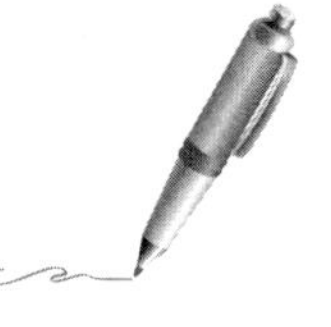

1. 凝胶的准备 称取交联葡聚糖 G－50 约 4g，置于烧杯中，加蒸馏水适量平衡几次，

倾去上浮的细小颗粒，于沸水浴中煮沸1小时（此为加热法溶胀，如在室温溶胀，需放置3小时），取出，倾去上浮的细颗粒，待冷却至室温后进行装柱。

2. 样品制备 取配置好的蓝葡聚糖2000、细胞色素C和DNFP－甘氨酸各0.3ml，混合即可。

3. 装柱 将洗净的色谱柱保持垂直位置，关闭出口，柱内留下约2.0ml洗脱液。一次性将凝胶从塑料接口加入色谱柱内，打开柱底部出口，接通蠕动泵，调节流速为0.3ml/min。凝胶随柱内溶液慢慢流下而均匀沉降到色谱柱底部，最后使凝胶床沉降达20cm高，操作过程中注意不能让凝胶床表面露出液体，以防色谱床内出现“纹路”。在凝胶表面可盖一圆形滤纸，以免加入液体时冲起凝胶。

4. 加样 用滴管吸去凝胶床面上的溶液，使洗脱液恰好流到床表面，关闭出口，小心把样品（约0.5ml）沿壁加于柱内成一薄层。切勿搅动床表面，打开出口使样品溶液渗入凝胶内并开始收集流出液，计量体积。

5. 洗脱并收集 样品流完后，分3次加入少量洗脱液洗下柱壁上样品，最后接通蠕动泵，调节流速为0.3ml/min，用部分收集器收集，每管1ml。仔细观察样品在色谱柱内的分离现象。用肉眼观察并以－、＋符合记录3种物质洗脱液的颜色及深浅程度。

6. 绘制洗脱曲线 以洗脱体积为横坐标，洗脱液的颜色度（－、＋、＋＋、＋＋＋）为纵坐标（相应指示出洗脱液内物资浓度的变化），在坐标纸上作图，即得洗脱曲线。

五、目标检测

1. 层析分离的原理是什么？层析分离有哪些类别？
2. 简述层析分离的一般操作过程。
3. 根据被分离物质的性质，应怎样选择合适的层析分离方法？

（卓微伟）

扫码“学一学”

任务八　电泳分离操作

一、实训目的

理解电泳的概念及电泳法的基本原理，掌握常见电泳方法（如琼脂糖凝胶电泳、SDS－聚丙烯酰胺凝胶电泳）的操作过程及注意事项。能独立且熟练地利用合适的电泳方法分离目的产物。

二、实训原理

电泳是指带电粒子在电场中向与自身带相反电荷的电极移动的现象。

电泳分离是指带电荷的供试品（蛋白质、核苷酸等）在惰性支持介质（如纸、醋酸纤维素、琼脂糖凝胶、聚丙烯酰胺凝胶等）中，于电场的作用下，向其对应的电极方向按各自的速度进行泳动，使组分分离成狭窄的区带，再用适宜的检测方法记录其电泳区带图谱或计算其含量（%）的方法。

按照支持物不同，电泳分离可分为纸电泳、醋酸纤维素薄膜电泳、淀粉凝胶电泳、琼脂糖凝胶电泳及聚丙烯酰胺凝胶电泳等。按照凝胶形状不同，可分为水平平板电泳、圆盘

柱状电泳及垂直平板电泳。

下面以琼脂糖凝胶电泳及聚丙烯酰胺凝胶电泳为例，介绍一般的操作流程。

（1）琼脂糖凝胶电泳　这是用琼脂糖作支持介质的一种电泳方法，兼有“分子筛”和“电泳”的双重作用，广泛应用于核酸的研究中。琼脂糖凝胶可区分相差约100bp的DNA片段，分辨率比聚丙烯酰胺凝胶低，但制备容易，分离范围广。普通琼脂糖凝胶分离DNA的范围为0.2～20kb，利用脉冲电泳，可分离高达107bp的DNA片段。电泳时，常使用1%的琼脂糖，缓冲液pH 6～9，离子强度0.02～0.05。

（2）聚丙烯酰胺凝胶电泳　这是以聚丙烯酰胺凝胶作为支持介质的常用电泳技术，简称PAGE，用于分离蛋白质和寡核苷酸。聚丙烯酰胺凝胶为网状结构，具有分子筛效应，有两种形式：非变性聚丙烯酰胺凝胶电泳（Native－PAGE）和SDS－聚丙烯酰胺凝胶（SDS－PAGE）。前者在电泳的过程中可保持蛋白质的完整状态，并依据蛋白质的分子量大小、形状及其所附带的电荷量而呈梯度逐渐分开；SDS－PAGE仅根据蛋白质亚基分子量的不同就可以分开蛋白质。

根据其有无浓缩效应，聚丙烯酰胺凝胶电泳可分为连续和不连续两大类。连续体系中缓冲液pH及凝胶浓度相同，带电颗粒在电场作用下，依靠电荷和分子筛效应分离；不连续体系中，缓冲液离子成分、pH、凝胶浓度及电位梯度具有不连续性，带电颗粒在电场中泳动不仅有电荷效应，分子筛效应，还具有浓缩效应，其分离条带的清晰度及分辨率均高于前者。不连续体系通常由2种孔径的凝胶、2种缓冲体系、3种pH构成不连续性，这是样品浓缩的主要因素。

三、实训器材

（一）琼脂糖凝胶电泳

1. 仪器装置　常用的电泳室装置如图6－4所示。

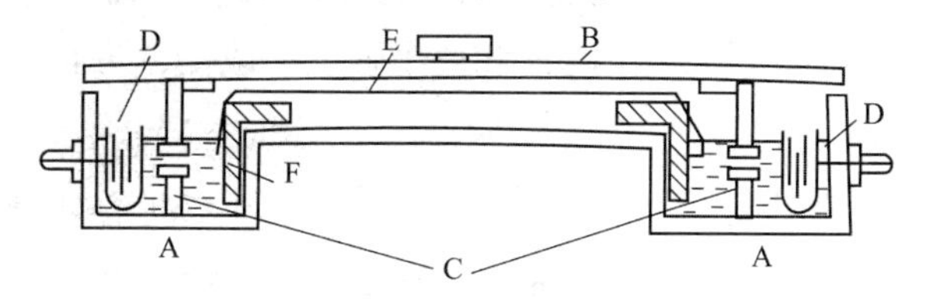

图6－4　电泳室示意图

A. 电泳槽；B. 玻璃盖；C. 有机玻璃板；D. 电极；E. 滤纸；F. 电泳槽架

2. 试剂

（1）乙酸－锂盐缓冲液（pH 3.0）　取冰乙酸50ml，加水800ml混合后，用氢氧化锂调节pH至3.0，再加水至1000ml。

（2）甲苯胺蓝溶液　取甲苯胺蓝0.1g，加水100ml使溶解。

（二）聚丙烯酰胺凝胶电泳

1. 仪器装置　通常由稳流电泳仪和圆盘电泳槽或平板电泳槽组成。其电室有上、下两槽，每个槽中都有固定的铂电极，铂电极经隔离电线接于电泳仪稳流档上。

2. 试剂

（1）溶液A　取三羟甲基氨基甲烷36.6g、四甲基乙二胺0.23ml，加1mol/L盐酸溶液48ml，再加水溶解并稀释至100ml，置棕色瓶内，在冰箱中保存。

（2）溶液B　取丙烯酰胺30.0g、次甲基双丙烯酰胺0.74g，加水溶解并稀释至100ml，

过滤，置棕色瓶内，在冰箱中保存。

（3）电极缓冲液（pH8.3） 取三羟甲基氨基甲烷6g、甘氨酸28.8g，加水溶解并稀释至1000ml，置冰箱中保存，用前稀释10倍。

（4）溴酚蓝指示液 取溴酚蓝0.1g，加0.05mol/L氢氧化钠溶液3.0ml与90%乙醇5ml，微热使溶解，加20%乙醇制成250ml。

（5）染色液 取0.25%（g/ml）考马斯亮蓝G250溶液2.5ml，加12.5%（g/ml）三氯醋酸溶液至10ml。

（6）稀染色液 取上述染色液2ml，加12.5%（g/ml）三氯乙酸溶液至10ml。

（7）脱色液 7%乙酸溶液。

四、操作步骤

（一）琼脂糖凝胶电泳

1. 制胶 取琼脂糖约0.2g，加水10ml，置水浴中加热使溶胀完全，加温热的乙酸-锂盐缓冲液（pH 3.0）10ml，混匀，趁热将胶液涂布于大小适宜（2.5cm×7.5cm或4cm×9cm）的玻板上，厚度约3mm，静置，待凝胶结成无气泡的均匀薄层，即得。

2. 标准品溶液及供试品溶液的制备 按照各药品项下规定配制。

3. 点样与电泳 在电泳槽内加入醋酸-锂盐缓冲液（pH=3.0），将凝胶板置于电泳槽架上，经滤纸桥浸入缓冲液。于凝胶板负极端分别点样1μl，立即接通电源，在电压梯度约30V/cm、电流强度1~2mA/cm的条件下，电泳约20分钟，关闭电源。

4. 染色与脱色 取下凝胶板，用甲苯胺蓝溶液染色，用水洗去多余的染色液至背景无色为止。

电泳时如果离子强度过高，会有大量电流通过凝胶，产生的热量使凝胶的水分蒸发，析出盐的结晶，甚至可使凝胶断裂，电流中断。常用的缓冲液有硼酸盐缓冲液与巴比妥缓冲液。为了防止电泳时两极缓冲液槽内pH和离子强度的改变，可在每次电泳后合并两极槽内的缓冲液，混匀后再用。

（二）聚丙烯酰胺凝胶电泳

1. 制胶 取溶液A 2ml，溶液B 5.4ml，加脲2.9g使溶解，再加水4ml，混匀，抽气赶去溶液中气泡，加0.56%过硫酸铵溶液2ml，混匀制成胶液，立即用装有长针头的注射器或细滴管将胶液沿管壁加至底端有橡皮塞的小玻璃管（10cm×0.5cm）中，使胶层高度达6~7cm，然后徐徐滴加水少量，使覆盖胶面，管底气泡必须赶走，静置约30分钟，待出现明显界面时即聚合完毕，吸去水层。

2. 标准品溶液及供试品溶液的制备 参照《中国药典》（2015年版）各药品项下的规定。

3. 电泳 将已制好的凝胶玻璃管装入圆盘电泳槽内，每管加供试品或标准品溶液50~100μl，为防止扩散可加甘油或40%蔗糖溶液1~2滴及0.04%溴酚蓝指示液1滴，也可直接在上槽缓冲液中加0.04%溴酚蓝指示液数滴，玻璃管的上部用电极缓冲液充满，上端接负极，下端接正极。调节起始电流使每管为1mA，数分钟后，加大电流使每管为2~3mA，当溴酚蓝指示液移至距玻璃管底部1cm处，关闭电源。

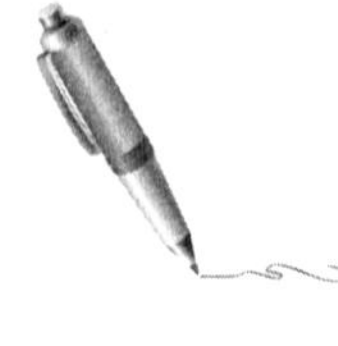

4. 染色和脱色 电泳完毕，用装有长针头并吸满水的注射器，自胶管底部沿胶管壁将水压入，胶条即从管内滑出，将胶条浸入稀染色液过夜或用染色液浸泡10~30分钟，以水

漂洗干净，再用脱色液脱色至无蛋白区带凝胶的底色透明为止。

5. 结果判断 将胶条置灯下观察，根据供试品与标准品的色带位置和色泽深浅程度进行判断。

五、目标检测

1. 简述琼脂糖凝胶电泳的原理及操作流程。
2. 简述聚丙烯凝胶电泳的原理及操作流程。
3. 在琼脂糖凝胶电泳实验中，在点样时有哪些注意事项？
4. 在聚丙烯酰胺凝胶电泳实验中，在结果判断时有哪些注意事项？

（卓微伟）

任务九 吸附精制分离操作

扫码“学一学”

一、实训目的

理解吸附精制的基本原理，熟悉吸附法常用的吸附剂及不同的吸附原理。掌握活性炭吸附精制的基本操作过程，能独立进行酶、蛋白质、抗生素类等产品分离过程中的吸附操作。

二、实训原理

工业上，吸附多用于除臭、脱色、吸湿、防潮等。在生物技术产品的分离纯化过程中，常用来进行酶、蛋白质、核苷酸、抗生素、氨基酸等产物的分离、精制。

吸附剂按其化学结构可分为两大类：一类是有机吸附剂，如活性炭、纤维素、大孔吸附树脂、聚酰胺等；另一类是无机吸附剂，如氧化铝、硅胶、人造沸石、磷酸钙、氢氧化铝等。这里，以活性炭吸附剂为例，介绍吸附操作的原理与步骤。

活性炭具有较大的比表面，在水溶液中比一般固态物质吸附能力强得多，常用于生物产物的脱色和除臭，还应用于糖、氨基酸、多肽及脂肪酸等的分离提取。生产原料和制备方法不同，得到的活性炭吸附力也不相同。在生产上常因采用不同来源或不同批号的活性炭而得到不同的结果。

活性炭的吸附能力除了与其自身性质有关之外，还与其所处的溶液和待吸附物质的性质有关。一般来说，活性炭在水溶液中的吸附作用最强，在有机溶液中较弱，所以水的洗脱能力最弱，而有机溶剂则较强，吸附能力的顺序如下：水 > 乙醇 > 甲醇 > 乙酸乙酯 > 丙酮 > 三氯甲烷。

活性炭对不同物质的吸附能力一般遵循以下规律：对具有极性基团的化合物吸附力较大；对芳香族化合物的吸附力大于脂肪族化合物；对相对分子质量大的化合物的吸附力大于对相对分子质量小的化合物。

本实训以活性炭吸附分离色素为例，介绍具体操作步骤。

三、实训器材

1. 器皿与材料

（1）器皿 组织捣碎机、大烧杯、小烧杯、U 形管、漏斗、直通管、导管、漏斗架、

滤纸、玻璃棒、锥形瓶、胶塞、导管、玻璃管、橡皮圈、小试管等。

（2）材料　红心萝卜（或胡萝卜）8kg、活性炭粉（或木炭粉）8kg、脱脂棉1包。

2. 试剂　石蕊试剂500ml，浓硝酸500ml，铜屑400g，高锰酸钾400g。

四、操作步骤

（1）活性炭静态吸附石蕊　将石蕊稀释液放在小烧杯中，加活性炭粉两匙，然后搅拌片刻，放入过滤器中过滤，用另一烧杯或试管收集液体，观察滤液颜色。

（2）活性炭动态吸附胡萝卜色素　选深红色，质地紧密，色素含量高的红心胡萝卜切碎打浆，过滤得含胡萝卜色素的溶液。然后以直通管中段全部用活性炭装满，两端堵上纱布棉团，上面单孔塞装上漏斗，下面单孔塞加一个短导管作为滤液出口，实验前将这套装置固定于铁架台上，把含有萝卜色素的溶液放入漏斗中，观察下面接收器中收集到的溶液颜色。

（3）木炭吸附高锰酸钾　U形管中放入约1/3容积的小块木炭，两管口同时加脱脂棉一团，实验时从左管口加入稀高锰酸钾溶液。不久右管上层液面渐渐升高，观察右管上层液面颜色。

（4）制二氧化氮气体　取两只带塞锥形瓶、以细线拴牢一只小试管，小试管中有一两片铜屑，滴加浓硝酸后立即吊入锥形瓶中，待瓶中气体的棕红色明显时即将小试管转移到另一锥形瓶中，同时给第一只瓶加塞，第二瓶也达到同样浓度后，取出加塞，并立即把小试管连同其中废液一起浸入大水杯中，此废液若量少可弃去，但可以把洗净的铜屑晾干回收。

（5）活性炭吸附气体　将两匙处理过的木炭粉或活性炭粉倒入瓶中并立即加塞塞紧摇动锥形瓶，摇瓶时力求瓶上部在转动的中轴处，只让炭粉在瓶底部转动，观察到瓶内二氧化氮的颜色变化。

五、注意事项

（1）所用木炭或活性炭一定要处理过，增强它的吸附活性，实验前应将木炭或活性炭放在坩埚里烘烤，充分进行解吸。

（2）选用有色液体颜色不可太浓，否则吸附不净可能会出现滤液带色，得不到无色清液。

（3）榨取的胡萝卜汁在活性炭脱色前，应进行过滤前处理，避免汁液过黏影响活性炭吸附效果。

（4）所用锥形瓶在实验前应当是完全干燥的。

六、目标检测

1. 影响活性炭吸附能力的因素有哪些？

2. 实训操作步骤（1）和（2）用同样的胡萝卜色素和活性炭，哪个操作步骤的吸附效果显著？

3. 木炭、活性炭哪种吸附剂的吸附效果好？

（卓微伟）

扫码"学一学"

任务十　浓缩干燥操作

一、实训目的

掌握浓缩干燥技术的基本原理及分类，理解蒸发浓缩、冷冻浓缩、真空干燥、冷冻干燥、喷雾干燥等常见浓缩干燥技术的工艺过程。能够选用合适的技术对产品进行浓缩干燥。

二、实训原理

浓缩与干燥均是除去物料中溶剂（一般为水分）的操作，通常是生物技术产品制备中的最后一个环节。浓缩主要是除去溶液中的水分，干燥主要是除去固体中的水分。

浓缩可以提高溶质浓度。根据原理的不同，浓缩可分为蒸发浓缩、冷冻浓缩和膜浓缩。

干燥是利用热能除去湿物料中湿分（水分或有机溶剂）的单元操作。根据传热方式不同，干燥可分为对流干燥、传导干燥、辐射干燥。此外，根据干燥过程操作的压力不同，干燥可分为常压干燥和真空干燥，热敏性物料通常采用真空干燥。

下面以人工牛黄的真空干燥为例，介绍其操作步骤。

三、实训器材

1. 仪器设备　圆底烧瓶、冷凝管、烧杯、水浴、抽滤装置、真空干燥箱、电子天平等。

2. 材料　人工牛黄、75%乙醇、95%乙醇、活性炭。

四、操作步骤

（1）溶解　取粗胆汁酸干品放入圆底烧瓶或反应器中，加入0.75倍75%乙醇，加热回流至固体物全部溶解，再加10%～15%活性炭回流脱色15～20分钟，趁热过滤。

（2）洗涤与结晶　滤液用冰水浴冷却至0～5℃，再放置4小时以上，使胆酸结晶析出，然后抽滤，并用适量乙醇洗涤结晶，抽干后，得胆酸粗结晶。

（3）真空干燥　将上述粗结晶胆酸再置脱色反应瓶中，加4倍量的95%乙醇溶解，然后蒸馏回收乙醇，至总体积为原体积的1/4后，先用冷水浴将其冷却至室温，接着用冰水浴冷却至0～5℃。

结晶4小时后，在布氏漏斗上真空过滤。抽干后，结晶用少量冷的5%乙醇洗涤1～2次。再次抽干，结晶在70℃真空干燥箱中干燥至恒重，即得胆酸精制品。

（4）计算得率　称量并计算得率。

五、目标检测

1. 什么是浓缩？物料在分离过程中进行浓缩的目的是什么？
2. 什么是干燥？干燥的目的是什么？常用的干燥方法有哪些？
3. 简述人工牛黄的性质与提取时的注意事项。

（卓微伟）

模块二　综合技能项目训练

扫码“学一学”

项目七

酵母菌的培养

任务一　菌种的复壮

一、实训目的

掌握菌种复壮原理，能够运用平板划线法，独立进行酵母菌的分离纯化与复壮操作，挑选出高产稳定的菌株。

二、实训原理

菌种在传代过程中，原有的生产性状会逐渐下降，发生菌种的衰退。衰退是菌株的自发突变引起的，与连续传代、不合适的培养和保藏条件等因素有关。当菌群体中衰退的细胞数量达到一定程度后，整个菌群的表型就会出现衰退现象。

防止菌种衰退的措施主要有：合理的育种、合适的培养基、良好的培养条件、控制传代次数、利用不同类型的细胞进行移种传代，以及有效的菌种保藏方法。而一旦发现菌种有衰退的迹象，就必须及时进行菌种的复壮。

菌种的复壮，就是使衰退的菌种恢复原来优良性状。狭义的复壮指在菌种已发生衰退的情况下，通过纯种分离和生产性能测定等方法，从衰退的群体中找出未衰退的个体，以达到恢复该菌原有典型性状的措施；广义的复壮指在菌种的生产性能未衰退前就有意识的经常、进行纯种的分离和生产性能测定工作，以期菌种的生产性能逐步提高。实际上是利用自发突变（正变）不断地从生产中挑选优良菌株。

菌种复壮措施主要有：纯种分离、寄主体内生长（对寄生性菌株的复壮）、淘汰已衰退个体（用较激烈的理化条件进行筛选）和有效的菌种保藏方法。其中，纯种分离（即单菌落分离纯化）是常用的方法，如平板划线分离、平板稀释涂布等。通过单菌落分离，把仍保持原有典型优良性状的单细胞分离出来，经扩大培养后，恢复原菌株的典型优良性状。

可以通过生化指标（如典型代谢产物或生产目的物的产量与活性）、生理指标（如特征酶活性）或者特殊的生化反应，来判断菌株是否得到复壮。

三、实训器材

1. 设备　超净工作台、生化培养箱、光学显微镜、电子天平、高压蒸汽灭菌锅、电热

鼓风干燥箱。

2. 器皿与材料

（1）培养基　YPD 培养基　胰蛋白胨 20.0g/L，酵母粉 10.0g/L，葡萄糖 20.0g/L，琼脂 15.0～20.0g/L，pH 6.0。115℃，灭菌 20 分钟。

（2）菌种　酿酒酵母（*Saccharomyces cerevisiae*）。

（3）器皿　烧杯、量筒、锥形瓶、载玻片、盖玻片、接种环等微生物培养与鉴别所需器皿。

四、操作步骤

1. 培养基配制

（1）取样称量　按培养基配方依次准确称取原料，放入烧杯或搪瓷杯中。

（2）溶解　加一定量水，用玻璃棒搅匀，加热使成分充分溶解，补足水量并定容。

（3）调节 pH　用玻璃棒蘸取培养基于 pH 试纸上，对照其 pH 是否与配方要求 pH 相同，如不同，则逐滴加入 1mol/L NaOH 或 1mol/L HCl，并用玻璃棒搅拌均匀，调节培养基的 pH 至配方要求。

（4）分装　将配置好的培养基分装到试管或锥形瓶内。

（5）包扎标记　将分装好的培养基包扎好，并用记号笔标注培养基名称、制备日期等信息。

2. 培养基的灭菌　使用高压蒸汽灭菌锅进行培养基的灭菌。

（1）加水　应注意仪器内水量充足，若不足，应加水至标识线。

（2）加料　灭菌物品诉讼排列，保证空气畅通。

（3）加盖　盖好锅盖，检查放气阀和安全阀，设置灭菌压力、温度及时间。

（4）灭菌　按下按键，灭菌锅开始运行。

（5）结束　灭菌结束后，待压力表压力降至 0 时，方可开盖取物。关闭电源。

3. 接种前准备

（1）检查场地、设备、容器是否清洁。

（2）将操作中用到的物品整齐摆放于超净工作台内。

（3）开启紫外灯及鼓风机对超净工作台进行灭菌。

4. 接种　整个过程于超净工作台内完成。

（1）灭菌接种环。

（2）取菌种。

（3）分离划线接种。

（4）标记　在培养皿底面，用记号笔注明接种的菌名、接种者姓名、日期等。

5. 培养　将接种完毕的培养基倒置于生化培养箱中进行培养。

6. 质量检查　以无菌操作取菌制片，在显微镜下观察有无异常菌体。

培养基配制及灭菌记录于表 7－1。

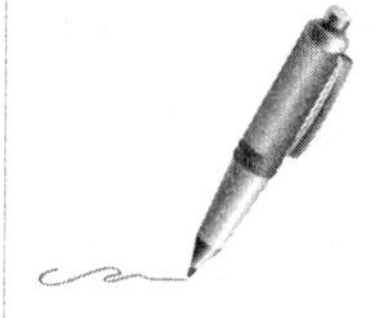

表7－1　培养基配制及灭菌原始记录

<table>
<tr><td>品名</td><td></td><td>批号</td><td></td><td>生产日期</td><td></td><td>操作者</td><td></td></tr>
<tr><td colspan="8">培养基数量</td></tr>
</table>

原辅料名称	计量单位	理论量	实际量	批号	备注

操作步骤	操作结果	复核人
1. 环境检查 1.1 室内温度：18～26℃ 1.2 相对湿度：45%～65%	温度： 相对湿度：	
2. 设备安装与检查 2.1 将设备部件按要求安装到位 2.2 空载运行检查设备是否正常	机器是否处于正常状态：	
3. 领料 根据原料单领取物料，并核对原辅料的品名、批号、数量	品名： 批号： 数量：	
4. 培养基配制与灭菌 4.1 称量 4.2 溶解 4.3 调pH 4.4 分装 4.5 包扎、标记 4.6 灭菌	原料重量： 培养基体积： 灭菌温度： 灭菌时间： 设备运行的起止时间：	
5. 培养 28℃倒置培养	培养温度： 培养时间：	
6. 清场 6.1 清洁高压蒸汽灭菌锅 6.2 清洁生化培养箱 6.3 按清场要求对实验场所清场		
备注：		

五、目标检测

1. 防止菌种衰退的措施不包括

A. 增加传代次数　　B. 选择合适的培养条件

C. 利用不同类型的细胞进行传代　　D. 选择合适的保藏方法

2. 培养基制备时不能使用的容器是

A. 锥形瓶　　B. 烧杯　　C. 搪瓷杯　　D. 铁制杯子

3. 将菌种从菌种试管接种到另一支试管，以下操作错误的是

A. 整个接种过程都要在酒精灯的火焰附近进行

B. 接种环放在酒精灯火焰上灼烧之后即可伸入菌种试管挑取少许菌种

C. 菌种试管口和待接种的试管口接种前后都要通过酒精灯火焰 2～3 次

D. 带菌的接种环应在培养基斜面上由底部向上轻轻划“S”形曲线

4. 在培养基的配制过程中，具有如下步骤，其正确顺序为

①溶化　②调 pH　③加塞　④包扎　⑤培养基的分装　⑥称量

A. ①②⑥⑤③④　B. ⑥①②⑤③④　C. ⑥①②⑤④③　D. ①②⑤④⑥③

5. 有关复壮时划线分离操作正确的是

A. 使用已灭菌的接种环、培养皿，操作过程中不再灭菌

B. 打开含菌种试管需通过火焰灭菌，取出菌种后不再通过火焰，立刻塞上棉塞

C. 将沾有菌种的接种环迅速伸入平板内，划三至五条平行线

D. 最后将平板倒置，放入恒温培养箱中培养

（陈琳琳）

任务二　种子液制备

一、实训目的

将复壮的酵母菌，通过扁瓶或摇瓶扩大培养，获得一定数量和质量的纯种。

二、实训原理

酵母菌培养属好氧发酵。通常经斜面培养基复壮、活化培养的菌体需转入液体培养基中，进行深层液体培养，使菌体大量繁殖，获得更大的菌体量，为后续发酵过程提供相当数量代谢旺盛的种子。

液体培养基主要包含易被酵母菌利用且营养丰富、完全的成分。

将装有液体培养基的摇瓶放在摇床上，进行恒温振荡培养，这是实验室常用的种子液制备方法，可以满足酵母菌生长、繁殖，并产生多种代谢产物的需求。

三、实训器材

1. 设备　超净工作台、恒温摇床、光学显微镜、电热鼓风干燥箱、电子天平、高压灭菌锅。

2. 器皿与材料

（1）培养基　液体种子培养基：蔗糖 20.0 g/L，蛋白胨 5.0 g/L，Na_2HPO_4 4.0 g/L；$MgSO_4 \cdot 7H_2O$ 0.5 g/L，KH_2PO_4 1.0 g/L；pH 5.0～5.5。115℃，灭菌 20 分钟。

（2）器皿　微生物培养与鉴别所需器皿。

四、操作步骤

1. 培养基配制　见本项目任务一。

2. 培养基的灭菌　见本项目任务一。

3. 接种前准备　见本项目任务一。

4. 接种　整个过程于超净工作台内完成。

（1）灭菌接种环。

（2）取任务一中复壮的菌种，挑取单菌落接种于液体种子培养基中。

（3）标记　用记号笔注明接种的菌名、接种者姓名、日期等。

5. 培养　将接种完毕的培养基置于恒温摇床中振荡培养 24 ~48 小时。

6. 质量检查

（1）以无菌操作取菌制片，在显微镜下观察有无异常菌体及菌体形态。要求菌体健壮、菌形一致、均匀整齐。

（2）观察种子液外观，主要观察颜色、黏度等指标。

种子液制备记录于表 7 -2。

表 7 -2　种子液制备原始记录

品名		批号		生产日期		操作者	

培养基数量					
原辅料名称	计量单位	理论量	实际量	批号	备注

操作步骤	操作结果	复核人
1. 环境检查 1.1 室内温度：18 ~26℃ 1.2 相对湿度：45% ~65%	温度： 相对湿度：	
2. 设备安装与检查 2.1 将设备部件按要求安装到位 2.2 空载运行检查设备是否正常	机器是否处于正常状态：	
3. 领料 根据原料单领取物料，并核对原辅料的品名、批号、数量	品名： 批号： 数量：	
4. 培养基配制与灭菌 4.1 称量 4.2 溶解 4.3 调 pH 4.4 分装 4.5 包扎、标记 4.6 灭菌	原料重量： 培养基体积： 灭菌温度： 灭菌时间： 设备运行的起止时间：	
5. 培养 28℃，200r/min 振荡培养 24 ~48 小时	培养温度： 培养时间： 转速：	
6. 清场 6.1 清洁高压蒸汽灭菌锅 6.2 清洁恒温摇床 6.3 按清场要求对实验场所清场		
备注：		

五、目标检测

1. 在发酵工业生产中，使用的种子应处于

A. 停滞期　　B. 对数期　　C. 稳定期　　D. 衰亡期

2. 酵母菌培养液中常含有一定浓度的葡萄糖，但当葡萄糖浓度过高时，反而会抑制微生物的生长，原因是

A. 碳源供应太充足　　B. 细胞会发生质壁分离

C. 改变了酵母菌的 pH　　D. 葡萄糖不是酵母菌的原料

3. 种子生长缓慢的原因是

A. 空气温度偏高　　B. 灭菌温度太低

C. 无机磷含量太低　　D. 种子量太大

4. 在种子制备过程中影响微生物对氧的吸收、染菌等是

A. pH　　B. 泡沫　　C. 通气　　D. 温度

5. 发酵生产中，若不进行种子扩大培养，直接接种将会导致

A. 对数期提前出现　B. 迟滞期延长　　C. 代谢产物减少　　D. 稳定期缩短

6. 种子液制备过程中需要进行无菌状况控制，常用的方法不包括

A. 显微镜检查法　　B. 肉汤培养法　　C. 平板培养法　　D. 穿刺培养法

（陈琳琳）

任务三　发酵培养

一、实训目的

通过发酵罐，将制备好的种子液接种至发酵罐进行分批发酵，懂得分批发酵的一般过程和操作过程，能够独立、熟练完成发酵罐接种、培养、取样的操作，以及完成发酵过程中的参数记录和过程检测。

二、实训原理

发酵是因微生物细胞生长繁殖而引起的生物反应过程。发酵生产的水平高低不仅取决于生产菌种的性能，还取决于合适的环境条件。依据生产菌种对环境条件的要求，设计良好的发酵工艺，如培养基组成、培养温度、pH、氧的供给等，为生产菌创造一个最适的环境，使生产所需要的代谢活动得以最充分的表达。

为了掌握菌种在发酵过程中的代谢变化规律，可以通过各种监测手段如取样测定随时间变化的菌体浓度，糖、氮消耗及产物浓度，以及采用传感器测定发酵罐中的培养温度 pH、溶解氧等参数的情况，并予以有效地控制，使生产菌种处于产物合成的优化环境之中。在发酵过程中，通常要对培养温度、pH、溶解氧、二氧化碳、泡沫、补料等因素进行控制，实现发酵工艺的优化。

三、实训器材

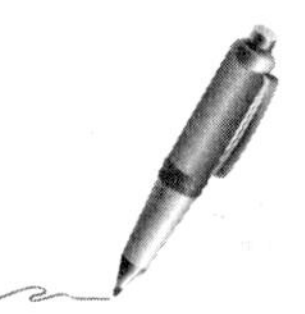

1. 设备　机械搅拌通风发酵罐、空气压缩机、蒸汽发生器、循环水系统、光学显微镜、

天平、高压蒸汽灭菌锅、电热鼓风干燥箱、生化培养箱。

2. 器皿与材料

（1）培养基　发酵培养基：蔗糖 20.0 g/L，蛋白胨 5.0 g/L，Na_2HPO_4 4.0 g/L，$MgSO_4 \cdot 7H_2O$ 0.5g/L，KH_2PO_4 1.0 g/L，消泡剂 0.2ml/L，pH 5.0 ~ 5.5。

（2）器皿　微生物培养与检测所需器皿、还原糖测定所需器皿、氨基氮测定所需器皿。

（3）试剂　镜检染色试剂、斐林试剂、0.1% 标准葡萄糖溶液、0.1mol/L 硫代硫酸钠滴定液、0.1mol/L 氢氧化钠滴定液、碘化钾、甲基红指示剂、甲醛等。

四、操作步骤

1. 培养基的配制　培养基配制见本项目任务一中的培养基配制。

2. 发酵罐灭菌　发酵罐的实消与空消灭菌，见模块一项目五的任务六。

3. 接种

（1）火圈保护接种法

1）接种前准备好酒精棉花、扳手、镊子及接种酒精环。

2）将酒精加在接种酒精环槽内，放于接种口上点燃，用扳手拧开接种口，此时应向罐内通气以保持罐内正压。

3）将制备好的种子液从酒精环中间倒入罐内，接种量为 2% ~5%。

4）将接种口在火焰上灭菌后盖上拧紧。

5）通气，罐压保持在 0.05MPa。

（2）压差法

1）空消前在接种口放入垫片。

2）接种口用酒精消毒后，打开。

3）将装有种子液的种液瓶针头插入到接种口的垫片。

4）利用罐内压力和种液瓶的压力差，将种子液引入发酵罐内，拧紧盖子。

4. 发酵培养

（1）调节通气量，保持罐压在 0.03 ~0.05MPa。

（2）增大搅拌速度，溶氧电极满度校正。

（3）调节搅拌速度在 100r/min，设定控制系统的发酵参数，包括 pH、温度、转速、溶氧等（参见模块二项目七的任务五）。

5. 取样

（1）按照工艺所需定时取样检测，可每隔 4 ~6 小时取样一次。

（2）先开取样管蒸汽阀，再开取样管口阀，取样管灭菌 30 分钟。灭菌后，先关取样管口阀再关取样管蒸汽阀。

（3）先开罐内蒸汽进汽阀，再开取样管口阀，用无菌试管接样品，前期流出的菌液不接。

（4）取样后，先关闭取样管口阀，再关罐内蒸汽进汽阀。

（5）先开取样管蒸汽阀，再开取样管口阀，取样管再次灭菌 30 分钟。灭菌结束后依次关闭阀门。

6. 参数记录与过程检测　每隔 0.5 小时记录发酵参数一次。

（1）镜检　在光学显微镜下观察菌体形态以及是否有杂菌。

（2）还原糖测定

1）吸取0.5ml样品，加入10ml盐酸，加热水解得到淀粉水解物。

2）在淀粉水解物中加入10ml斐林试剂，煮沸3分钟，溶液呈蓝色。

3）蓝色产物中加入5ml碘化钾和10ml盐酸（6 mol/L），用硫代硫酸钠滴定液滴定，指示剂为淀粉，滴定至蓝色褪去，同时做空白试验。

4）记录样品消耗的硫代硫酸钠的量，与空白所消耗的硫代硫酸钠的量相减，根据差值查标准糖含量表得样品含糖量。

（3）氨基氮测定

1）取5ml样品，加入50ml蒸馏水、2滴甲基红指示剂及1滴硫酸，摇匀，样品变红。

2）加入氢氧化钠使溶液呈黄色。

3）黄色溶液中加入10ml甲醛缓冲液，摇匀，静置10分钟。

4）用氢氧化钠滴定液滴定至溶液颜色由黄色变为红色。记录所消耗的氢氧化钠的量，查氨基氮含量表得样品氨基氮含量。

7. 发酵结束

（1）放罐　排放液灭菌处理后方可排放。

（2）清洗发酵罐。

发酵培养操作、发酵过程检测操作、发酵参数、发酵过程检测分别记录于表7－3～表7－6。

表7－3　发酵培养操作原始记录

品名		批号		生产日期		操作者	
培养基数量							
原辅料名称	计量单位	理论量	实际量	批号	备注		
操作步骤		操作结果		复核人			
1. 环境检查 1.1 室内温度：18～26℃ 1.2 相对湿度：45%～65%		温度： 相对湿度：					
2. 设备安装与检查 2.1 将设备部件按要求安装到位 2.2 空载运行检查设备是否正常		机器是否处于正常状态：					
3. 领料 根据原料单领取物料，并核对原辅料的品名、批号、数量		品名： 批号： 数量：					

续表

操作步骤	操作结果	复核人
4. 培养基配制 4.1 称量 4.2 溶解	原料重量： 培养基体积：	
5. 发酵生产 5.1 发酵罐空消 5.2 发酵罐实消 5.3 发酵培养	操作结果： 操作结果： 培养情况：	
6. 清场 6.1 清洁蒸汽发生器 6.2 清洁空气压缩机 6.3 清洁发酵罐 6.4 按清场要求对实验场所清场		
备注：		

表 7－4　发酵过程检测操作原始记录

品名		批号		生产日期		操作者	
操作步骤				操作结果			复核人
1. 环境检查 1.1 室内温度：18～26℃ 1.2 相对湿度：45%～65%				温度： 相对湿度：			
2. 设备安装与检查 检查电子天平、光学显微镜、干燥箱等设备是否正常				机器是否处于正常状态：			
3. 参数记录 记录发酵生产参数，填写发酵参数记录表							
4. 过程检测 4.1 镜检 4.2 还原糖测定，填写发酵过程检测记录表 4.3 氨基氮测定，填写发酵过程检测记录表				形态是否正常： 是否有杂菌：			
5. 清场 5.1 清洁分析天平 5.2 清洁光学显微镜 5.3 按清场要求对实验场所清场							
备注：							

表 7-5　发酵参数记录表

发酵时间	参数				
	pH	温度（℃）	溶解氧浓度（%）	压力（MPa）	搅拌速度（r/min）

表 7-6　发酵过程检测记录表

发酵时间					
取样时间					
镜检结果					
还原糖含量					
氨基氮含量					

五、目标检测

1. 发酵过程中，下列什么时期容易染菌，通常要将培养基废掉或者重新灭菌。

   A. 发酵前期　　B. 发酵中期　　C. 种子培养期　　D. 发酵后期

2. 发酵过程中，不会直接引起 pH 变化的是

   A. 营养物质的消耗　　B. 微生物呼出的 CO_2

   C. 微生物细胞数目的增加　　D. 次级代谢产物的积累

3. 降低泡沫高度的方法是

   A. 加大进气量　　B. 减小罐压

   C. 增加罐压　　D. 加快搅拌速度

4. 严格控制发酵条件，是保证发酵正常进行的关键，关系能否得到质高、量多的理想产物。通常所指的发酵条件不包括

   A. 温度的控制　　B. 溶氧的控制　　C. pH 的控制　　D. 酶的控制

（陈琳琳）

任务四　生物量检测

一、实训目的

通过对生物量的测定，掌握整个发酵生产工艺过程，确保产物产量。知道生物量测定

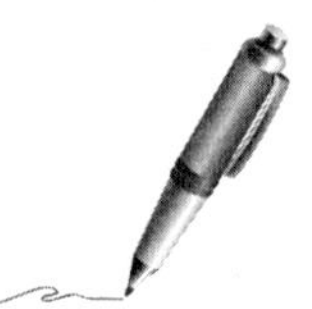

的方法，能根据实际情况选择合适的生物量测定法进行测定。

二、实训原理

发酵过程中，可以通过对生物量的测定，来衡量发酵状况，判定微生物的生长状态，达到对发酵进行实时调控的目的。检测生物量的方法有多种，如测定微生物数量、细胞质量。目前测定微生物数量的方法有直接法和间接法。直接法包括血细胞计数板法、涂片染色法、比浊法等；间接法包括平皿菌落计数法、液体稀释法、薄膜过滤计数法等。测定细胞物质量的方法有定氮法、DNA 法、测定细胞干重法、测定细胞湿重法、生理指标测定法等。

微生物的生长会引起培养物浊度的增高，因此可以通过紫外 - 可见分光光度计测定固定波长下的吸光值来判断该微生物的生长状况。通常在 560 ~ 600nm 处进行测定，如测定细菌、酵母菌等浓度；当发酵液浑浊程度较高时，可能会超出检测范围，需要进行稀释操作，稀释溶液最好是未接种的培养基。

血细胞计数板是一种有特别结构刻度和厚度的厚玻璃片，通过油镜观察，统计血细胞计数板上一定大格内微生物的数量，即可算出 1ml 菌液中所含的菌体数。这种方法简便、直观、快捷，但只适用于对单细胞状态的微生物或丝状微生物所产生的孢子进行计数，通常直接计数的结果是包含死细胞在内的总菌数量。

三、实训器材

1. 设备 光学显微镜、紫外 - 可见分光光度计、高速冷冻离心机。

2. 器皿与材料 比色皿、血细胞计数板、离心管、盖玻片、滴管等。

四、操作步骤

1. 离心

（1）取发酵液装于对应离心管中，配平。

（2）8000r/min，4℃下离心 5 分钟，弃去上清液。

（3）沉淀用蒸馏水重悬，按上述条件再次离心，弃去上清液。

（4）沉淀用蒸馏水重悬制成酵母菌悬液备用。

2. 生物量的测定

扫码“看一看”

（1）直接计数法

1）样品稀释 将制备好的酵母菌悬液按 10 倍递增稀释法进行稀释。

2）制片 取洗净的血细胞计数板，在其中央计数室上加盖专用盖玻片，将稀释好的酵母菌悬液滴于盖玻片边缘，菌液渗入后，多余菌液用吸水纸吸取。

3）观察计数 在显微镜下观察计数。每个样品计数 3 次，取平均值进行计算。

（2）比浊法

1）紫外 - 可见分光光度计开机预热。

2）选定波长，560nm，同时进行比色皿配对。

3）调零，测定样品吸光度值，若吸光度值大于 1，则应稀释后再进行测量，以保证数据准确性。每个样品测定 3 次。

生物量测定记录于表 7 - 7。

表7－7 生物量测定原始记录

品名		批号		生产日期		操作者	
操作步骤				操作结果			复核人
1. 环境检查 1.1 室内温度：18～26℃ 1.2 相对湿度：45%～65%				温度： 相对湿度：			
2. 设备安装与检查 检查电子天平、光学显微镜、紫外－可见分光光度计、离心机等设备是否正常				机器是否处于正常状态：			
3. 直接计数法 3.1 样品稀释 3.2 制片 3.2 观察计数				酵母菌数量：			
4. 比浊法 4.1 开机预热 4.2 调节波长，配对比色皿 4.3 调零，测定				OD 值：			
5. 清场 5.1 清洁离心机 5.2 清洁光学显微镜 5.3 清洁紫外－可见分光光度计 5.4 按清场要求对实验场所清场							
备注：							

五、目标检测

1. 微生物群体生长状况的测定方法可以是

①测定样品的细胞数目　②测定次级代谢产物的总含量

③测定培养基中细菌的体积　④测定样品的细胞重量

A. ②④　B. ①④　C. ①③　D. ②③

2. 菌体细胞进入稳定期是由于

①细胞已为快速生长作好了准备　②代谢产生的毒性物质发生了积累

③能源已耗尽　④细胞已衰老且衰老细胞停止分裂

⑤在重新开始生长前需要合成新的蛋白质

A. ①④　B. ②③　C. ②④　D. ①⑤

3. 在实际生产中，对数期的长短取决于

①发酵罐大小　②接种量大小

③培养基多少　　④代谢产物合成多少

A. ②③　　B. ②④　　C. ①②　　D. ①③

（陈琳琳）

任务五　菌体分离

一、实训目的

根据实际要求进行发酵液预处理，懂得选择正确的离心机并根据离心机参数进行发酵液的固液分离。

二、实训原理

当非均相体系围绕一中心轴做旋转运动时，运动物体会受到离心力的作用，旋转速率越高，运动物体所受到的离心力越大。在相同的转速下，容器中不同大小密度的物质会以不同的速率沉降。离心是实现固液分离的主要手段，利用固体和液体之间密度差进行发酵液的固液分离。

三、实训器材

1. 设备　高速冷冻离心机、电子天平。

2. 器皿与材料　离心管。

四、操作步骤

1. 检查设备　检查电源是否正常，检查转头是否合适，检查离心机转轴和转头的卡口，检查离心管与转头是否匹配、是否有老化及裂纹等现象。

2. 加样　将溶液转移到大小合适的离心管内，液体量以约占离心管体积的2/3为宜。

3. 平衡　将离心管置于天平上平衡，离心管平衡误差应在0.1 g以内。

4. 参数设置　根据要求设置温度、转速、时间等参数。

5. 离心分离　将成对平衡好的离心管，按对称方向放到离心机中，盖严离心机盖，接通电源，开启设备。

6. 关机　离心结束后，取出离心管分离上清液与沉淀。清洁转头及离心机腔。

菌体分离操作记录于表7-8。

表7-8　菌体分离操作原始记录

品名		批号		生产日期		操作者	
操作步骤				操作结果			复核人
1. 环境检查 1.1 室内温度：18~26℃ 1.2 相对湿度：45%~65%				温度： 相对湿度：			
2. 设备安装与检查 2.1 将设备部件按要求安装到位 2.2 检查设备是否正常				机器是否处于正常状态：			

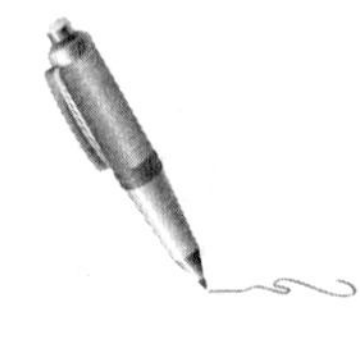

续表

品名		批号		生产日期		操作者	
操作步骤				操作结果			复核人
3. 离心分离 3.1 加样 3.2 平衡 3.3 参数设置 3.4 离心分离 3.5 关机				发酵液体积： 酵母细胞得率：			
4. 清场 4.1 清洁高速冷冻离心机 4.2 清洁电子天平 4.3 按清场要求对实验场所清场							
备注：							

五、目标检测

1. 关于离心分离，下列叙述不正确的是

A. 借助于旋转所产生的离心力，分离不同大小、密度物质的技术过程

B. 处于对称位置的两个离心管必须装载密度相近的样品

C. 离心时产生的力矩不仅与样品的重量有关，还和其旋转半径有关

D. 对称的两管样品等重就可以进行离心

2. 离心机的分离效率除了与离心机的类型及操作有关外，还与所分离原料液的下列哪些特性有关

A. 悬浮液特性　　B. 乳浊液特性　　C. 固体颗粒的特性　　D. 以上都是

3. 离心机使用时机体震动剧烈，响声异常，造成这种现象的原因不包括

A. 离心管不平衡　　B. 转子内有异物

C. 放置位置对称　　D. 转轴摩擦或弯曲

4. 关于离心管的选用，下列叙述错误的是

A. 玻璃离心管可以在高速及超高速离心机上使用

B. PA 和 PP 管的化学性能稳定，能耐高温消毒

C. PC 管能耐高温消毒但不耐强酸强碱及某些有机溶剂

D. CN 管适合于蔗糖、甘油等密度梯度离心

（陈琳琳）

任务六　产品干燥

一、实训目的

运用真空干燥原理，通过对真空干燥箱的操作，能够独立使用真空干燥箱对目标产物

进行干燥，懂得真空干燥箱的结构和工作原理以及应用范围。

二、实训原理

从发酵液提取、分离得到的目的成分，含有较多的水分。为统一产品的质量、有利于后续的贮存和运输，需要对产品进行干燥，除去多余的水分。

干燥的基本原理是利用流动介质（如热空气）流经待干燥物料的表面，物料中的水分因汽化挥发，被流动介质携带脱离物料。与此同时，物料本身也会因受热而温度升高。如何减少干燥过程中物料因受热而变性，成为干燥过程的关键点。

液体的溶点、沸点会随着环境压力的降低而降低。低压状态下，水分的蒸发温度较常压下的蒸发温度低。真空度越高，蒸发温度越低，因此，提高干燥环境的真空度，可以在较低温度下实现干燥物料的目的。真空干燥就是基于这种原理的一种常用干燥技术，即将物料置于低压环境下，通过适度加热达到低压状态下的沸点，辅以真空泵用脉冲工作的方式抽湿，降低水汽含量，使物料得到干燥。

三、实训器材

真空干燥箱、真空泵、电子天平。

四、操作步骤

1. 准备　将需干燥处理的物品放入真空干燥箱内，关闭箱门，关闭放气阀。

2. 开机

（1）开启电源，设定真空度和温度，加热并开启真空阀。

（2）等待干燥室内压力降低，物品中的水分通过冷凝器排出。

整个过程于超净工作台内完成。

3. 停机

（1）关闭加热蒸汽阀与真空阀，关闭连接阀，将收集器中冷凝液从底部排尽。

（2）缓慢开启连接阀，待真空表指针归零，开启干燥箱取出物品。

真空干燥操作记录于表 7－9。

表 7－9　真空干燥操作原始记录

品名		批号		生产日期		操作者	
操作步骤				操作结果			复核人
1. 环境检查 1.1 室内温度：18～26℃ 1.2 相对湿度：45%～65%				温度： 相对湿度：			
2. 设备安装与检查 2.1 将设备部件按要求安装到位 2.2 空载运行检查设备是否正常				机器是否处于正常状态：			
3. 真空干燥 3.1 准备 3.2 开机 3.3 停机				干燥前重量： 干燥后重量：			

续表

品名		批号		生产日期		操作者	
操作步骤				操作结果			复核人
4. 清场 4.1 清洁真空干燥箱 4.2 清洁电子天平 4.3 按清场要求对实验场所清场							
备注：							

五、目标检测

扫码“练一练”

1. 以下关于真空冷冻干燥说法不正确的是
   A. 能够维持原有的形状　　B. 能够最大限度地保留营养成分不被破坏
   C. 干燥速率低　　D. 干燥时间短
2. 关于真空干燥箱的使用，以下注意事项叙述错误的是
   A. 必须有效接地，保证安全
   B. 在真空状态下，控制温度不得低于50℃
   C. 无防爆装置情况下，可以干燥易爆物品
   D. 不需要连接抽气时应先关闭真空阀，再关闭真空泵电源
3. 下列关于真空干燥箱的操作，正确的是
   A. 不同物品、不同温度应选择相同的干燥时间
   B. 真空度下降需再抽气恢复真空度时，应先开启真空阀再开启真空泵
   C. 干燥结束后，应先关闭电源，解除箱内的真空状态，再打开箱门取物
   D. 要使用真空干燥箱时，将物品放入箱内，然后开启放气阀，关闭真空阀
4. 真空干燥箱的箱内温度不升，可能是原因是
   A. 控温仪损坏　B. 真空阀打开　C. 真空泵未连接　D. 温度传感器损坏
5. 真空干燥箱使用时，真空抽不上的原因不包括
   A. 真空泵损坏　B. 箱门未关紧　C. 箱门密封圈坏　D. 温度传感器松动

（陈琳琳）

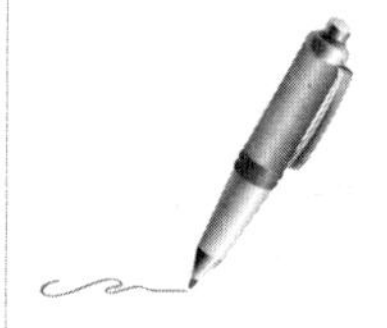

项目八

谷氨酸发酵

扫码“学一学”

任务一　菌种的选育与活化

一、实训目的

了解谷氨酸生物合成及代谢调节机制，熟悉菌种选育的原理和方法，能够独立、熟练完成无菌操作进行菌种的活化。

二、实训原理

谷氨酸是一种酸性氨基酸，参与人体许多代谢过程，具有较高的营养价值。谷氨酸被人体吸收后，易与血氨形成谷氨酰胺，能解除代谢过程中氨的毒害作用，因而能预防和治疗肝昏迷，保护肝脏，是肝脏疾病患者的辅助药物。谷氨酰胺可作为脑组织的能量物质，可改进、维护大脑的功能。谷氨酸作为神经中枢及大脑皮质的补剂，对于治疗脑震荡或神经损伤、癫痫以及对弱智儿童均有一定疗效。谷氨酸钠俗称味精，是重要的鲜味剂，广泛用于食品调味剂。

谷氨酸发酵是典型的代谢控制发酵，使用的菌种有谷氨酸棒状杆菌、乳糖发酵短杆菌、散枝短杆菌、黄色短杆菌、嗜氨短杆菌等。我国常用的菌种有北京棒状杆菌、唇齿棒状杆菌等。

谷氨酸高产菌的育种要点有：解除反馈调节；切断或减弱支路代谢；增加前体物的合成；提高细胞膜的通透性；选育强化能量代谢的突变株；其他遗传标记。

在谷氨酸发酵中，如果能够改变细胞膜的通透性，使谷氨酸不断地排到细胞外面，就会大量生成谷氨酸。研究表明，影响细胞膜通透性的主要因素是细胞膜中的磷脂含量。因此，对谷氨酸产生菌的选育，往往从控制磷脂的合成或使细胞膜受损伤入手，如生物素缺陷型菌种的选育。生物素的主要功能是在脱羧、羧化反应中起辅酶作用。生物素缺陷型菌种因不能合成生物素，从而抑制了不饱和脂肪酸的合成。而不饱和脂肪酸是磷脂的组成成分之一。因此，磷脂的合成量也相应减少，这就会导致细胞膜结构不完整，提高细胞膜对谷氨酸的通透性。

谷氨酸产生菌主要是棒杆菌属、短杆菌属、小杆菌属及节杆菌属的细菌。除节杆菌外，其他三种有许多菌种适用于糖质原料的谷氨酸发酵。这些菌都是好氧微生物，都需要以生物素为生长因子。

从保藏状态的谷氨酸菌种需经过斜面活化培养后方可供生产使用。斜面种子的活化培养是将保藏在砂土管或冷冻管中的菌种经无菌操作接入适合孢子发芽或菌丝生长的斜面培养基中进行培养的过程。其目的就是活化菌种，同时也培养一定数量的斜面种子。一般培养成熟后挑选菌落正常的孢子可再一次接入试管斜面培养。

三、实训器材

1. 设备

（1）培养基配制及灭菌设备　天平、高压蒸汽灭菌锅等。

（2）微生物培养检测系统　超净工作台、生化培养箱、光学显微镜。

2. 器皿与材料

（1）材料　蛋白胨、牛肉膏、氯化钠、琼脂。

（2）器皿　微生物培养所需器皿。

3. 菌种　常用的菌种有北京棒杆菌 AS1.229 和钝齿棒杆菌 AS1.542、HU7251、HU7338 等。

四、操作步骤

1. 培养基配制　谷氨酸发酵所用的菌种不同，斜面培养基的配方也有所不同。常用的斜面培养基的配方见表 8－1。

表 8－1　常用菌种的斜面培养基的配方

培养基成分	AS1.299	AS1.542	HU7251 或 B9
蛋白胨（%）	1	1	1
牛肉膏（%）	1	0.5	1
氯化钠（%）	0.5	0.5	0.5
葡萄糖（%）		0.1	0.1
琼脂（%）	2	2	2.7
pH	7.0～7.2	7.0	7.0～7.2

培养基配制后，121℃，蒸汽灭菌 20 分钟。

2. 斜面接种　从平板培养基上挑取分离的单个菌落接种到斜面培养基上。

扫码“看一看”

（1）操作环境　在无菌室、接种箱或超净工作台上，进行无菌操作。

（2）管口灭菌　将菌种斜面培养基（简称菌种管）与待接种的新鲜斜面培养基（简称接种管）夹持在手上（斜向上方呈 45°～60°），斜面向上，管口对齐；在火焰旁松开试管塞，管口过火灭菌。

注意：试管不要持成水平状态（以免管底凝集水浸湿培养基表面）；试管塞应始终夹持在手上。

（3）接种　将接种环在火焰上灼烧灭菌，在菌种管内壁上方轻触降温后，从斜面上刮取少许菌苔，然后取出，迅速伸入接种管，在斜面上自下而上做 S 形划线接种。

注意：接种环刮取菌苔后取出和伸入划线时，不可触碰试管内壁，不可通过火焰；划线时不可划破斜面培养基；操作期间，两试管口均不得离开火焰附近。

（4）结束　划线完毕后，将接种环从接种管中抽出，灼烧两试管口，试管塞过火后，塞回试管中；灼烧接种环灭菌，整理菌种管、接种管、接种环及操作环境。

注意：塞回试管塞时，勿用试管口迎塞，以免气流扰动，流入试管内。

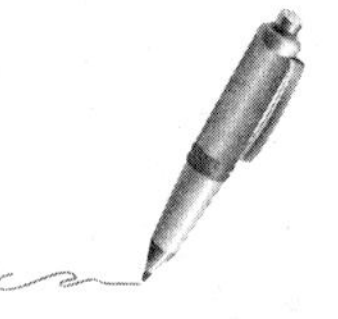

3. 培养　32℃，培养 18～24 小时。

五、目标检测

1. 接种时为什么要斜持试管，而不能持成水平？
2. 在斜面接种时，如果棉塞掉落，应该怎么办？
3. 什么是斜面接种，操作在哪里进行？
4. 接种环在斜面上如何划线？
5. 谷氨酸斜面菌种培养的温度和时间是什么？

（成亮）

扫码“学一学”

任务二　种子液制备

一、实训目的

运用种子制备的原理，独立、熟练完成无菌操作进行种子液制备。掌握一级、二级种子培养基配方和培养条件，学会将细菌从斜面转接至液体培养基。

二、实训原理

菌种活化后，要经过摇瓶及种子罐逐级扩大培养而获得一定数量和质量的纯种。纯种培养物称为种子，种子液质量的优劣对发酵生产起着关键性的作用。

优良的种子必须具备以下条件：

（1）菌种细胞的生长活力强，移种至发酵罐后能迅速生长，延迟期短。

（2）生理性状稳定。

（3）菌体总量及浓度能满足大容量发酵罐的要求。

（4）无杂菌污染。

（5）保持稳定的生产能力。

种子液制备是发酵生产的第一道工序，是将固体培养基培养出的菌体转入到液体培养基中培养，使其繁殖成大量菌体的过程，包括摇瓶种子制备和种子罐种子制备。

摇瓶种子制备过程中，先在三角瓶内装入培养基，经灭菌后备用。接种时，应先用乙醇消毒三角瓶瓶口，在无菌条件下，将斜面菌种接入三角瓶，在工艺要求的温度下培养至成熟。

种子罐种子制备是将摇瓶种子接入种子罐，在罐中培养出活力强、数量多、无杂菌，供发酵使用的种子来。应采用易被菌体利用的成分，同时还需供给足够的空气并不断搅拌，使菌丝体在培养液中均匀分布，获得相同的培养条件。种子罐或发酵罐间的移种方式，主要采用压差法。

谷氨酸生产是一级种子罐扩大培养，也称二级发酵，摇瓶种子接入种子罐，于32℃培养7～10小时，菌体浓度达10^8～10^9个/ml，即可接入发酵罐作为种子。由棒状杆菌生产的谷氨酸发酵中的接种量只需1%。

为了保证种子移种前的质量，除了保证规定的培养条件外，在培养过程中还要定期取样测定一些参数，来了解基质的代谢变化和菌丝形态是否正常。每次移种均需要进行无菌检查，通常采用种子液的显微镜观察和无菌试验，这是纯种发酵的保障。

三、实训器材

1. 设备

（1）培养基配制及灭菌设备　天平、高压蒸汽灭菌锅。

（2）微生物培养检测系统　超净工作台、生化培养箱、往复式摇瓶机、光学显微镜。

（3）种子罐。

2. 器皿与材料

（1）材料　葡萄糖、玉米浆、尿素、磷酸氢二钾、硫酸镁。

（2）器皿　微生物培养所需器皿。

四、操作步骤

谷氨酸发酵生产中，普遍采用二级种子培养流程，即：保藏菌种→斜面种子→摇瓶种子培养→种子罐→发酵罐。

1. 一级种子培养　一级种子的培养通常用三角瓶进行液体振荡培养，常用菌种的一级种子培养基配方见表 8-2。

表 8-2　常用菌种的一级种子培养基配方

培养基成分	AS1. 299	AS1. 542	HU7251 或 B9
葡萄糖（%）	2.0~2.5	2.5	2.5
玉米浆（%）	2.5~3.3	0.9	1.5
尿素（%）	0.1	0.5	0.5
磷酸氢二钾（%）	1.0	0.1	0.1
硫酸镁（%）	0.04	0.04	0.04
Fe^{2+}（mg/kg）	2.0	2.0	2.0
Mn^{2+}（mg/kg）	2.0	2.0	2.0
pH	6.5	6.8	6.8

将配好的培养基分装于1000ml三角瓶中，每瓶装200~250ml液体培养基，瓶口用6层纱布加一层绒布包扎，在0.1MPa的蒸汽压力下灭菌30分钟。每只斜面菌种接种三只一级种子三角瓶，接种后，32℃往复式摇瓶机振荡培养12小时。将培养好的一级种子取样进行平板检查，确认无杂菌及噬菌体感染后，贮存于4℃冰箱中备用。

2. 二级种子培养　二级种子的培养通常使用种子罐培养，种子罐的大小是根据发酵罐的容积配套确定的。二级种子的数量是发酵培养液体积的1%。其培养基配方见表 8-3。

表 8-3　常用菌种的二级种子培养基配方

培养基成分	AS1. 299	AS1. 542	HU7251 或 B9
水解糖（%）	2.5	2.5	2.5
玉米浆（%）	2.5~3.0	1.0	1.5
磷酸氢二钾（%）	0.1	0.1	0.1
硫酸镁（%）	0.04	0.04	0.04
尿素（%）	0.4	0.5	0.4
Fe^{2+}（mg/kg）	2.0	2.0	2.0
Mn^{2+}（mg/kg）	2.0	2.0	2.0
pH	6.5~7.2	6.6	6.6~6.8

扫码“看一看”

3. 种子罐的操作规程

（1）种子罐接种前的检查

1）设备使用之前，应先检查电源是否正常，空压机、微机控制系统、循环水系统是否能正常工作。

2）检查系统上的阀门、接头及紧固螺钉是否拧紧。

3）开动空压机，用0.15MPa压力，检查种子罐、发酵罐、过滤器、管路、阀门的密封性能是否良好。

4）对温度仪、调速电机，电容式涡街流量计应根据使用说明书进行检查、校正。

（2）种子罐接种、培养

1）种子罐采用火焰封口接种，接种前应事先准备好酒精棉花、钳子、镊子和接种环。

2）菌种装入三角烧瓶内，接种量根据工艺要求确定。

3）将酒精棉花围在接种口周围点燃，用钳子或铁棒拧开接种口，此时应向罐内通气，使接种口有空气排出。

4）将三角瓶的菌种在火环中间倒入罐内。

5）将接种口盖在火焰上灭菌后拧紧。

6）接种后即可通气培养，罐压保持在0.05MPa。

（3）谷氨酸种子的质量要求

1）无杂菌：镜检菌体健壮，排列整齐，大小均匀，呈单个或“八”字形排列。革兰染色阳性。

2）二级种子培养结束时，要求活菌浓度达到每毫升$10^8 \sim 10^9$个。

五、目标检测

1. 种子罐接种前，需要做哪些检查？
2. 种子罐接种时，打开接种口，为什么要向罐内通气？
3. 种子罐接种如何进行操作？
4. 培养结束时，活菌数有什么要求？
5. 二级种子的数量如何要求？

（成　亮）

扫码“学一学”

任务三　发酵培养与过程控制

一、实训目的

运用谷氨酸发酵原理，能够独立、熟练完成谷氨酸发酵培养与过程控制。会配制发酵培养基并灭菌；学会操作发酵罐；能控制发酵温度、pH、通风量与搅拌速度等。

二、实训原理

谷氨酸的生物合成途径大致是：葡萄糖经糖酵解和磷酸己糖支路生成丙酮酸，再氧化成乙酰辅酶A，然后进入三羧酸循环，生成α-酮戊二酸。α-酮戊二酸在谷氨酸脱氢酶的催化及有NH_4^+存在的条件下，生成谷氨酸。当生物素缺乏时，菌种生长十分缓慢；当生物素过量时，则转为乳酸发酵。因此，一般将生物素控制在亚适量条件下，才能得到高产量的谷氨酸。

谷氨酸发酵的过程可分为以下两个阶段。

(1) 菌体生长阶段　当二级种子接入发酵罐后的2～4小时，菌体正处在延滞期，糖消耗很慢。由于尿素的分解，使pH有一定上升。开始进入对数生长期后，菌体代谢旺盛，糖消耗很快，尿素分解加快，pH迅速上升。继续培养，由于尿素分解出来的氨被利用，使pH又开始下降。此时，菌体大量繁殖，溶解氧浓度下降，显微镜检查可见菌体排列成整齐的“八”字形。这个时候，为了及时供给菌体生长所必需的氮源，可加入尿素，并以此调节pH，使其稳定在7.5～8.0。在菌体生长阶段，培养温度应维持在32～35℃，培养时间在12小时左右。

(2) 谷氨酸合成阶段　当菌体生长基本停滞时，就转入谷氨酸合成阶段。此时，菌体浓度基本不变，糖分解后产生的α－酮戊二酸和尿素分解产生的氨，开始合成谷氨酸。为了提供合成谷氨酸所需要的氨基并维持pH7.2～7.4，必须随时流加尿素，同时通入大量气体。培养温度应维持在34～36℃。发酵后期，菌体衰老，糖耗缓慢，此时应注意尿素的加量。发酵周期一般为30小时。

谷氨酸发酵条件包括温度、pH、菌龄及接种量、通风及搅拌、氧的传递、泡沫的控制等。用发酵条件来控制发酵过程中各种化学及生物化学反应的方向和速度，以达到预期的生产目的。

谷氨酸产生菌能够在菌体外大量积累谷氨酸，是由于菌体的代谢调节处于异常状态，也就是说，谷氨酸发酵是建立在容易变动的代谢平衡上的，是受多种发酵条件支配的。因此，在谷氨酸发酵中，应根据菌种特性，控制好生物素、磷、NH_4^+、pH、氧传递速率、排气中二氧化碳和氧含量、氧化还原电位以及温度等，从而控制好菌体增殖与产物形成、能量代谢与产物合成、副产物与主产物的合成关系，使菌体最大限度地利用糖合成主产物。

三、实训器材

1. 设备

(1) 发酵罐系统

1) 小型发酵罐　可采用5～100L一体式发酵罐。

2) 蒸汽发生器　配套的小型蒸汽发生器（蒸汽锅炉），或外部加热蒸汽源。

3) 空气压缩机　配套的空气压缩机，或外部压缩空气源，及空气净化系统。

4) 循环水系统　配套的循环水泵与水箱，或外部循环水源。

(2) 微生物培养检测系统　超净工作台、生化培养箱、光学显微镜。

(3) 分光光度计。

2. 器皿与材料

(1) 材料　糖、玉米浆、磷酸氢二钠、硫酸镁、尿素、消泡剂。

(2) 器皿　微生物培养所需器皿。

(3) 谷氨酸发酵培养基配方　发酵培养基中的各种成分的配比，由于菌种、设备和工艺不同，以及原料来源、质量不同而有所差异。几种不同谷氨酸生产菌对各种营养成分的要求见表8－4。

表 8－4　不同谷氨酸生产菌发酵培养基配方

成分（%）	菌株			
	AS. 1299	AS. 1542	B9	D110
糖	12.5	12.5	10	15
玉米浆	0.5～0.7	0.5～0.7	—	0.3
磷酸氢二钠	0.17	0.17	0.16	0.35
硫酸镁	0.06～0.07	0.07	0.06	—
Fe^{2+}、Mn^{2+}	—	—	—	—
初始尿素	1.8～2.0	1.0	1.0	3.4
流加尿素	1.0～1.2	1.8～2.2	1.8～2.2	—
pH	7.0	7.0	6.8	6.7

四、操作步骤

1. 发酵培养基的配制和灭菌　谷氨酸发酵培养基（以淀粉水解糖为主要碳源的培养基为例）的灭菌条件如下：实罐灭菌条件是105～110℃，灭菌5分钟；连续灭菌条件是连消塔灭菌，温度为110～115℃，维持罐温度在105～110℃约6分钟。培养基灭菌后冷却至30℃左右，即可接入种子进行发酵。

2. 谷氨酸发酵

（1）接种　将前次实验制备的二级种子接入发酵罐。

（2）发酵工艺的控制

1）温度　谷氨酸菌的最适生长温度为30～32℃，谷氨酸形成的最适温度为34～37℃。在生产上可根据菌种特点，采用二级或三级管理温度，即发酵前期长菌体阶段控制在30～32℃，发酵中、后期为34～37℃。

2）pH　发酵前期应控制pH为7.5左右。发酵中、后期控制pH 7.2左右，因为谷氨酸脱氢酶的最适作用pH为7.0～7.2，氨基转移酶的最适作用pH为7.2～7.4。生产上通常采用氨水流加法和尿素流加法来控制pH。

3）菌龄及接种量　一般情况下，一级种子菌龄控制在11～12小时，二级种子菌龄控制在7～8小时。

4）通风与搅拌　在发酵前期，以低通风量为宜；发酵中后期，以高通风量为好。当培养基浓度高、营养丰富、生物素用量大时，应采用高通风量。当菌体生长缓慢、pH偏高时，应减少通风量，或停止搅拌，以利于长菌。当菌体生长快、培养基浓度高、营养丰富、生物素用量大时，应采用高通风量。

5）泡沫的控制　谷氨酸发酵常用的消泡剂有植物油（豆油、花生油等）、泡敌（甘油聚氧丙烯聚氧乙烯醚）以及聚硅氧烷等。天然油脂类的消泡剂用量一般为发酵液的0.1%～0.2%（体积分数），泡敌的用量为0.02%～0.03%（体积分数）。

（3）注意事项

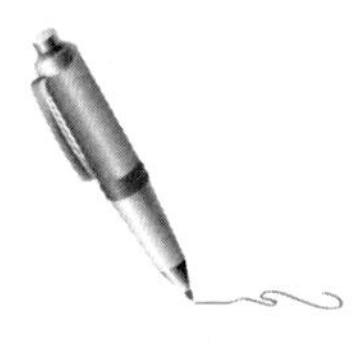

1）从第4小时后开始用无菌注射器补入尿素，尿素流加按pH进行控制，即8小时前pH7.0～7.6；8小时后pH7.2～7.3；20～24小时，pH7.0～7.1；24～35小时，pH6.5～6.6。尿素流加总量为4%。

2）从第10小时开始每隔4小时补糖1次，每次补入1%的水解糖液，在发酵26小时前补入4%的水解糖液。

3）在第8小时及第24小时时分别取样1次进行镜检，经染色后观察菌体形态。

（4）发酵终点的控制　正常发酵情况下，经过34～38小时的发酵，当残糖小于0.5%，pH在6.5左右，谷氨酸含量在6.5%～7.0%以上且不再上升，OD值不增或稍有下降时，可认为发酵已到终点，便可放罐。

五、目标检测

1. 谷氨酸发酵培养基灭菌的条件是什么？
2. 谷氨酸发酵罐接种时，为什么要培养基灭菌后先经过冷却再接种？
3. 在发酵前期和中后期，温度有什么要求？
4. 谷氨酸发酵过程中，如何用尿素流加法来控制pH？
5. 一级种子和二级种子的菌龄分别控制在多少小时？
6. 谷氨酸发酵的适宜的接种量是多少？

（成　亮）

任务四　谷氨酸提取

扫码“学一学”

一、实训目的

掌握从谷氨酸发酵液中提取谷氨酸的原理和方法，能够使用等电点沉淀法和离子交换法来提取谷氨酸。

二、实训原理

从发酵液中提取谷氨酸的常用方法有等电点沉淀法、离子交换法、金属盐沉淀法、盐酸盐法和电渗析法等，以及将上述某些方法结合使用，其中应用较普遍的是等电点沉淀法和离子交换法。

1. 等电点沉淀法　谷氨酸是两性电解质，在水溶液中可解离为阳离子和阴离子。谷氨酸的等电点（pI）为3.22，此时谷氨酸的溶解度最小。将发酵液的pH调至3.22，可使大部分谷氨酸从发酵液中沉淀析出。这是从发酵液提取谷氨酸最简便的方法。

2. 离子交换法　当发酵液的pH低于等电点3.22时，谷氨酸以阳离子状态存在，可用阳离子交换树脂（如732#）来提取吸附在树脂上的谷氨酸阳离子，用热碱液洗脱下来，收集谷氨酸洗脱组分，经冷却、加盐酸调pH3.0～3.2进行结晶，再用离心机分离，即可得谷氨酸结晶。提取总收率可达80%～90%。

从理论上来讲，上柱发酵液的pH应低于3.22，但实际生产上发酵液的pH在5.0～5.5就可上柱，这是因为发酵液中含有一定数量的NH_4^+、Na^+，这些离子优先与树脂进行交换反应，放出H^+使溶液的pH降低，谷氨酸带正电荷成为阳离子而被吸附，上柱时应控制溶液的pH不高于6.0。

谷氨酸溶液中既含有谷氨酸也含有其他如蛋白质、残糖、色素等妨碍谷氨酸结晶的杂质存在，通过控制合适的交换条件，再根据树脂对谷氨酸以及对杂质吸附能力的差异，选

择合适的洗脱剂和控制合适的洗脱条件，使谷氨酸和其他杂质分离，以达到浓缩提纯谷氨酸的目的。

三、实训器材

1. 设备

（1）等电点连续蒸发降温结晶装置。

（2）离心机。

（3）离子交换装置。

本实验采用动态法固定床的单床式离子交换装置。离子交换柱是有机玻璃柱，柱底用玻璃珠及玻璃碎片装填，以防树脂漏出。

2. 试剂和材料

（1）树脂　苯乙烯型强酸性阳离子交换树脂，编号为732#。

（2）上柱交换液　谷氨酸发酵液或等电点母液，含谷氨酸2%左右。

（3）洗脱用碱　4% NaOH 溶液。

（4）再生用酸　6%（*W/W*）盐酸溶液。

（5）0.5%茚三酮溶液　0.5g 茚三酮溶于100ml 丙酮溶液中配制而成。

四、操作步骤

1. 等电点沉淀结晶

（1）测定参数　发酵液排入到等电点罐后，取样测其温度、pH 和谷氨酸含量。

（2）搅拌沉淀　开搅拌器和冷却管，加入菌体细麸酸（菌体及细小的谷氨酸）及离子交换的高流分。

（3）加酸调节　待温度降至30℃以下，加酸调 pH。前期加酸可稍快，1 小时左右将 pH 值调至5.0，中期可慢些，约2 小时将 pH 调至4.0～4.5。

（4）结晶控制　应根据谷氨酸含量，观察晶核生成情况（产酸较低时可投入晶种，其量按谷氨酸量的5%计）。当能目视发现晶核时，停酸育晶1～2 小时，此后加酸速率要慢，直至调到 pH3.0～3.2 不变为止，继续搅拌20 小时左右，停止搅拌，静置6 小时，使谷氨酸结晶沉降。

注意：整个过程温度要缓慢下降，不能回升，终点温度越低越好。

（5）结晶结束　等电点静置结束后，放出上清液，然后把谷氨酸结晶沉淀层表面的菌体细麸酸清除，放另一罐中回收利用。底部的谷氨酸结晶取出后，送离心机分离脱水，所得湿谷氨酸供精制用。离心母液和水洗液，并入等电点的上清液，送往离子交换柱上柱。

2. 离子交换法生产操作过程

（1）检查离子交换柱　对离子交换柱的工作状况进行检查。检查阀门、管道是否安装妥当，若有渗漏，及时报告。

（2）新树脂预处理　对市售干树脂，先经水充分溶胀后，经浮选得到颗粒大小合适的树脂，然后加3 倍量的2mol/L HCl 溶液，在水浴中不断搅拌加热到80℃，30 分钟后自水溶液中取出，倾去酸液，用蒸馏水洗至中性，然后用2mol/L NaOH 溶液，同上洗树脂30 分钟后，用蒸馏水洗至中性，这样用酸碱反复轮洗，直到溶液无黄色为止。用6%（*W/W*）盐酸溶液转树脂为氢型，蒸馏水洗至中性备用。过剩的树脂浸入1 mol/L NaOH 溶液中保存，以防细菌生长。

(3) 上柱交换 本实验用顺上柱方式。先把树脂上的水从底阀排走，排至清水高出树脂面5cm左右，同时调节柱底流出液速度，控制其流速为30ml/min左右。然后把上柱液放入高位槽中，开启阀门，进行交换吸附。注意使柱的上、下流速平衡，既不“干柱”，也要避免上柱液溢出离交柱。前期流速为30ml/min左右，后期流速为25ml/min左右。

每流出100ml流出液，测量其pH及浓度，记录下来。间断用茚三酮溶液检查是否有谷氨酸漏出。如有漏出，应减慢流速。

上柱液交换完毕，加入1/3树脂体积的清水，将未交换的上柱液全部加入树脂中交换。

(4) 水洗杂质及疏松树脂 开启柱底清水阀门，使水从下面进入反冲洗净树脂中的杂质，注意不要让树脂冲走。反冲至树脂顶部溢流液清净为止，再把液位降至离树脂面5cm左右，反冲后树脂也被疏松了。

(5) 热水预热树脂 加入树脂体积1倍左右的60～70℃热水到柱上预热树脂，柱下流速控制为30～35ml/min。

(6) 热碱洗脱 把水位降至离树脂面5cm左右，接着加入60～65℃的4% NaOH溶液到柱上进行洗脱。

每收集50ml流出液检查并记录其pH及浓度。柱下流速前期25ml/min，后期为35ml/min。到流出液pH 2.5时，开始收集高流分，此时应加快流速以免“结柱”。如出现“结柱”，应用热布把阀门加热使结晶溶化。一直收集到pH 9为止。流完热碱，用60℃热水把碱液压入树脂内，开启柱底阀门，用自来水反冲树脂，直至溢出液清亮、pH为中性为止。

(7) 收集 把高流分集中在一起，用浓盐酸把全部谷氨酸结晶溶解，测量其总体积及总氮摩尔含量。

(8) 等电点提取谷氨酸 把收集液pH调至3.2左右，稍搅拌使谷氨酸结晶析出，静置冷却过滤。

(9) 树脂再生 洗净树脂后，降低液面至树脂面以上5cm左右，然后通入6%盐酸(*W/W*)，对树脂进行再生。再生树脂流速控制在25～30ml/min。再生完毕，离交柱则处在可交换状态（树脂为H型）。

五、目标检测

1. 等电点沉淀法提取谷氨酸，温度降到多少开始加酸调节pH？
2. 等电点沉淀法提取谷氨酸，加酸调pH至多少为止？
3. 离子交换法提取谷氨酸，如何对新树脂进行预处理？
4. 在使用离子交换法提取谷氨酸时，为什么发酵液的pH并不要求必须低于谷氨酸的等电点3.22，而是在5.0～5.5就可上柱？
5. 离子交换法提取谷氨酸，热碱洗脱时的洗脱剂和洗脱条件是什么？
6. 离子交换法提取谷氨酸，热碱洗脱时，如出现“结柱”，应该如何处理？

扫码“练一练”

（成 亮）

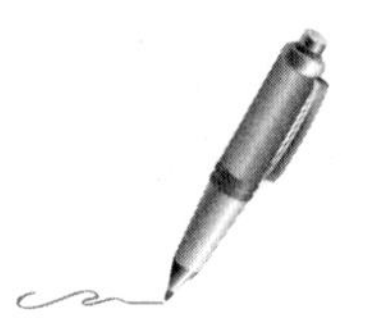

项目九

蛋白酶的发酵制备

扫码“学一学”

任务一 菌种活化与种子液制备

一、实训目的

以纳豆激酶发酵制备为例，将保藏的处于休眠状态菌种进行活化后，逐级扩大培养，掌握菌种活化的基本操作和种子液制备的过程。

二、实训原理

微生物发酵是酶制剂的主要工艺，可分为固态发酵法和液体深层发酵法。固态发酵法多为霉菌发酵，使用麸皮作为培养基，将菌种与培养基充分混合后，使用浅盘通风培养；待长满菌丝，酶活力达到最高值时，停止培养，进行酶的提取。液体深层发酵在通气搅拌的发酵罐中进行，是目前酶制剂生产中最广泛使用的方法。

纳豆是一种传统发酵食品，以蒸煮熟的大豆为原料，经过纳豆芽胞杆菌发酵而制的，具有特有的风味，含有多种营养物质及生物活性物质，具有很好的保健功能。

纳豆激酶（nattokinase，NK）是在纳豆发酵过程中，由纳豆菌产生的丝氨酸蛋白酶，具有很强的纤溶活性，能直接作用于纤溶蛋白，激活体内纤溶酶原，增加内源性纤溶酶的量与作用，可由纳豆芽孢杆菌经液体深层发酵制备，有望被开发为新一代的口服抗血栓药物。

生产前，需要将保藏处于休眠状态的生产菌种，进行活化和种子制备，再经过摇瓶及种子罐逐级扩大培养，获得一定数量及质量的优良种子液。

三、实训器材

1. 菌种　纳豆芽孢杆菌 LSSE－22。

2. 试剂

（1）斜面培养基　用于菌种保藏，主要成分：琼脂粉 2g、大豆蛋白胨 1g、牛肉膏 0.5g、NaCl 0.5g、蒸馏水 100ml，pH7.0～7.2，蒸汽灭菌（121℃，15 分钟）。

（2）种子培养基　用于斜面菌种的活化，主要成分：蔗糖 10g、大豆蛋白胨 10g、NaCl 5g，蒸馏水 1000 ml，pH7.0～7.2，蒸汽灭菌（121℃，15 分钟）。

3. 仪器　摇床、培养箱、冰箱、高压蒸汽灭菌器、超净工作台。

四、操作步骤

1. 菌种的保存　纳豆枯草芽孢杆菌置于 4℃冰箱里保存，并且每隔 1～3 个月用新鲜的培养基活化一次，菌株使用前先用新鲜的斜面活化培养 24 小时。

2. 培养基的配制　配制菌种适宜生长的斜面培养基和种子培养基，蒸汽灭菌（121℃，15 分钟）。

3. 菌种活化

（1）标记　接种前，在空白斜面试管注明菌名、接种日期、接种者姓名。

（2）消毒　操作者双手、操作台面消毒后，点燃酒精灯。

（3）接种　将菌种管和空白斜面管向上斜持，拧松试管塞（方便接种时拔出），接种环过火烧灼，稍冷后，在菌种管内挑取少许菌苔，在斜面管内，由培养基底部开始向上轻轻划成较密的波浪线；再次灼烧接种环后，在火焰旁塞上试管塞。

注意：划线时，勿将培养基划破，不要使菌体沾污管壁。

（4）培养　将接种完毕的斜面管置于37℃培养。

4. 种子液的制备

（1）准备　灼烧接种环、试管口、拔塞等与斜面接种相同。但管口或瓶口要略向上倾斜，以免培养基流出。

（2）接种　用接种环取一环活化菌种，将接种环送入接入装有100ml种子培养基的250ml三角瓶液体培养基中，将接种环在液体与管壁接触的部位轻轻摩擦，使菌体分散于液体中，塞上棉塞，将液体培养基轻轻摇匀。

（3）培养　将三角瓶置于37℃、200r/min摇瓶振荡培养10小时。

五、目标检测

1. 斜面培养基斜面的长度多少为宜？
2. 菌种活化接种过程中怎样防治染菌？
3. 斜面接种划线的注意事项有哪些？
4. 纳豆芽孢杆菌的培养温度是多少？

（臧学丽）

任务二　发酵准备与发酵控制

扫码“学一学”

一、实训目的

利用纳豆枯草芽孢杆菌发酵生产纳豆激酶，通过对发酵全过程的操作，掌握发酵罐的使用、发酵工艺的控制，熟悉分批补料的方法和单因素实验的原理。

二、实训原理

利用纳豆芽孢杆菌发酵，是制备纳豆激酶的主要生产手段。发酵培养基中的碳源和氮源，既是菌体生长的营养物质，也是纳豆激酶的前体物质。适宜的碳源和氮源是促进纳豆激酶合成的关，碳源或氮源过多，可能会导致菌体生长受到抑制，并影响体系的传质和溶氧，使酶产量显著下降。分批补料发酵既可保证发酵过程中营养物质的供给，又可以有效地消除某些底物对产物合成所产生的阻遏或抑制效应。因此，通过5L发酵罐分批补料发酵促进菌体生长和提高纳豆激酶的产量。

三、实训器材

1. 菌种　纳豆芽孢杆菌LSSE－22。

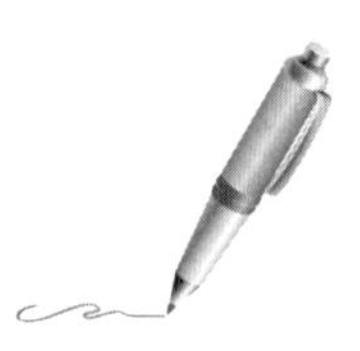

2. 试剂

（1）种子培养基　用于斜面菌种的活化，主要成分为蔗糖 10g、大豆蛋白胨 10g、NaCl 5g、蒸馏水 1000ml，pH7.0～7.2，高压灭菌（121℃，15 分钟）。

（2）发酵培养基（g/L）　葡萄糖 10g/L、大豆蛋白胨 30g/L、K_2HPO_4 2g/L、$MgSO_4 \cdot 7H_2O$ 0.85g/L、NaCl 5g/L，$CaCl_2$ 0.22g/L，pH 7.2。

3. 仪器　摇床、培养箱、冰箱、高压蒸汽灭菌器、超净工作台、5L 发酵罐

四、操作步骤

1. 培养基的配制　配制菌种、适宜种子培养基和发酵培养基。

2. 种子培养　种子液的制备操作同前。

3. 发酵准备

（1）校正 pH 电极　校正 pH 电极的零点和斜率。pH 电极使用前最好通电活化 2 小时以上。

（2）标定 DO 电极　标定溶氧电极的零点（用饱和亚硫酸钠溶液标定），DO 电极使用前最好通电活化 2 小时以上。

（3）培养基装罐　把发酵罐盖好罐盖，在罐内加适量水，开启搅拌、逐步加入培养基各组分，至充分溶解，加水至所需体积。

注意：5L 罐体应装液 3L。

（4）安装电极　将 pH、DO 电极分别插入到罐盖的各个孔中，旋紧孔盖。注意在插电极时要小心。确认搅拌器关闭，以免把电极头打破，并尽量插入罐盖边缘的孔中。

4. 发酵罐灭菌

（1）拆卸管线　卸下冷却水进、出管线。

（2）包扎管口　用八层纱布分别包扎排气管口、进空气管口和取样管口。

（3）拆卸电极　卸下温度电极、pH 电极、DO 电极的信号线，旋上电极保护帽。

（4）卸下罐体　从底座上取下发酵罐体，放入灭菌锅内，121℃灭菌 30 分钟。

（5）灭菌后，将发酵罐装回基座上，连接冷却水管线。

5. 启动发酵罐

（1）打开电源总开关。

（2）接通冷却水，调节冷却水流量。

（3）旋下各电极帽保护帽，连接信号线，安装连接酸液、碱液、消泡剂和补料液管线。

（4）待温度降至培养温度（37℃）后，调节进出气流量至培养状态，启动搅拌。

6. 接种　火焰下，向罐内接种，接种量约 160ml。

7. 发酵培养

（1）在发酵条件为 37℃，溶氧 20%，通气量 2vvm，葡萄糖初始质量浓度 10g/L 的条件下进行培养。

（2）在发酵的第 12 小时、20 小时，用蠕动泵将 0.5g/ml 的葡萄糖加入发酵罐内，使葡萄糖质量浓度控制在 5g/L 左右。在其他条件相同的情况下，以不补加葡萄糖发酵作为对照组。

（3）每隔 4 小时取样，检测发酵液中菌体生物量、残糖和纳豆激酶酶活性。

五、目标检测

1. 本次实验属于哪种发酵类型？

2. 培养基灭菌的类型有哪些，本次实验采用哪种类型？

3. 发酵的温度控制在多少摄氏度？

（臧学丽）

任务三　过程检测与分析

扫码“学一学”

一、实训目的

利用纳豆芽孢杆菌发酵生产纳豆激酶，通过对发酵过程的检测与分析，掌握纳豆激酶发酵过程中细胞干重、残糖、纳豆激酶酶活的测定方法。

二、实训原理

1. 细胞干重的测定　细胞干重是细胞去除水分后的净重量，一般为湿重的10%～20%。在研究微生物的生长、发酵及其条件中，细胞干重是重要的测定参数。将待测培养液放入离心管中，反复作离心、清水洗涤3次后，进行干燥；干燥温度可采用105℃、100℃或红外线烘干，也可在80℃或40℃较低温度下进行真空干燥，然后称重。每个细菌细胞重10^{-12}～10^{-13}g。

2. 残糖的测定（浓硫酸－苯酚法）　糖在浓硫酸的作用下，水解生成单糖，并迅速脱水生成糖醛衍生物，然后与苯酚缩合成橙黄色化合物，且颜色稳定，在波长485nm和一定浓度范围内，其吸光度与多糖含量呈正比，可以利用分光光度计测定其吸光度，并利用标准曲线定量测定样品中多糖的含量。

3. 纳豆激酶活性的测定　纤维蛋白平板法是最早用于纳豆激酶活性测定方法之一，其原理是：凝血酶和纤维蛋白原作用生成的交联纤维蛋白，纳豆激酶的纤溶活性可溶解这类蛋白，溶解面积与酶活之间呈线性关系，故可用溶解圈的大小来描述纳豆激酶的溶纤维活性。该方法简便直观，但受恒温培养时间影响较大，测定粗样品时须注意控制培养时间。

测定时，先用凝血酶和纤维蛋白原制成人工血栓平板，在平板上点标准样和纳豆激酶样品，于37℃下，恒温培养18小时，测量酶在平板上产生的溶解圈直径，并计算体积，以尿激酶等作标准品为对照，绘制标准曲线，从标准曲线上读取样品酶活性。

三、实训器材

1. 材料　纳豆激酶发酵液。

2. 试剂

（1）PBS液（pH 7.2，0.2 mol/L）

A液：0.2mol/L磷酸氢二钠溶液。

B液：0.2mol/L磷酸二氢钾溶液。

取72.0ml的A液与28.0 ml的B液，混合均匀。

（2）凝血酶溶液　取凝血酶，加pH7.8三羟甲基氨基甲烷缓冲液溶解，稀释至每1ml中含5单位的溶液。

（3）纤维蛋白原溶液　取纤维蛋白原，加pH 7.8磷酸盐缓冲液溶解，定量稀释至每1ml中含可凝固蛋白约5.0 mg的溶液。

3. 仪器与器材　超净工作台、紫外分光光度计、台式离心机、培养箱。

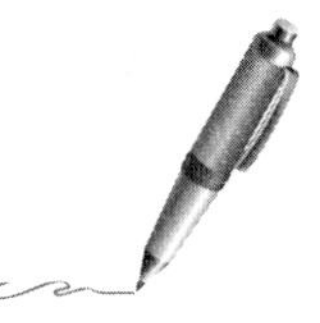

四、操作步骤

1. 发酵培养 将种子液接种到发酵罐内发酵培养，每隔4小时取样测定菌体量、残糖量和纳豆激酶产量。

2. 细胞干重的测定

（1）空离心管于85℃烘干2小时，称重。

（2）取发酵液50ml，移至离心管中，10000 r/min离心5分钟，弃上清。

（3）重复上述步骤2次，弃上清，在85℃烘箱烘干24小时，称重。

3. 残糖的测定

（1）葡萄糖标准曲线制作

1）配制100mg/L的葡萄糖标准溶液，按比例稀释至20mg/L、40mg/L、60mg/L、80mg/L、100mg/L。

2）分别取上述标准液1ml，加入试管中，每只试管均加入9%的苯酚溶液0.5ml，充分混匀后，迅速加入2.5ml浓硫酸，混匀。

3）待冷却至室温后，在485nm处测定吸光值，绘制标准曲线。

（2）样品测定

1）取-20℃保存的发酵液，10000r/min离心5分钟，取上清液。

2）参照步骤（1）2）和3），取1ml上清液，加入试管中，再加入9%的苯酚溶液0.5ml，混匀后再迅速加入2.5ml浓硫酸，混匀后冷却至室温，485nm处测定吸光值。

3）根据浓度变化10~60倍，再以同样的条件进行测定，根据标准曲线计算残糖浓度。

4. 纳豆激酶活性的检测

（1）配制纤维蛋白平板

1）称60mg纤维蛋白原，溶解于10ml的PBS溶液中。

2）称取0.1g琼脂糖，加入10ml的PBS溶液中，加热至完全溶解。

3）当琼脂糖溶液冷却至40℃左右时，在纤维蛋白原溶液中加入750μl凝血酶，混匀。

4）然后，迅速将40℃左右的琼脂糖溶液和含凝血酶的纤维蛋白原溶液混合，倒入培养皿中，待其凝固制成平板。

5）室温放置1小时后，用孔径为0.3cm的打孔器打孔。

（2）标准曲线的制作

1）用PBS缓冲液配制尿激酶标准溶液，分别稀释成500IU/ml、400IU/ml、300IU/ml、200IU/ml和100 IU/ml的浓度梯度。

2）各取上述标准液10μl，分别注入纤维蛋白平板的孔中，37℃恒温培养18小时后，测量透明圈的直径（每个透明圈测定相互垂直两条直径线），并计算其面积。

3）以尿激酶活力为横坐标、透明圈面积为纵坐标，绘制标准曲线。

4）取培养结束后的发酵液，10000 r/min离心5分钟，取上清液10μl，作为样品注于平板的孔中，37℃恒温培养18小时，测定溶解圈的直径。根据标准曲线，用尿激酶活力单位表示其纤溶活性。

五、目标检测

1. 纳豆激酶测定的方法有哪些？
2. 细胞干重烘干的温度是多少？

3. 纤维蛋白平板法倒平板的温度是多少？

4. 残糖如何测定？

（臧学丽）

任务四 蛋白酶的提取与精制

扫码“学一学”

一、实训目的

通过硫酸铵分级盐析、透析和凝胶过滤层析对纳豆激酶进行分离纯化，使学生掌握纳豆激酶提取的方法。

二、实训原理

发酵液采用过硫酸铵分级盐析、透析和凝胶过滤层析对纳豆激酶进行分离纯化得到较纯的纳豆激酶。

1. 硫酸铵分级盐析 高浓度盐离子在蛋白质溶液中与蛋白质竞争水分子，从而破坏蛋白质表面水化膜，降低其溶解度，使之从溶液中沉淀出来。当盐浓度较高时，蛋白质会凝聚、析出沉淀，因此盐析常用于分离纯化蛋白质。硫酸铵盐析具有多方面的优点，如盐析的有效性、pH 范围广溶解度高且对温度不敏感、溶液散热少和价格低廉、经济适用等。

2. 透析 透析使膜技术的一种，利用透析膜可以选择性的透过一定大小分子从而将一定待分离纯化的物质和杂质离子分离开。透析膜使半透膜，蛋白质使大分子物质，它不能透过透析膜，而小分子物质可以通过透析膜与周围的溶液进行溶质交换，进入到透析液中，纳豆激酶的分子量为 27300～35000Da，因此选择截留分子量为 10000Da 的透析袋。

3. 凝胶过滤层析 凝胶过滤层析是利用具有多孔网状结构的颗粒的分子筛作用，根据被分离样品中各组分相对分子质量大小的差异进行洗脱分离的一项技术。主要是根据蛋白质的大小和形状，即蛋白质的质量进行分离和纯化。层析柱中的填料是某些惰性的多孔网状结构物质，多是交联的聚糖（如葡聚糖或琼脂糖）类物质，使蛋白质混合物中的物质按分子大小的不同进行分离。一般是大分子先流出来，小分子后流出来。纳豆激酶的分子量 27300～35000Da，因此选择 Sephadex G－75 凝胶对纳豆激酶进行进一步的分离纯化。

三、实训器材

1. 材料 纳豆激酶发酵液。

2. 试剂

（1）PBS 液（pH 7.2，0.2 mol/L）

A 液：0.2mol/L 磷酸氢二钠溶液。

B 液：0.2mol/L 磷酸二氢钾溶液。

取 72.0ml 的 A 液与 28.0 ml 的 B 液，混合均匀。

（2）0.01mol/L $NaHCO_3$溶液，透析袋预处理。

（3）0.001mol/L EDTA 溶液，透析袋预处理。

3. 仪器与器材 超净工作台、恒温水浴锅、紫外分光光度计、台式离心机、培养箱。

四、操作步骤

1. 纳豆激酶粗提液的制备 发酵液经5000r/min离心30分钟，收集上清液。

2. 制作硫酸铵分级盐析曲线

（1）取50ml粗酶液置于烧杯中，边搅拌边缓慢加入不同量研磨过的硫酸铵至不同饱和度。

（2）4℃静置12小时后，10000r/min离心20分钟，收集上清液和沉淀。

（3）将沉淀用50ml pH7.2的PBS液溶解。

（4）测定上清液及沉淀溶解液中纳豆激酶活性，以硫酸铵饱和度为横坐标、相对酶活（相对酶活=测得的活力/最高酶活力×100%）为纵坐标，绘制纳豆激酶盐析曲线。

3. 透析

（1）透析袋的预处理

1）新的透析袋一般含有重金属离子、硫化物等杂质，为了去除这些杂质，防止对实验结果产生影响，通常要对透析袋进行处理。

2）将裁减好的透析袋放入装有50%乙醇的烧杯中，缓慢加热煮沸1小时，然后依次用0.01mol/L $NaHCO_3$溶液，0.001 mol/L EDTA溶液浸泡洗涤，最后用双蒸水冲洗5次即可。

（2）透析过程

1）透析前检查 需要检测透析袋是否渗漏，首先将透析袋的一段用细线扎紧；然后向透析袋中装满双蒸水，捏紧另一端并适当挤压，检查透析袋是否渗漏。

2）装液 检查后，即可装入60%硫酸铵盐析后的沉淀溶解液（装样量为透析袋容积的1/2，防止透析袋涨破或膜的孔径发生改变）。

3）透析 将透析袋置于装有蒸馏水的大烧杯中透析，每2小时换水一次，用$BaCl_2$溶液检测透析效果，直到没有沉淀生成，透析完成。

4. 凝胶过滤层析

（1）凝胶的预处理

1）称取4.0g Sephadex G-75凝胶，放入大烧杯中。

2）加入400ml 0.2mol/L pH7.2磷酸盐缓冲液，将烧杯放入恒温水浴锅中，逐渐升高温度至近沸。

3）缓慢搅拌，持续2小时后取出，冷却至室温。此法既可以杀菌消毒，也可以排除凝胶内的气泡。液体流出时关闭出口，以排除层析柱下层支撑滤片下空隙里的气泡。

（2）凝胶过滤层析

1）首先向凝胶柱中加入约1/3柱高的缓冲液，打开层析柱出口，当有液体流出时关闭出口，以排除层析柱下层支撑滤片下空隙里的气泡。

2）然后将溶胀好的凝胶和缓冲液按3:1的比例混匀成的凝胶浆边搅拌边缓慢、连续沿玻璃棒加入层析柱中（此过程必须一次完成，不能间断，否则柱面不平影响分离效果。

3）当凝胶加到柱顶端后，打开柱底出口加快装住过程，然后用约3倍柱体积的缓冲液洗脱平衡凝胶柱。

4）打开凝胶柱下端出口，当缓冲液平面与凝胶面相平时关闭出口。

5）将透析中有纳豆激酶酶活的洗脱液缓慢加入柱中，当酶液全部渗入凝胶中，缓慢加入约4cm高的缓冲液，开始洗脱。

6）收集洗脱液，测定各部分纳豆激酶酶活。

5. 样品检测 将分离纯化的纳豆激酶样品通过 SDS - PAGE 电泳检测，然后冻干，制得纳豆激酶冻干粉。

五、思考题

1. 纳豆激酶分离纯化的方法有哪些？
2. 透析袋为什么要进行预处理？
3. 简述凝胶过滤层析装柱的注意事项。
4. 透析前应该注意什么？

（臧学丽）

扫码“练一练”

项目十

重组蛋白药物的制备

扫码“学一学”

任务一　DNA 的制备

一、实训目的

真核生物基因组 DNA 与蛋白质结合形成染色体，储存于细胞核内，除配子细胞外。通过 SDS 法提取 DNA 的操作，熟悉从真核生物中抽提提取基因组 DNA 原理和方法。

二、实训原理

在 EDTA 和 SDS 等去污剂存在下，用蛋白酶 K 消化细胞，随后用酚抽提，可以得到哺乳动物基因组 DNA，用此法得到的 DNA 长度为 100～150kb，适用于噬菌体构建基因组文库和 DNA 印迹分析。

三、实训器材

1. 材料　新鲜猪肝。

2. 试剂

（1）Tris－HCl（1mol/L，pH8.0）　40ml 双蒸水，6.057g 固体 Tris 放入烧杯中溶解，用浓盐酸调 pH 到 8.0，转移到 50ml 容量瓶中，加入双蒸水定容，摇匀后，转到准备好的输液瓶中，贴上标签，高压灭菌后，降至室温，4℃保存备用。

（2）生理盐水　在 20ml 双蒸水中溶解 0.85g 固体 NaCl，加水定容至 100ml，摇匀后，转到准备好的输液瓶中，贴上标签，高压灭菌后，降至室温，4℃保存备用。

（3）EDTA（0.5mol/L，pH8.0）　将 9.08g 的 EDTA · Na_2 · $2H_2O$ 溶解于 40ml 双蒸水，用 1g 的 NaOH 颗粒（慢慢逐步加入）调 pH 到 8.0，用 50ml 容量瓶定容，如果 EDTA 难溶，先加 NaOH 溶解，然后逐步加 EDTA · Na_2 · $2H_2O$。

（4）TES 缓冲液　将 0.5844g 的 5 mol/L NaCl 溶解于 80ml 双蒸水，在分别加入 1ml 的 0.5mol/L EDTA、0.2ml 的 Tris－HCl（pH 8.0），加定容至 100ml，摇匀后，转到准备好的输液瓶中，贴上标签，高压灭菌后，降至室温，4℃保存备用。

（5）10% SDS　将 10g 的十二烷基硫酸钠（SDS）溶解于 80ml 双蒸水，于 68℃加热溶解，用浓 HCl 调至 pH 7.2，定容至 100ml，摇匀后，转到准备好的输液瓶中，贴上标签，4℃保存备用。

（6）蛋白酶 K　按 20mg/ml 配制，无菌三蒸水溶解。

（7）RNA 酶　将胰 RNA 酶（RNA 酶 A）溶于 10mmol/L 的 Tris－Cl（pH 7.5）、15mmol/L NaCl 中，配成 10mg/ml 的浓度，于 100℃加热 15 分钟，缓慢冷却至室温，分装成小份存于－20℃。

（8）三氯甲烷－异戊醇（24∶1）　按 24∶1 的比例加入三氯甲烷、异戊醇，摇匀，转到准

备好的瓶中，贴上标签，4℃保存备用。

（9）TE 缓冲液（pH 8.0） 将 0.5ml 的 10mmol/L 的 Tris（pH 8.0）、0.1ml 的 0.5mol/L EDTA（pH 8.0）加入到 50ml 的容量瓶中，调 pH 8.0 定容至 50ml 摇匀后，转到准备好的瓶中，贴上标签，高压灭菌后，降至室温，4℃保存备用。

3. 仪器与器材 匀浆器、研钵、移液管、台式离心机、恒温水浴箱、紫外分光光度计。

四、操作步骤

（1）肝脏解冻，取适量组织于 PBS 溶液中清洗干净后放入装有 500μl PBS 的离心管中（1.5ml），匀浆后，12000r/min 离心 8 分钟，取出弃上清。

（2）加入 0.45ml TES 混匀，再加入 50μl SDS（10%），20μl 蛋白酶 K（20mg/ml），充分混匀后，于 50℃保温 1.5 小时，不时旋动该黏滞溶液（每 15 分钟旋动一次）。

（3）放置到室温，加入等体积饱和酚，上下轻轻翻转 5 分钟，12000r/min，离心 10 分钟，分离水相和有机相，小心吸取上层含核酸的水相至新的 1.5ml 离心管。

（4）加入等体积三氯甲烷 - 异戊醇（24∶1），上下温柔翻转 5 分钟，12000r/min，离心 10 分钟，取上层转移到新的 1.5ml 离心管中。

（5）加入等体积三氯甲烷 - 异戊醇（24∶1），上下轻轻翻转 5 分钟，10000r/min，离心 10 分钟，使两相分开。

（6）全部水相移至另一离心管中，加 0.1 体积（0.05ml）的乙酸铵和 1 倍体积（0.5ml）无水乙醇，转动离心管使溶液充分混合，DNA 立即沉淀。吸去乙醇溶液，用 70% 乙醇洗涤 DNA 沉淀 2 次，10000r/min 离心 15 分钟收集 DNA。

（7）开盖室温放置 DNA 沉淀，使乙醇挥发。用 1ml TE 缓冲液溶解沉淀。

（8）取出一部分测定浓度和纯度。

（9）将其余 DNA 分装贮存于 4℃。

如果除去其中的 RNA，可加 5μl RNaseA（10μg/μl），37℃保温 30 分钟，用苯酚抽提后，重沉淀 DNA。

（10）结果

$$\text{DNA 浓度} = 50 \times A_{260nm} \times N\ (\text{稀释倍数})\ (\text{单位 μg/ml})$$

$$\text{DNA 纯度} = A_{260nm} / A_{280nm}$$

注意：①要充分除去 DNA 提取液中的苯酚，否则会影响以后的操作。②用三氯甲烷 - 异戊醇（24∶1）抽提后取上清时不能将中间的蛋白质扰动，以防蛋白质污染。③三氯甲烷 - 异戊醇中的异戊醇是用来消除实验中可能产生的泡沫。④抽提每一步用力要柔和，防止机械剪切力对 DNA 的损伤。⑤取上层清液时，注意不要吸起中间的蛋白质层。⑥乙醇漂洗去乙醇时，不要荡起 DNA。⑦离心后，不要晃动离心管，拿管要稳，斜面朝外。

五、目标检测

1. 如何去掉 DNA 中的 RNA？
2. 实验试剂中，10% SDS 的作用是什么？
3. 酚的作用是什么？
4. 乙醇的作用是什么？
5. 抽提时为什么不能剧烈振荡？
6. 蛋白酶 K 的作用是什么？

7. 三氯甲烷－异戊醇抽提后 DNA 在哪层溶液中？

8. 离心操作后，应该注意什么？

（臧学丽）

扫码“学一学”

任务二　目的基因的扩增与纯化

一、实训目的

运用聚合酶链式反应方法扩增特定的 DNA 片段，能将微量的目的基因大幅增加。通过操作掌握聚合酶链式反应的实验原理和实验基本过程。

二、实训原理

聚合酶链式反应（PCR）是在体外进行的由引物介导的酶促 DNA 扩增反应。通过 PCR，可将特定的微量 DNA 片段大幅扩增、放大，可看作是体外特殊的 DNA 复制。

PCR 的反应本质是：在模板 DNA、引物和 4 种脱氧核糖核苷酸（dNTP）存在的条件下，依赖于 DNA 聚合酶的体外酶促合成反应。两个引物分别位于靶序列的两端，同两条模板的 3′端互补，由此限定扩增片段。PCR 反应由一系列的变性→退火→延伸反复循环构成，即在高温下模板双链 DNA 变性解链，然后在较低的温度下同过量的引物退火，再在适中的温度下由 DNA 聚合酶催化进行延伸。由于每一循环的产物都可作为下一循环反应的模板，因此扩增产物的量以指数级方式增加。理论上，经过 n 次循环可使特定片段扩增到 $2n^{-1}$，考虑到扩增效率不可能达到 100%，实际上要少些，通常经 25～30 次循环可扩增 10^6 倍，可满足大多数后续试验的要求。

扩增后的 DNA 片段，可通过琼脂糖凝胶电泳进行分离纯化，去除影响 DNA 连接酶活性的物质以及其他的 DNA 片段；再通过切胶回收，得到纯的目的 DNA 片段。

一般用吸附法回收 DNA，常用的吸附材料主要有硅基质材料、阴离子交换树脂和磁珠等。硅基质材料可特异吸附核酸 DNA，使用方便、快捷，不需要使用有毒溶剂（如酚、三氯甲烷等），使得提取基因组像过滤一样简单，成为大规模分离纯化 DNA 的通用方法。其中，琼脂糖凝胶 DNA 回收试剂盒（离心柱型）被广泛使用，其基本原理是：利用核酸在裂解液下可以与硅基质材料（硅胶膜）特异结合、在洗脱液条件下能被洗脱的特点，在琼脂糖凝胶电泳后，切取目的片段凝胶并打碎溶解，用盐溶液将 DNA 片段从凝胶中析出，沉淀后可得到较纯的目的 DNA 片段。

三、实训器材

1. 材料　模板 DNA。

2. 试剂

（1）50×TAE 电泳缓冲液。

（2）10×PCR 缓冲液。

（3）4 种 dNTP 混合液。

（4）DNA 聚合酶。

（5）引物。

（6）10×溴酚蓝上样缓冲液。

（7）琼脂糖凝胶 DNA 回收试剂盒（离心柱型），见表 10－1。

表 10－1　普通琼脂糖凝胶 DNA 回收试剂盒（离心柱型）的产品组成

	DP209－02（50 份）	DP209－03（200 份）
平衡液 BL	30 ml	120 ml
溶胶液 PN	25 ml	100 ml
漂洗液 PW	15 ml	50 ml
洗脱缓冲液 EB	15 ml	30 ml
吸附柱 CA2	50 个	200 个
收集管（2ml）	50 个	200 个

室温（15～25℃）干燥条件下保存（≤12 个月），使用前应将试剂盒内的溶液在室温放置一段时间，必要时可在 37℃水浴中预热 10 分钟，以溶解沉淀。

3. 仪器与器材　PCR 仪，微型水平电泳槽，电泳仪、离心机。

四、操作步骤

1. 扩增反应

（1）在两个灭菌的 0.5ml 离心管中，按下列顺序加样，建立 20μl 反应体系（表 10－2）。

表 10－2　PCR 反应液体系

项目	含量（μl）
ddH_{20}	15
10×PCR 缓冲液	2
dNTP（10mmol/L，每种）	0.5
引物 1（20μmol/L）	0.5
引物 2（20μmol/L）	0.5
模板 DNA（50ng）D16	1
DNA 聚合酶（2.5U）	0.5
总体积	20

（2）混匀，瞬时离心。

（3）放在 PCR 仪上进行 PCR 反应。96℃预变性 10 分钟，94℃30 秒，55℃30 秒，72℃ 1 分钟，25 个循环。而后 72℃ 10 分钟。

（4）取 5μl PCR 反应液及 1μl 上样缓冲液混合，进行琼脂糖电泳（5V/cm），选择适当大小的 DNA 分子量标准。

2. 回收　操作前，先在漂洗液 PW 中加入无水乙醇，加入体积参照试剂盒的标签说明。

（1）柱平衡：向吸附柱 CA2 中（吸附柱放入收集管中）加入 500μl 平衡液 BL，12000 r/min 离心 1 分钟，倒掉收集管中的废液，将吸附柱重新放回收集管中。

注意：应使用当天处理过的柱子。

（2）将单一的目的 DNA 条带从琼脂糖凝胶只能够切下（尽量切除多余部分。若胶块的

体积过大，可事先将胶块切成碎块)，放入干净的离心管中，称取重量。

（3）向胶块中加入 3BV 溶胶液 PN（如果凝胶重为 0. 1 g，其体积可视为 100μl)，50℃水浴放置 10 分钟，期间不断温和的上下翻腾转离心管，确保胶块充分溶解。

注意：胶块完全溶解后，将溶液温度降至室温后再上柱，因为吸附柱在室温时结合 DNA 的能力较强。

（4）向吸附柱 CA2 中加入 500μl 平衡液 BL，12000r/min 离心 1 分钟，倒掉离心管中废液，将吸附柱重新放回收集管中。

（5）将步骤（3）所得溶液加入吸附柱 CA2 中，放入试管，室温放置 2 分钟，12000 r/min 离心 1 分钟，倒掉收集管中废液后，再将吸附柱 CA2 放入收集管中。

（6）向吸附柱 CA2 中加入 700μl 漂洗液 PW（使用确认是否已加入无水乙醇)，12000r/min 离心 1 分钟，倒掉收集管中废液，将吸附柱 CA2 放入收集管中。

（7）向吸附柱 CA2 中加入 500μl 漂洗液 PW，12000r/min 离心 1 分钟，倒掉废液。

（8）将吸附柱 CA2 放回收集管中，12000r/min 离心 2 分钟，尽量排尽漂洗液，将吸附柱室温放置数分钟。

注意：漂洗液中的乙醇残留会影响后续反应（酶切、PCR 等)，应彻底地晾干。

（9）将吸附柱 CA2 放入一个干净的离心管中，向吸附膜中间位置悬空滴入适量洗脱缓冲液 EB，室温放置 2 分钟，12000r/min 离心 2 分钟，收集 DNA 溶液。

注意：洗脱体积过少会影响回收效率。洗脱液 pH 对洗脱效率有很大影响。若后续做测序，需使用 ddH2O 做洗脱液，并保证其 pH 在 7. 0 ~ 8. 5 范围内。DNA 也可以用缓冲液（10 mmol/L Tris – Cl，pH8. 0）洗脱。如果回收量较多，可将离心得到的溶液重新加回离心吸附柱，在 2000r/min 离心 2 分钟，管底溶液即为所需 DNA。将 DNA 贮存于 –20℃，可长期保存。

3. 连接

（1）取 3μl 回收产物、5μl Ligatiaon、0. 5μl PMD – 18TVector 置一个离心管中，10000r/min 离心 5 秒。

（2）16℃水浴 16 小时

（3）4℃保存。

4. 结果 检查扩增产物，紫外观察。根据观察结果绘制电泳图。

5. 注意事项

（1）PCR 是建立在一定量的模板和与之专一性互补配对的一对引物之上的，因此，在进行 PCR 前，模板的纯化和引物设计尤为重要。

（2）Mg^{2+} 对 Taq DNA 聚合酶的活性影响很大，有时按照试剂商提供的说明扩增不出目的基因时，不妨适当增加 Mg^{2+} 的浓度。

（3）PCR 反应液在冰中配制，可增强 PCR 扩增的特异性，减少 PCR 过程中的非特异性反应。

五、目标检测

1. 目的基因扩增由哪几步骤构成？

2. PCR 的 Tm 值一般不低于于多少摄氏度？预变性的时间约为多少分钟？

3. DNA 聚合酶的作用是什么？

4. 10×PCR 缓冲液的作用是什么？
5. dNTP 的作用是什么？
6. PCR 反应条件包括哪些？
7. PCR 目的基因扩增为什么要退火？退火温度的高低与哪些因素有关？

（臧学丽）

任务三 质粒的提取

扫码“学一学”

一、实训目的

通过提取质粒 DNA 操作，掌握运用碱裂解法提取 DNA 方法，熟悉质粒 DNA 的碱裂解法提取的原理和过程。

二、实训原理

质粒是独立于细菌染色体外自我复制的小型环状 DNA 分子，存在于所有已发现的细菌类群中，是基因工程操作中最常用、最简单的载体。

自然界中，质粒通常是在细菌营养环境良好时出现，其结构、大小、复制方式、菌体细胞内的拷贝数、细胞内的增殖力、不同菌体细胞间的转移力等，都会有所不同，其中最重要的是质粒所携带的遗传特征的改变。

大多数细菌的质粒是双链环状 DNA 分子，但也有线状质粒。质粒的大小差别很大（几个至数百个 kb），依靠宿主细胞蛋白质进行复制，具有使宿主细胞获得质粒编码的功能。质粒的复制可以与细菌的细胞周期同步（此时的质粒拷贝数较低），也可独立于细胞周期（此时的质粒拷贝数较高）。一些质粒在不同的菌种细胞间可自由转移。因此，质粒可作为携带外源基因进入细菌中扩增或表达的载体。

质粒载体的结构划分为三个部分：遗传标记基因、复制区、目的基因，将一些功能基因（如对抗生素和重金属的抗性、对诱变原的敏感性、对噬菌体的易感或抗性、产生限制酶、产生稀有氨基酸和毒素、决定毒力、降解复杂有机分子、形成共生关系的能力、在种群细胞间转移 DNA 的能力等）作为外源基因（即目的基因），拼接在载体上，构建所需要的基因工程菌，最终达到基因工程操作的目的。

质粒的提取主要包括 3 个步骤：细菌的培养、细菌的收集和裂解、质粒的分离和纯化。其中，利用碱性条件下质粒 DNA 与染色体 DNA 变复性的不同而进行分离，是分离质粒的最常用的方法：在 pH 12.0～12.6 环境中，细菌的线性大分子量染色体 DNA 变性分开，而共价闭环的质粒 DNA 虽然变性但仍处于拓扑缠绕状态；将 pH 调至中性并有高盐存在及低温的条件下，大部分染色体 DNA、大分子量的 RNA 和蛋白质在去污剂 SDS 的作用下形成沉淀，而质粒 DNA 仍然为可溶状态；通过离心，可除去大部分细胞碎片、染色体 DNA、RNA 及蛋白质，质粒 DNA 尚在上清中，然后用酚、氯仿抽提进一步纯化质粒 DNA。

三、实训器材

1. 材料 大肠埃希菌的工程菌株 DE3。

2. 实验试剂

（1）LB 培养液（1L） 蛋白胨 10g，细菌培养用酵母粉 5g，NaCl 10g，用 10mol/L NaOH 调至 pH7.0，高压蒸气灭菌，4℃贮存。

（2）溶液Ⅰ 葡萄糖 50mmol/L，Tris－Cl（pH8.0），25mmol/L，EDTA 10mmol/L。

可成批配置，灭菌后 4℃贮存。

（3）溶液Ⅱ（新鲜配制） NaOH 0.2mol/L，SDS 1%。

（4）溶液Ⅲ 5mol/L 乙酸钾 60ml，冰乙酸 11.5ml，水 28.5ml。配制好的溶液Ⅲ含 3mol/L 钾盐，5mol/L 乙酸（pH4.8）。

（5）酚：三氯甲烷：异戊醇（25:24:1）。

（6）无水乙醇。

（7）TE 含 20μg/ml RNA 酶，不含 DNA 酶。

10mmol/L Tris－Cl（pH8.0）1mmol/L EDTA。

3. 仪器与器材 移液管、混匀仪、台式离心机、电泳仪。

四、操作步骤

1. 菌体培养 菌株 DE3，37℃摇床，培养 16 小时。

2. 细胞裂解

（1）取 1ml 菌液至 1ml 离心管中，12000r/min 离心 3 分钟弃上清。

（2）加入 100μl 溶液Ⅰ振荡器振荡 2～3 分钟。

（3）加入新配制的溶液Ⅱ200μl 轻轻颠倒 5～6 次以混匀，冰上 10 分钟。

（4）加入冰浴的溶液Ⅲ150μl 轻轻颠倒 5～6 次以混匀，冰上 5 分钟。

（5）15000r/min 离心 10 分钟，取上清液。

3. 质粒分离与纯化

（1）上清液中加入等体积的饱和酚、三氯甲烷：异戊醇（24:1）的混合物，轻轻摇匀，15000r/min 离心 5 分钟，取上清液。

（2）加入等体积冰乙醇，－20℃保存 2～4 小时。

（3）12000r/分钟离心 10 分钟，弃上清液加 20μl 的 TE 保存。

4. 质粒检测

（1）选择合适的水平式电泳槽，及孔径大小适宜的点样梳。

（2）制备琼脂糖凝胶，胶浓度为 0.8%。

（3）取少量凝胶溶液将电泳槽四周封好，待凝胶溶液冷却至 50℃左右时，轻轻倒入电泳槽水平板上。

（4）待凝胶冷却凝固后，在电泳槽里加入电泳缓冲液，拔出点样梳。

（5）样品上样，按照 5:1 的比例加入溴酚蓝，制备样品液。

（6）电泳，开始时设置为 60～80V，待样品进入凝胶后，调至 100V。

（7）电泳结束后，将凝胶取下放入 EB 溶液中浸泡，放在紫外透射仪（590nm）下，观察结果。

5. 实验观察 抽提产物经电泳分离、EB 染色后，在紫外线灯下可观察到三个条带，自前往后分别为：超螺旋、线性及开环质粒 DNA。

根据观察到的现象绘制电泳图。

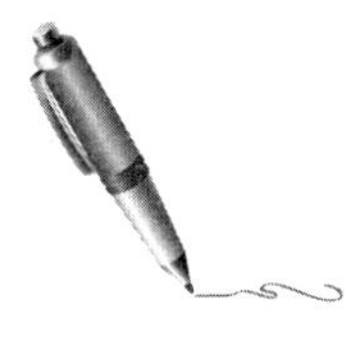

6. 质粒构建 用 T4 DNA 连接酶，将提取得到的质粒与 PCR 得到的目的基因连接，得

到重组子备用。

一般此步骤委托给由专业的生物技术公司负责完成。

7. 注意事项

（1）酚、三氯甲烷使蛋白变性沉淀在水相下面。异戊醇能减少抽提过程中的泡沫产生，同时有助于分相。

（2）根据实验实际需要选择孔径大小适宜的点样梳，以免造成样品的浪费和不足，调节点样梳与玻璃板的距离为 1 ~ 1.5mm。

（3）根据实验需要确定凝胶的量，加热溶化。溶化时注意溶胶不要溢出和防止烫手。

（4）EB 能插入 DNA，是核酸的显色剂；EB 是强诱变剂，且具有毒性，操作时要戴手套。注意紫外灯对皮肤与眼睛的损伤。

五、目标检测

1. 质粒 DNA 制备的方法有哪些？

2. 质粒 DNA 制备时变性与复性条件是什么？

3. 抽提产物经电泳分离、EB 染色后，在紫外线灯下可观察到三个条带，自前往后分别是什么？

4. 冰乙醇的作用是什么？

5. EB 的作用及危害是什么？

6. 异戊醇的作用是什么？

7. 酚、三氯甲烷的作用是什么？

8. 溶液Ⅰ、Ⅱ、Ⅲ分别起什么作用？

（臧学丽）

任务四　重组子的制备

扫码“学一学”

一、实训目的

学会 DNA 重组的操作技术，掌握大肠埃希菌感受态细胞的制备与转化的方法；熟悉转化及通过蓝白斑筛选重组子的技术。

二、实训原理

细菌细胞膜具有保护细胞的作用，也可以吸收外源遗传物质以增加自身对环境的适应性。在某种理化条件下，细胞膜的通透性会增大，称为感受态。细胞膜具有流动性，在正常的生理环境下，这种孔洞会被细胞自身所修复。

分子生物学上，将能够从周围环境中摄取 DNA 分子，不易被细胞内的限制性核酸内切酶分解的特殊生理状态的细胞称为感受态细胞。感受态细胞便于外源基因或载体的进入。

将外源 DNA 分子导入到某一宿主细菌细胞的过程称为转化。感受态细胞是比较理想的转化对象。将宿主菌细胞（即受体细胞）经过一些特殊处理（电击法、$CaCl_2$法等）后，细胞膜的通透性发生变化，处于容易吸收外源 DNA 的状态，即为感受态细胞。

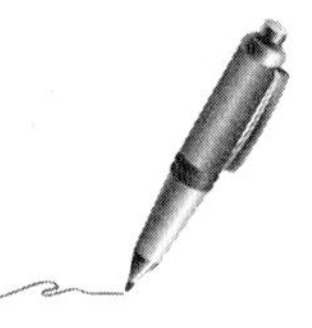

通常采用的方法是：用冰冷的 $CaCl_2$溶液处理大肠埃希菌，当细菌处于 0℃的 $CaCl_2$低渗

液中时，细菌细胞膨胀成球形，使之处于短暂的“感受态”，在此期间，细菌能够摄取各种不同的外源 DNA 片段或基因，使受体细胞获得供体基因的某些性状，成为重组子，然后，再筛选、分离出重组子。

重组子的筛选采用蓝白斑法。通常，大肠埃希菌重组子制备时使用的是带有 lacZ 的调节序列和 β－半乳糖苷酶的部分编码序列的 pUC 系列载体（如 pGEM－T Easy Vector）。由于 lacZ 的调节序列和 β－半乳糖苷酶的部分编码序列，可以与缺陷型宿主 DH 5α 在诱导物 IPTG（异丙基－β－D－硫代吡喃半乳糖苷）存在下，形成 α－互补，宿主菌在含色素底物 X－gal（5－溴－4－氯－3－吲哚－β－D－半乳糖苷）的培养基平板上形成蓝斑；在有外源 DNA 片段插入到载体的多克隆位点时，就使载体编码 β－半乳糖苷酶的部分序列失活，带有重组质粒的宿主菌产生白斑。这样，就可以根据是否呈现白色菌落（或噬菌斑）而方便地挑选出基因重组体，即重组子。

三、实训器材

1. 材料 大肠埃希菌的工程菌株 DH5α。

2. 试剂

（1）0.1mol/L $CaCl_2$ 灭菌去离子水配制，200ml，灭菌、4℃。

（2）氨苄西林（AMP，100mg/ml） 无菌水配制并过滤（0.22μm）除菌，分装保存于－20℃。

（3）LB 平板培养基 LB 培养液中加入 1.5% 琼脂粉，高压消毒（15 磅 20 分钟），稍冷却后铺平板，6 个，4℃保存。

（4）LB 液体 100ml 分装，4℃保存。

（5）IPTG（24 mg/ml） 称取 2.4g 的 IPTG，溶解于水中，定容至 100ml，超净台用注射器过滤灭菌分装，置于－20℃冰箱。

（6）X－gal 用二甲基甲酰胺（DMF）溶解 X－Gal，配制成 20mg/ml 的溶液（－20℃避光保存）。

（7）X－Gal－IPTG－Amp 平板 配方同 LB 平板培养基，高压消毒后，冷却至 65℃左右后，加入氨苄西林（AMP，终浓度为 50～100μg/ml 培养液）、100μl 的 IPTG 和 15μl 的 X－gal。加入 AMP 后立即倒平板，制成 X－Gal－IPTG－Amp 平板，做蓝白斑筛选。

3. 仪器与器材 高压灭菌锅、超净工作台、恒温摇床、低温离心机、恒温水浴锅、恒温培养箱、冰箱。

四、操作步骤

1. 制备感受态细胞

（1）取 DH5α 单菌落接种于 5μl 的 LB 液体培养基上，37℃下活化培养过夜。

（2）在 20ml 的 LB 液体上培养接种已活化的菌液 20μl，37℃ 110r/min，培养至 OD_{600} 值为 0.3～0.4（约 3 小时）。

（3）取一支 1.5ml 离心管，加入上述菌液 1.5ml，冰浴 5 分钟。

（4）4000r/min 离心 5 分钟，弃上清，倒置于滤纸上直至液体流尽。

（5）加入 1.5ml 75mmol/L 氯化钙溶液轻轻吹打所采集的细菌，获得氯化钙重悬菌液，置冰浴 25 分钟。

（6）4000r/min，离心 5 分钟，弃上清。

（7）加入 200μl 的 75mmol/L 氯化钙重悬菌液。

2. 转化

（1）在 1ml 离心管中加入 25μl 新鲜的感受态细胞及 3μl 连接产物，混匀后冰浴 30 分钟。

（2）42℃水浴 90 秒。

（3）立即冰浴 120 秒后，37℃水浴 5 分钟。

（4）向离心管中加入 100μl 的 LB 液体培养基，37℃、50r/min 培养 1 小时。

3.（蓝白斑）筛选

（1）取 100μl 转化产物，在 X－Gal－IPTG－Amp 平板上涂布。

（2）37℃下干燥约 0.5 小时，至液体被完全吸收。

（3）将平板倒置于 37℃培养箱中，过夜培养，次日观察结果。

4. 实验结果 次日，观察各平板上菌落生长情况，计算转化率（1μgDNA 能转化多少个细菌）。

5. 注意事项

（1）为了提高转化率，本实验所用 $CaCl_2$ 为分析纯，所用培养基需用进口的胰蛋白胨和酵母浸出物。

（2）制备感受态细胞的全部操作均须于冰浴低温、无菌操作，悬浮细胞时应用大吸头温和吸、吹，注意制备感受细胞的 OD 值控制在 0.4～0.5。

（3）42℃热处理时间很关键，转移速度要快，且温度要准确，同时注意热处理过程中离心管不要摇动。

（4）菌液涂皿操作时，应避免反复来回涂布，因为感受态细菌的细胞壁有了变化，过多的机械挤压涂布会使细胞破裂，影响转化率。

（5）实验用的玻璃器皿、微量吸管及 Eppendorf 管等，应彻底洗净并进行高压消毒，表面去污剂及其他化学试剂的污染往往大幅度地降低转化率。

五、目标检测

1. 感受态细胞的制备方法有哪些？制备时应注意哪些问题？

2. 转化过程中，热处理温度一般设为多少摄氏度？

3. 为了提高转化率，实验过程中应该注意哪些？

4. 制备感受细胞的 OD 值应该控制在什么范围？

5. 菌液涂皿操作时，为什么应避免反复来回涂布？

6. 实验用的玻璃器皿、微量吸管及 Eppendorf 管等，应彻底洗净并进行高压消毒，污染化学试剂等会对结果有什么影响？

7. $CaCl_2$的作用是什么？

8. 涂布菌液时应注意什么？

（臧学丽）

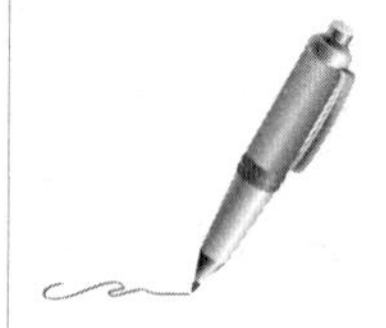

扫码“学一学”

任务五　重组蛋白的发酵表达

一、实训目的

能运用发酵罐发酵生产重组蛋白。

二、实训原理

目标蛋白在大肠埃希菌系统表达的形式有两种，一是在细胞内表现为不溶性的包涵体颗粒；二是在细胞内表现为可溶性的蛋白质。

包涵体存在于大肠埃希菌细胞质中；可溶性的目标蛋白质除可出现于细胞质中外，还可借助于本身的功能序列和细胞的蛋白质加工、运输体系，最终分泌到周质空间或外泌到培养液中。

由于包涵体颗粒的形成，加上大肠埃希菌对所表达的可溶性目标蛋白质的加工、运输的限制，目前的技术水平还不能使所有的目标蛋白质都能够通过大肠埃希菌进行表达，仅有部分编码基因可在不同情况下进行可溶性融合蛋白表达或包涵体表达。

用于融合蛋白的载体较多，分别具有不同的标志，如谷胱甘肽－S－转移酶（GST），6×组氨酸。

大肠埃希菌 BL21 是一种蛋白酶缺失的菌株，具有高转化效率和高水平表达 GST 融合蛋白的能力。具有 GST 标志，能帮助重组蛋白稳定折叠，可应用酶分析测定 GST 标志，或用位点专一的凝血酶切割标志，GST 标志还可以帮助重组蛋白稳定折叠，融合蛋白形成二聚体。

将外源基因克隆在含有 Lac 启动子（来自大肠埃希菌的乳糖操纵子，是 DNA 分子上一段有方向的核苷酸序列）的表达载体中，让其在大肠埃希菌中表达。没有加入 IPTG 诱导剂（异丙基－β－D－硫代半乳糖苷，β－半乳糖苷酶的活性诱导物质）的时候，Lac Ⅰ产生的阻遏蛋白与 Lac 操纵基因结合，而不能进行外源基因的转录和表达，只有表达载体随大肠埃希菌的增殖和复制；当加入 IPTG 后，阻遏蛋白不能与操纵基因结合，则 DNA 外源基因大量转录并高效表达。

本实验将鉴定好的阳性菌株转化菌接种于 5ml 的 LB 液体培养基后，37℃、110r/min 振摇培养过夜。次日，将此培养液按 1∶100（*V/V*）接种于 5ml 的 LB 液体培养基，37℃培养约 3 小时，加入 IPTG（终浓度 0.2mmol/L）诱导，继续培养 3～4 小时，可分离获得所需蛋白。

三、实训器材

1. 材料　大肠埃希菌工程菌株 BL21。

2. 试剂

（1）LB 培养基　蛋白胨 10g、酵母提取物 5g、氯化钠 10g，重蒸水溶解至 1000ml。用 10mol/L NaOH 调 pH 至 7.2～7.4，高压灭菌 20 分钟。

（2）补料培养基　甘油 170g、酵母提取物 71g、蛋白胨 71g、$MgSO_4 \cdot 7H_2O$ 5.7g，定容至 1L，用 NaOH 调节 pH 至 7.0。

（3）IPTG（1mol/L）　用 8ml 去离子水溶解 2.3831g IPTG，定容至 10ml，再用

0.22μm 滤膜过滤除菌分装入灭菌离心管中，-20℃保存。

（4）市售溶菌酶（80U）。

3. 仪器与器材 高压灭菌锅、5L-玻璃罐体发酵罐、离心机。

四、操作步骤

1. 发酵罐灭菌 发酵液装入发酵罐后，放入立式蒸汽灭菌锅，126℃灭菌35分钟。

2. 罐体安装调试 将灭菌后的罐体安放于发酵罐基台上，安装电机、连接循环水、补料管线、调试电极等，设定发酵温度、pH、溶解氧、搅拌速度。

3. 种子培养 保藏菌种利用2次平板划线法活化后，37℃、200r/min振荡培养16小时。

4. 发酵培养 种子液接种于LB的振荡培养基中，放入发酵罐，培养至OD_{600}为0.6~0.8。

发酵培养条件：

（1）菌种稳定期 pH 7.0、37℃、通气量7L/min，搅拌转速200r/min，4小时。

（2）对数生长期 加入补料培养基，5~6小时后以0.5ml/min的速度补加含有甘油的补料培养基；6小时后补料速度调整为3.3ml/min；继续发酵5小时后，每隔1小时测定1次菌体菌体浓度（测OD_{600}），当OD_{600}=6时，开始IPTG诱导。

（3）IPTG诱导 进入发酵约11小时后（OD_{600}=6时），加入IPTG，终浓度为0.2mol/L。

注意：*补料过程中，应根据pH的变化补加30%氨水，使pH 7.0；调搅拌转速及空气流量，使溶氧不低于30%。*

（4）测菌量 发酵后，在8000r/min、4℃下离心20分钟，称菌体湿重。

5. 菌体回收 发酵液离心，8000r/min、20分钟后，收集菌体。

6. 细胞破碎

（1）用20mmol/L Tris-HCl pH 8.0洗涤菌体两次，沉淀菌体重悬于10ml的TE（pH8.0）中，置-70℃冰箱反复冻融3次。

（2）冻融后的菌体中加入适量的缓冲液，每克湿菌加入10mg/ml溶菌酶80μl，室温放置约20分钟，置冰浴中超声破碎，超声3秒，停4秒，全程20分钟，观察溶液透明，黏度比较低时为好；将彻底破碎的菌体离心（4℃、12000r/min、20分钟）后，保留上清，同时收集沉淀（包涵体）；上清进行下一步SDS-PAGE凝胶电泳。

7. 注意事项

（1）灭菌时，堆放物品不能过紧，安全阀不能堵，水要充足，液体占总体积的3/4，用棉塞，压力0时开盖，分类灭菌，设备干燥。

（2）大肠埃希菌的表达水平与IPTG浓度、诱导时间、温度以及宿主菌的生长状态有关。当表达量不高时，可以调节IPTG的浓度、诱导时间和温度，甚至重新转化。

（3）菌液增殖应达到OD值0.6~0.8，否则会直接影响蛋白的表达量。

五、目标检测

1. 菌体浓度发酵培养至OD_{600}至多少时加入IPTG？
2. 大肠埃希菌的表达水平与哪些因素有关？
3. 接种时防止杂菌污染应该怎样操作？

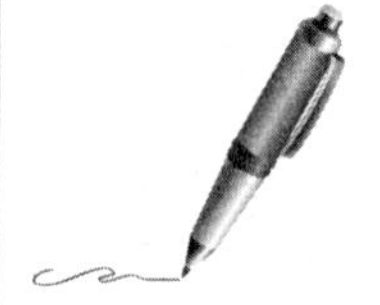

4. 灭菌后安装的电极有哪些？

（臧学丽）

任务六　蛋白质的纯化分离

扫码“学一学”

一、实训目的

通过对蛋白质的分离纯化，理解盐析和凝胶层析的原理和操作方法；熟悉微量取液器的使用操作，蛋白纯化的方法。

二、实训原理

利用各组分物理性质的不同，将多组分混合物进行分离及测定的方法。有吸附层析、分配层析两种。一般用于有机化合物、金属离子、氨基酸等的分析。层析利用物质在固定相与流动相之间不同的分配比例，达到分离目的的技术。层析对生物大分子如蛋白质和核酸等复杂的有机物的混合物的分离分析有极高的分辨力

大分子蛋白质和盐通过凝胶柱的时候，大分子蛋白质先流下来，盐则后流下来，以此来分离蛋白质和盐。

磺基水杨酸用来监测蛋白质，发生反应生成乳白色沉淀。$BaCl_2$ 用来监测硫酸盐，发生反应生成乳白色沉淀。注意记录收集蛋白的量和收集盐的量。

三、实训器材

1. 材料　发酵所得菌体。

2. 试剂　硫酸铵、磺基水杨酸、SephadexG－25、$BaCl_2$。

3. 仪器与器材　超声波破碎仪、离心机。

四、操作步骤

1. 破碎细胞　利用超声破碎得到的重组蛋白。

2. 分离发酵液

（1）微量取液器吸取重组蛋白上清液 5ml 于小试管中，用电子天平取 0.88g 硫酸铵，加到小试管中，让硫酸铵充分混匀。

扫码“看一看”

（2）将小试管放到 4℃冰箱中 2 小时以上。

（3）将小试管取出分装于 1.5ml 的离心管中，于 12000r/min，4℃条件下离心 20 分钟。

（4）离心后取出的试管中取上层清液，准备上样。

3. 制备离子交换柱

（1）取 SephadexG－25 6g，用蒸馏水 60ml，浸泡并煮沸 2 小时以上。

（2）室温放置使之充分溶胀。

4. 装柱

（1）向柱管内加入约 1/3 的柱容积的洗脱液，然后在搅拌下，将浓浆状的凝胶连续地沿玻璃棒倾入柱中，使之自然沉降。

（2）待凝胶沉降 2～3cm 后，打开柱的出口，调节合适的流速，使凝胶继续沉集，待

沉集的胶面上升到柱体积的约 2/3 处时候停止装柱，关闭出水口，接着再通过 2～3 倍柱床容积的洗脱液。

（3）然后在凝胶表面上放一片滤纸。

5. 上样 用微量移液器取 1ml 加样，沿着管壁将样品溶液小心加到凝胶床面上。

6. 洗脱 打开上、下进出口，用洗脱液以 15 滴/分钟（3ml/10min）流速洗脱，用自动部分收集器流出液。

用磺基水杨酸和 $BaCl_2$ 来检验蛋白和盐，进行分管收集。

7. 再生 盐收集完毕后，在用洗脱液洗脱 3～4 个柱床体积，冲洗至烧杯中，留作下次使用。

8. 实验结果 记录收集蛋白的量和收集盐的时间。

9. 注意事项

（1）根据层析柱的容积和所选用的凝胶溶胀后柱床容积，计算所需凝胶干粉的重量，以将用作洗脱剂的溶液使其充分溶胀。

（2）用于脱盐的柱一般都是短而粗，柱长（L）/直径（D）<10。

（3）各接头不能漏气，连接用的小乳胶管不要有破损，否则造成漏气、漏液。

（4）装柱要均匀，不过松也不过紧，最好也在要求的操作压下装柱，流速不宜过快，避免因此而压紧凝胶。但也不宜过慢，使柱装的太松，导致层析过程中，凝胶床高度下降。

（5）始终保持柱内液面高于凝胶表面，否则水分挥发，凝胶变干，也要防止液体流干，使凝胶混入大量气泡，影响液体在之内的流动，导致分离效果变坏，不得不重新装柱。

（6）样品溶液的浓度和黏度要合适。浓度大，自然黏度增加。一个黏度很大的样品上柱后，样品分子因运动受限制，影响进出凝胶孔隙，洗脱峰形显得宽而矮，有些可以分离的组分也因此重叠。

（7）洗脱用的液体应与凝胶溶胀所用液体相同，否则，由于更换溶剂引起凝胶溶剂变化，从而影响分离效果。

五、目标检测

1. 凝胶层析常用的凝胶有哪些？
2. 装柱时需要注意的事项有哪些？
3. 上样时，对样品溶液的浓度和黏度有什么要求？
4. 利用磺基水杨酸检测蛋白质时，发生反应生成什么颜色沉淀？
5. 洗脱用的液体应与凝胶溶胀所用液体是否相同，为什么？
6. 大分子蛋白质和盐通过凝胶柱时，大分子和小分子哪部分先流下来？

（臧学丽）

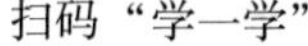
扫码“学一学”

任务七 蛋白质的产物检测

一、实训目的

通过聚丙烯酰胺凝胶电泳对蛋白质分子进行检测，掌握凝胶层析的原理和操作方法；

学习聚丙烯酰胺凝胶电泳测定蛋白质相对分子量的方法。

二、实训原理

带电颗粒在电场作用下，向着与其电性相反的电极移动，称为电泳。生物大分子尤其是蛋白质具有不同的电荷和分子量，在经过阴离子去污剂 SDS（十二烷基硫酸钠）处理后，蛋白质分子上的电荷被中和，在聚丙烯酰胺凝胶电泳时，不同的蛋白质按照其分子量大小进行分布，电泳迁移率仅取决于蛋白质的分子量，聚丙烯酰胺凝胶电泳由聚丙烯酰胺单体和交联剂甲叉双丙烯酰胺在催化剂作用下形成三位网状结构。凝胶电泳不仅具有分子筛效应，还具有浓缩效应。由于不连续的 pH 梯度作用，样品被压缩成一条狭窄的区带，从而提高了分离的效果，采用考马斯亮蓝快速染色，可及时观察电泳分离效果。

三、实训器材

1. 材料 发酵所得菌体。

2. 试剂

（1）30%（*W/V*）凝胶贮存液　丙烯酰胺 29g，甲叉双丙烯酰胺 1g，加 ddH_2O 溶至 100ml，过滤，棕色瓶中 4℃保存。丙烯酰胺具有神经毒性，操作时要戴手套和口罩。

（2）Tris－HCl 试剂　两种：pH8.8，1.5mol/L；pH6.8，0.5mol/L。

（3）10% SDS。

（4）10% 过硫酸铵。

（5）TEMED（四甲基乙二胺）。

（6）Tris－甘氨酸电泳缓冲液，pH8.3，可配成 5×贮存液备用，临用前稀释（表 10－3）。

表 10－3　Tris－甘氨酸电泳缓冲液

工作液		5×贮存液	
Tris 碱	25mmol/L	Tris 碱	15.1g
甘氨酸	250mmol/L，pH 8.3	甘氨酸	94g
SDS	0.1%	1% SDS	50ml
		ddH_2O	加 1000ml

（7）染色液考马斯亮蓝－R250　见表 10－4。

表 10－4　考马斯亮蓝－R250 染色液

项目	用量
甲醇	400ml
冰乙酸	100ml
考马斯亮蓝 R250	1g
ddH_2O 加至	1000ml

（8）脱色液　见表 10－5。

表 10－5　脱色液

项目	用量
甲醇	400ml
冰乙酸	100ml
ddH_2O	500ml

3. 仪器 离心机、电泳仪。

四、操作步骤

1. 样品的处理

（1）取1ml菌液，10000r/min离心1分钟，弃上清，重悬于50μl去离子水。

（2）加入50μl 2×SDS凝胶上样缓冲液，涡旋混匀，100℃加热10分钟。

（3）10000r/min离心3分钟备用。

2. SDS－PAGE凝胶的制备

（1）配制分离胶

1）按下列配方组成配制4ml 12%分离胶 见表10－6。

表10－6 12%的蛋白质SDS－聚丙烯酰胺凝胶分离层配方

成分	体积（ml）
水	1.6
30%丙烯酰胺混合液	1.32
1.5mol/L Tris（pH8.8）	1
10% SDS	0.04
10%过硫酸铵	0.04
TEMED	0.002

2）加入TEMED，混匀后立即小心将分离胶注入准备好的玻璃板间隙中，注意为浓缩胶留有足够的空间（约1/3空隙体积）。轻轻在其顶层加入1ml去离子水，阻止空气中的氧气对凝胶聚合的抑制作用并磨平胶平面。

3）聚合完成之后，倒掉覆盖在凝胶上层的水，用滤纸吸干凝胶顶层的残存液体。

（2）配制浓缩胶

1）按下列配方组成配制1ml 5%浓缩胶 见表10－7。

表10－7 5%的蛋白质SDS－聚丙烯酰胺凝胶浓缩层配方

成分	体积（ml）
水	0.675
30%丙烯酰胺混合液	0.1675
1.0mol/L Tris（pH6.8）	0.125
10% SDS	0.01
10%过硫酸铵	0.01
TEMED	0.001

2）将浓缩胶灌入分离胶上面，插入梳子，垂直放置于室温下。

3）浓缩胶聚合完成后，用去离子水冲洗梳孔。将凝胶放入电泳槽上，加入电泳缓冲液，小心拔出梳子。

3. 电泳

1）安装好电泳槽，把电泳槽至于冰盒内，将电极插头与适当的电极相连。

2）开始时电压为60V，染料进入分离胶后，将电压增加到90V，继续电泳直到染料到

达分离胶底部，断开电源。

3）取下凝胶，将凝胶置于考马斯亮蓝染色液中放置1小时或过夜。

4）换掉并回收染色液。用脱色液浸泡凝胶1小时。

4. 实验结果 观察凝胶，并根据结果绘制电泳图谱并分析实验结果。

5. 注意事项

（1）PAGE胶制作过程中注意积层胶合浓缩胶的比例，否则会影响电泳效果。

（2）制胶过程中注意各种成分加入的先后顺序，保证制胶质量。

（3）上样时注意每孔的上样量防止样品间相互污染。

五、目标检测

1. 在聚丙烯酰胺凝胶电泳时，不同的蛋白质按照其分子量大小进行分布，电泳迁移率仅取决于蛋白质的什么？

2. 在聚丙烯酰胺凝胶电泳时，为什么会出现脱尾现象？

3. 玻璃板表面不光滑对电泳的影响？

4. 灌胶时气泡对电泳有什么影响？

5. SDS的作用是什么？

6. 浓缩胶的作用是什么？

7. 蛋白质分子的迁移速度与什么有关？

8. 过硫酸铵的作用是什么？

9. TEMED的作用是什么？

（臧学丽）

扫码“学一学”

任务八 蛋白质的活性检测

一、实训目的

通过酶联免疫法测定猪肌生长抑制素（MSTN）含量，掌握酶联免疫法测定蛋白质含量的方法；懂得试剂盒的使用。

二、实训原理

酶联免疫法系使抗原或抗体与某种酶连接成酶标抗原或抗体，这种酶标抗原或抗体既保留其免疫活性，又保留酶的活性。在测定时，把受检标本（测定其中的抗体或抗原）和酶标抗原或抗体按不同的步骤与固相载体表面的抗原或抗体起反应。用洗涤的方法使固相载体上形成的抗原抗体复合物与其他物质分开，最后结合在固相载体上的酶量与标本中受检物质的量成一定的比例。加入酶反应的底物后，底物被酶催化变为有色产物，产物的量与标本中受检物质的量直接相关，故可根据颜色反应的深浅来进行定性或定量分析。由于酶的催化频率很高，故可极大地放大反应效果，从而使测定方法达到很高的敏感度。

本试剂盒采用双抗体夹心ELISA法。用抗MSTN检测试剂盒抗体包被于酶标板上，实验时样品或标准品中的MSTN检测试剂盒与包被抗体结合，游离的成分被洗去。依次加入生物素化的抗MSTN检测试剂盒抗体和辣根过氧化物酶标记的亲和素。抗MSTN检测试剂盒抗体与结合在包被抗体上的 MSTN 检测试剂盒结合、生物素与亲和素特异性结合而形成免疫复合物，游离的成分被洗去。加入显色底物（TMB），TMB 在辣根过氧化物酶的催化下呈现蓝色，加终止液后变成黄色。用酶标仪在 450nm 波长处测 OD 值，MSTN 检测试剂盒浓度与 OD_{450} 值之间呈正比，通过绘制标准曲线计算样品中 MSTN 检测试剂盒的浓度。

三、实训器材

1. 材料　基因工程表达产物 MSTN。

2. 试剂　MSTN 检测试剂盒、双蒸水。

3. 器皿　烧杯、容量瓶、水浴锅、微量移液器、洗板机、酶标仪。

四、操作步骤

1. 加样

（1）分别设空白孔、标准孔、待测样品孔。

（2）空白孔加标准品和样品稀释液 100μl，余孔分别加标准品或待测样品 100μl。

注意：不要有气泡，加样时将样品加于酶标板底部，尽量不触及孔壁，轻轻晃动混匀。给酶标板覆膜，37℃孵育 90 分钟。

为保证实验结果有效性，每次实验请使用新的标准品溶液。

2. 加酶工作液

（1）弃去液体，甩干，不用洗涤。每个孔中加入生物素化抗体工作液 100μl（在使用前 15 分钟内配制），酶标板加上覆膜，37℃温育 1 小时。

（2）弃去孔内液体，甩干，洗板 3 次，每次浸泡 1～2 分钟，大约 350μl/每孔，甩干并在吸水纸上轻拍将孔内液体拍干。

（3）每孔加酶结合物工作液（临用前 15 分钟内配制）100μl，加上覆膜，37℃温育 30 分钟。

（4）弃去孔内液体，甩干，洗板 5 次，方法同步骤 2.（2）。

3. 加酶反应底物

（1）每孔加底物溶液（TMB）90μl，酶标板加上覆膜 37℃避光孵育 15 分钟左右（根据实际显色情况酌情缩短或延长，但不可超过 30 分钟。当标准孔出现明显梯度时，即可终止）。

（2）每孔加终止液 50μl，终止反应，此时蓝色立转黄色。终止液的加入顺序应尽量与底物溶液的加入顺序相同。

4. 酶标仪测定

（1）立即用酶标仪在 450nm 波长测量各孔的光密度（OD 值）。应提前打开酶标仪电源，预热仪器，设置好检测程序。

（2）实验完毕后将未用完的试剂按规定的保存温度放回冰箱保存。

5. 实验结果　以标准物的浓度为横坐标、OD 值为纵坐标，在坐标纸上绘出标准曲线，根据样品的 OD 值由标准曲线查出相应的浓度；再乘以稀释倍数；或用标准物的浓度与 OD 值计算标准曲线的直线回归方程式，将样品的 OD 值代入方程式，计算出样品浓度，再乘以稀释倍数，即为样品的实际浓度。

6. 注意事项

（1）保存　试剂盒中各试剂请按说明书提示合理存放。在储存及温育过程中避免将试

剂暴露在强光中。所有试剂瓶盖须旋紧以防止蒸发和微生物的污染，否则可能会出现错误的结果。

（2）酶标板　刚开启的酶标板孔中可能会有少许水样物质，为正常现象，不会对实验结果造成任何影响。暂时不用的板条应拆卸后放入备用铝箔袋，按推荐温度存放。

（3）加样　加样或加试剂时，第一个孔与最后一个孔的加样时间间隔如果太大，将会导致不同的“预温育”时间，从而明显地影响到测量值的准确性及重复性。每次的加样时间最好控制在10分钟内。推荐设置复孔。

（4）温育　为防止样品蒸发，实验时必须给酶标板覆膜；洗板后应尽快进行下步操作，避免酶标板处于干燥状态；严格遵守给定的温育时间和温度。

（5）洗涤　洗涤过程中反应孔中残留的洗涤液应在吸水纸上拍干，勿将滤纸直接放入反应孔中吸水。在读数前要注意清除底部残留的液体和手指印，以免影响酶标仪读数。

（6）显色时间的控制　加入底物后请定时观察反应孔的颜色变化（如每隔5分钟），如梯度已很明显，请提前加入终止液终止反应，避免颜色过深影响酶标仪读数。

（7）底物　底物请避光保存，在储存和温育时避免强光直接照射。

（8）混匀　充分轻微混匀对反应结果尤为重要，最好使用微量振荡器（使用最低频率），如无微量振荡器，可在反应前手工轻轻敲击酶标板框混匀。

（9）安全　实验中请穿着实验服并戴乳胶手套做好防护工作。特别是检测血液或者其他体液样品时，请按国家生物试验室安全防护条例执行。不同批号的试剂盒组分不能混用（洗涤液和反应终止液除外）。

（10）试验中所用的EP管和吸头均为一次性使用，严禁混用，否则将影响试验结果。

五、目标检测

扫码“练一练”

1. 为了使检测过程中蛋白质及酶的活性最好，通常将温度调节为多少摄氏度？
2. 酶联免疫法测定猪肌生长抑制素（MSTN）含量的原理是什么？
3. 酶联免疫试剂盒应该怎样保存？
4. 每次的加样时间最好控制在多长时间范围内？
5. 怎样进行显色时间控制？
6. 怎样进行洗版？
7. 实验过程中，为了防止样品蒸发应该如何操作？

（臧学丽）

项目十一

天然活性成分提取

任务一　天然活性成分提取的一般技术

扫码“学一学”

一、天然活性成分的提取方法与技术

天然活性成分是指来源于动物、植物与微生物的具有医疗效用或者生理活性的天然物质。主要包括生物碱、酚酸类、黄酮类、萜类、甾体、苷类、蒽醌类、香豆素、糖类、氨基酸、蛋白质、鞣质等。

天然活性成分的组分复杂，有效成分往往不明确，且含量低，其药效作用常是多靶点综合作用。对天然活性成分进行提取有非常重要的意义，有利于活性成分的组分研究，药理研究，及医疗应用等。

（一）传统提取技术

1. 溶剂提取法　根据天然活性物质各成分在溶剂中的溶解性不同，选用对有效成分溶解度大，而对杂质成分溶解度小的溶剂，将有效成分从目标组织内溶解出来进行提取。

扫码“看一看”

（1）浸渍法　用适宜的溶剂（如乙醇、稀醇或水），浸渍物料使有效成分溶出的方法。传统的浸渍常采用缸、坛并加盖密封，例如冷浸法制备药酒。本法比较简单易行，但浸出率较差。

（2）渗漉法　将天然生物活性材料装在渗漉器中，不断添加新溶剂，使其透过活性物质，自上而下从渗漉器下部流出浸出液，属动态提取法，提取效率较高。

（3）煎煮法　最早使用的传统浸出方法。一般用陶器、砂罐或铜制、搪瓷器皿作为煎煮容器，不宜用铁锅。还可将数个煎煮器通过管道互相连接，进行连续煎浸。

（4）回流提取法　用有机溶剂加热提取，采用回流加热装置，以免溶剂挥发损失。

（5）连续提取法　用挥发性有机溶剂提取天然生物活性物质，所用溶剂较少，提取率较高。实验室常用脂肪提取器或索氏提取器，但提取成分受热时间较长，遇热不稳定易变化的成分不宜采用此法。

扫码“看一看”

溶剂提取法所用装置见图 11－1 和图 11－3。

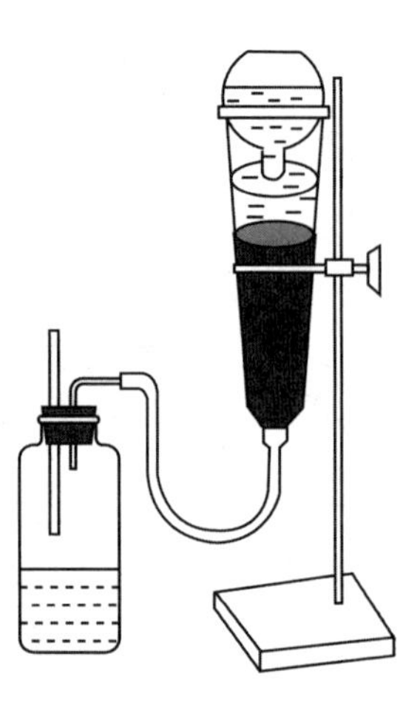

图 11－1　渗漉装置

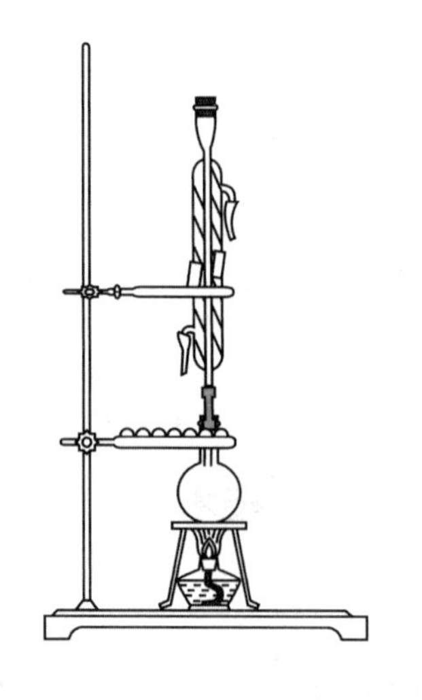

图 11－2　回流提取装置

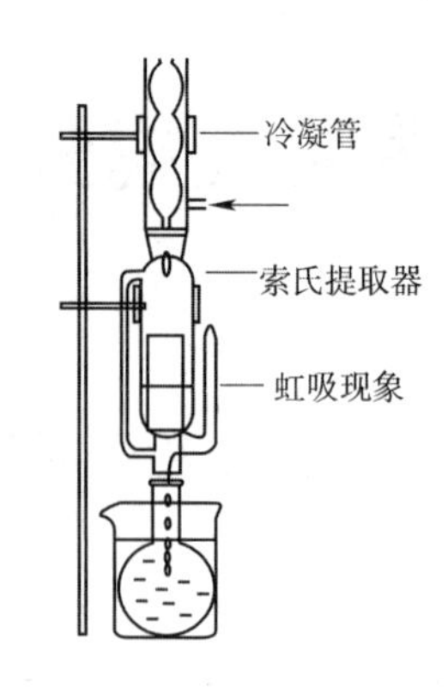

图 11－3　索氏提取装置

扫码“看一看”

2. 水蒸气蒸馏法　水蒸气蒸馏法是利用被蒸馏分与水不相混溶，且被分离的物质能在比水沸点低的温度下沸腾，生成的蒸汽和水蒸气一同馏出，经凝结后得到水－油两液层。该方法适用于能随水蒸气蒸馏而不被破坏的天然药物有效成分的提取（图 11－4）。

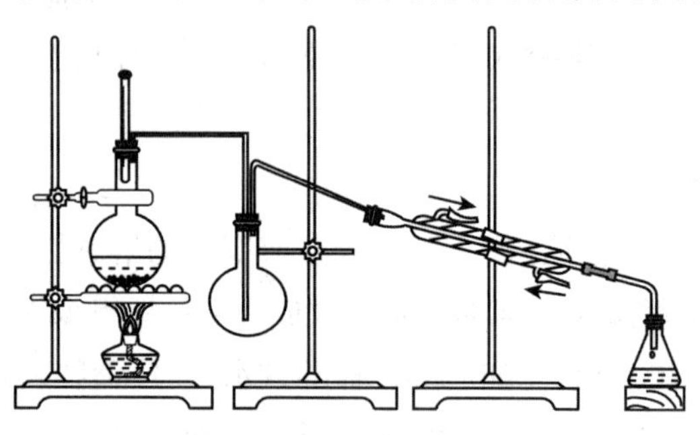

图 11－4　水蒸气蒸馏装

此法不适用于热不稳定组分的提取。主要适用于提取植物中的挥发油，某些小分子生物碱如麻黄碱、烟碱，以及某些小分子的酚性物质，如牡丹酚等。

（二）现代提取技术

1. 超声波提取技术　超声波是指频率高于 20kHz 的声波。超声波提取的原理是利用超声波的空化效应、热效应和机械效应等，破碎组织细胞，促使细胞内有效成分快速、高效溶出、释放。此方法适用于对热敏感活性物质的提取，例如多糖、皂苷、黄酮、生物碱、萜类等成分的提取。

2. 微波提取技术　微波是一种频率在 300MHz 至 300GHz 之间的电磁波。微波提取是基于微波的热特性。细胞系统含水量高，细胞内水分子吸收微波能量，温度迅速上升汽化产生压力使细胞破裂有效成分释放出来。微波提取适用于对热稳定的有效成分，如多糖、皂苷、黄酮、生物碱、多酚、萜类等成分的提取。

3. 超临界萃取技术　超临界萃取以超临界流体（SCF）为溶剂，对有效成分进行萃取和分离。超临界流体是指处于临界温度和临界压力以上的流体，是介于液态和气态之间的一种状态，既具有液体对溶质溶解度较大的特点，又具有气体易于扩散和运动的特性。

目前生产上常用二氧化碳作为超临界流体，提取物料中的有效成分。一般是先通过调节温度和压力使二氧化碳处于超临界状态，对物料中的有效成分进行溶解，然后通过减压

和调温使二氧化碳气体和溶质分离。此法适用于对热敏感的物料，提取效率高，但设备投资较大。

4. 酶提取技术 酶提取技术是用合适的酶（如纤维素酶、半纤维素酶、果胶酶）破坏细胞壁和细胞膜的结构，加快有效成分溶出的速率，提高提取效率，缩短提取时间。但是酶容易受温度、pH 等条件的影响，此方法主要适用于对植物和微生物中活性成分的提取。

二、目标检测

1. 溶剂提取法分为哪几类？各有什么优缺点？
2. 常用的溶剂分为哪几类？
3. 溶于水的物质是否可以用水蒸气蒸馏？为什么？
4. 微波提取适用什么活性物质的提取？
5. 超临界萃取的原理是什么？
6. 酶提取法有什么缺点？

（黎　庆）

任务二　茶叶中咖啡因的提取

扫码“学一学”

一、实训目的

掌握茶叶中咖啡因提取的原理和方法，能够完成咖啡因的提取、升华纯化等操作。

二、实训原理

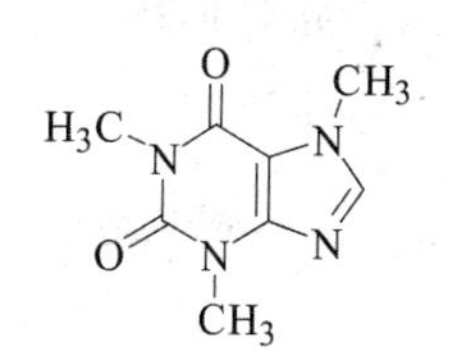

咖啡因的结构

咖啡因（咖啡碱）是嘌呤的衍生物，是中枢神经兴奋药，具有刺激心脏、兴奋大脑神经和利尿等作用。

茶叶中含多种生物碱，其中咖啡因的含量为 1% ~5% ，另外还含 11% ~12% 的丹宁（鞣酸）以及色素、蛋白质等。含结晶水的咖啡因为白色针状粉末，味苦，能溶于水、乙醇、丙酮等有机溶剂。

索氏提取装置由烧瓶、索氏提取器、回流冷凝管 3 部分组成（图 11 - 3），其原理溶剂的回流和虹吸：溶剂在烧瓶中受热沸腾，汽化上升，在冷凝管中冷凝为液体，滴入滤纸筒（提取筒）中，对筒内的固体材料进行萃取；由于汽化冷凝下来的是纯的热溶剂，相当于每次都用新的溶剂萃取，减少了溶剂用量，缩短了提取时间，因而萃取效率较高；当提取筒中液面超过虹吸管最高处时，在虹吸作用下自动流回烧瓶。

提取液通过蒸馏可除去大部分的乙醇，然后加入生石灰，使咖啡因成游离状，中和丹宁酸等酸性杂质并吸收水分，再焙炒除水。咖啡因 100℃ 时失去结晶水，开始升华。利用这一性质，可以纯化咖啡因，使其与茶叶中的单宁酸等分离。升华法只能用于不太高的温度下有足够蒸汽分压（在熔点前高于 266.69Pa）的固态物质，比如咖啡因、萘、樟脑等。升华过程中，温度不宜太高，否则会使产品发黄，影响产品质量。

三、实训器材

1. 仪器及设备 圆底烧瓶、球形冷凝管、索氏提取器、温度计、直形冷凝管、尾接管、

锥形瓶、蒸发皿、普通漏斗、电热套等。

2. 材料 茶叶、滤纸、棉花。

3. 药品 95%乙醇、生石灰。

四、操作步骤

1. 提取

（1）样品准备 称取10g茶叶，装入滤纸筒中。

（2）仪器安装 按图11-3从下往上安装仪器，向250ml锥形瓶中加入120ml 95%乙醇，并加入少许沸石或玻璃珠防止爆沸，将装有茶叶的滤纸筒放入索氏提取器中，滤纸筒的直径要略小于抽提筒的内径，其高度一般要超过虹吸管，但是样品不得高于虹吸管。将索氏提取器安装到圆底烧瓶上，最后安装冷凝管，冷凝水下进上出。

（3）连续提取 通冷凝水，电热套开始加热至回流提取，当提取液颜色较浅时，停止加热。

2. 蒸馏 将提取装置改成蒸馏装置（图11-4），蒸馏除去大部分乙醇，当圆底烧瓶中残留液体剩余10~15ml时停止加热。

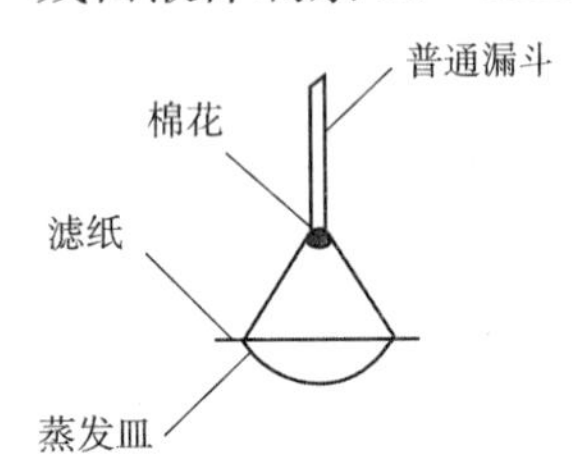

图11-5 升华装置

3. 升华 将残留液倾入蒸发皿中，烧瓶用少量乙醇洗涤，洗涤液也倒入蒸发皿中，蒸发至近干。加入4g生石灰粉，搅拌均匀，用电热套加热，蒸发至干。

按图11-5所示安装升华装置。用滤纸罩在蒸发皿上，在滤纸上扎一些小孔，在漏斗底部塞一团棉花密封，将漏斗倒扣在滤纸上。用电热套加热蒸发皿进行升华，当滤纸面上出现白色毛状结晶时，暂停加热。冷却至100℃左右，将咖啡因刮下，残渣升高温度再加热，使升华完全。合并咖啡因产品。

五、目标检测

1. 茶叶中除了咖啡因，还含有哪些物质？
2. 索氏提取装置由哪几部分组成？
3. 什么时候停止提取？
4. 加入生石灰的目的是什么？
5. 升华操作中棉花有什么作用？
6. 升华操作中为什么温度不宜过高？

（黎 庆）

扫码“学一学”

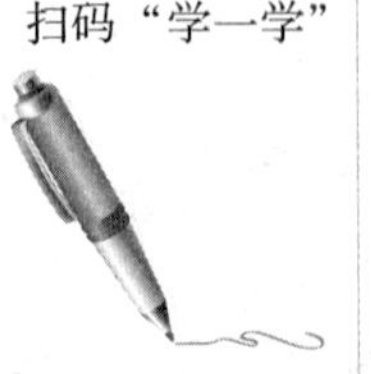

任务三 苦瓜皂苷的提取

一、实训目的

掌握苦瓜皂苷提取和检测的原理及方法，能够独立完成皂苷提取、脱脂、萃取、纯化等操作。

二、实训原理

皂苷是广泛存在于植物界的一类特殊的苷类，因其水溶液振摇后可产生持久的肥皂样的泡沫，因而又称皂素。根据皂苷水解后生成皂苷元的结构，可分为三萜皂苷与甾体皂苷两大类。组成皂苷的糖有葡萄糖、半乳糖、鼠李糖、阿拉伯糖、木糖及葡萄糖醛酸、半乳糖醛酸等。皂苷作为一种生物活性物质，越来越受到人们的关注。

苦瓜皂苷是苦瓜中有效成分之一，具有降血糖、抗氧化、增强免疫、抑制肿瘤细胞等作用。苦瓜皂苷易溶于水、热乙醇、甲醇，难溶于乙醚、丙酮等有机溶剂，具有吸湿性、易潮解，不易结晶，呈无色或者乳白色粉末。

苦瓜皂苷结构式

苦瓜皂苷提取的方法有很多种，常用的有溶剂提取、超声提取、微波辅助提取、超滤膜分离、柱层析分离等方法。

本次实训以新鲜苦瓜为原料，利用皂苷易溶于热水和热乙醇的特点，采用乙醇水溶液回流提取，用石油醚脱脂。回流提取装置一般由提取部分和冷凝部分组成。

苦瓜皂苷在含水正丁醇中有较大溶解度，用水饱和的正丁醇溶液萃取，可获得粗品皂苷。苦瓜皂苷可溶于甲醇，但不溶于丙酮，利用这个性质将苦瓜皂苷沉淀出来。用香草醛–高氯酸比色法测定总皂苷含量。人参皂苷 Rg_1 与苦瓜皂苷具有极为相似的光谱特性，选用人参皂苷 Rg_1 作为比色对照品，同时以香草醛–高氯酸作为显色剂。

三、实训器材

1. 仪器设备　紫外分光光度计、电子天平、恒温水浴、离心机、旋转蒸发仪、真空干燥箱、圆底烧瓶、冷凝管、分液漏斗、具塞试管。

2. 材料试剂

（1）材料　苦瓜。

（2）试剂　无水乙醇、石油醚、丙酮、人参皂苷 Rg_1 的标准品、香草醛、冰乙酸、正丁醇、甲醇、高氯酸。

四、操作步骤

1. 提取分离

（1）提取　将新鲜苦瓜洗净，去籽切片，烘箱中 60℃烘干，粉碎后过 20 目筛，准确称取苦瓜干料 10g 置于圆底烧瓶中，加入 150ml 70% 乙醇水溶液。

选用球形冷凝管搭建回流装置，冷凝水下进上出，接通冷凝水，加热回流提取 2 小时，过滤，用旋转蒸发仪将滤液浓缩至无醇味。

（2）脱脂　向浓缩液加入石油醚 20ml，搅拌脱脂，将混合液倒入分液漏斗中静置分层，取下层水层，重复操作 2 次，合并水层。

（3）萃取　水相用水饱和的正丁醇溶液（将正丁醇和蒸馏水按 1∶1 混合，超声 10 分钟，分层，上层为水饱和的正丁醇溶液）萃取 3 次（20ml/次），分离出正丁醇相，合并正丁醇萃取液，用旋转蒸发仪浓缩至黏稠状。

（4）纯化　向上述样品中加入 8ml 甲醇，溶解，然后加入 80ml 丙酮，充分搅拌使之产生沉淀，离心，得沉淀。

（5）干燥　沉淀真空干燥后得苦瓜皂苷。

2. 含量检测

（1）标准曲线绘制　精密称取人参皂苷 Rg_1 的标准品 2mg，加无水乙醇溶解定容至 4ml，摇匀，作为对照品溶液。

精密吸取上述对照品溶液 0、40、80、120、160、200μl 分别置于具塞试管中，水浴除去溶剂，加入新配制的 5% 香草醛 – 冰乙酸溶液 0. 2ml，高氯酸 0. 8ml，在 60℃ 水浴中加热 15 分钟，流水冷却，加冰乙酸 5ml，摇匀，在 15 分钟内于波长 548nm 处分别测吸光度，以吸光度（A）为纵坐标，人参皂苷 Rg_1 浓度（C）为横坐标绘制标准曲线。

（2）样品测定　将干燥后的苦瓜总皂苷用无水乙醇定容至 10ml，过滤，取 1ml 滤液于具塞试管中，用无水乙醇稀释再定容至 10ml，取 0. 2ml 于具塞试管中，在 60℃ 水浴中挥去溶剂，加入新配制的 5% 香草醛 – 冰乙酸溶液 0. 2ml，高氯酸 0. 8ml。在 60℃ 水浴中加热 15 分钟，流水冷却，加冰乙酸 5ml，摇匀，在 15 分钟内于波长 548 nm 处测吸光度 A（取无水乙醇 0. 35ml 作空白对照）。

（3）皂苷含量的计算

总皂苷（%）= 测得苦瓜皂苷含量/所用脱脂苦瓜粉量 ×100%

五、目标检测

1. 皂苷提取的常用方法有哪些？
2. 回流提取装置由哪几部分组成？
3. 如何配制水饱和的正丁醇溶液？
4. 萃取时，正丁醇是在上层还是下层？
5. 皂苷的含量是用什么方法进行测定的？
6. 紫外分光光度计的使用需要注意什么？

（黎　庆）

扫码“学一学”

任务四　海带甘露醇的提取

一、实训目的

掌握海带中甘露醇分离提纯的原理及方法，能够独立、熟练完成浸泡提取、浓缩沉淀、精制以及鉴别等操作。

二、实训原理

甘露醇，又称 D – 甘露糖醇，为六元醇，白色结晶粉末，易溶于水（5. 6g/100ml，20℃）及甘油（5. 5g/100ml），略溶于乙醇（1. 2g/100ml），几乎不溶于乙醚等；20% 水溶液呈酸性（pH 5. 5 ~ 6. 5）；无吸湿性，干燥快，化学稳定性好，是重要医药、化工原料。

甘露醇结构式

甘露醇在海藻、海带中的含量较高，干海带上附着的白色粉末，其主要成分就是甘露醇。海带洗涤液中甘露醇的含量可达到 15g/L，是提取甘露醇的重要资源。

目前，工业生产甘露醇主要有两种工艺，一种是以海带为原料，在生产海藻酸盐的同

时，将提碘后的海带浸泡液，经多次提取、浓缩、除杂、离子交换、蒸发浓缩后，再冷却结晶而得；一种是以蔗糖和葡萄糖为原料，通过水解、差向异构和酶异构，然后加氢而得。利用海带提取甘露醇是国内生产甘露醇的主要方法。

甘露醇的鉴别和含量测定可依据《中国药典》（2015 年版）进行。

本次实训采用浸泡提取法提取海带中的甘露醇，采用重结晶法对甘露醇粗品进行精制，利用在碱性条件下甘露醇与三氯化铁的显色反应对提取物进行鉴定。

三、实训器材

1. 仪器设备 旋转蒸发仪、恒温水浴锅、离心机、布氏漏斗、抽滤瓶、烘箱等。

2. 材料试剂

（1）材料 海带，精密 pH 试纸（pH 1～3 和 pH 11～13）。

（2）试剂 95% 乙醇、浓硫酸、氢氧化钠、活性炭等。

3. 工艺流程 见图 11－6。

干海带→浸泡搓洗 —洗液→ 碱化、酸化 —清液→ 浓缩 → 粗品 → 精制 → 纯品

图 11－6 海带提取甘露醇工艺流程

四、操作步骤

1. 浸泡提取

（1）称样 称取 50g 海带，洗净，剪碎，可分成 3～4 等份。

（2）浸洗 将第 1 份海带加入 20 倍总海带重量的蒸馏水，用 H_2SO_4 调节 pH 2.0，室温下浸泡 0.5～1 小时后，弃掉残渣，取浸泡液。

继续用浸泡液浸洗第 2 份海带，浸泡 0.5～1 小时后，弃掉残渣，取浸泡液。

如此重复 3～4 次，以增加浸泡液中提取物（甘露醇）的浓度。

注意：浸渍使海带膨胀，并不断搅拌、搓洗，将海带表面的白色粉末洗入水中。

（3）碱化 合并浸泡液，用 30% NaOH 溶液，调 pH 为 11～12，静置 30 分钟～1 小时，凝聚沉淀多糖类黏性物质（如褐藻糖、淀粉及其他有机黏性物等）。

（4）酸化 用布氏漏斗抽滤，除去胶状物质，收集上清滤液，用 H_2SO_4（1∶1）中和至 pH6～7，再次过滤，除去胶状物，得中性提取液。

2. 浓缩沉淀

（1）浓缩 将中性提取液加热至沸腾，浓缩提取液至原体积的 1/4 左右时，抽滤除去胶状物沉淀，冷却至 60～70℃。

（2）醇洗 趁热加入 2 倍量的 95% 乙醇，搅拌，冷却至室温，离心收集灰白色松散沉淀物，即为甘露醇粗品。

（3）称重 将松散沉淀物收集至玻璃皿上，在 105～110℃下烘干，称重并记录。

可以将甘露醇粗品进一步提取、精制、干燥，分别获得粗制甘露醇、结晶甘露醇和药用甘露醇。

3. 浓缩结晶

（1）浓缩 称取一定量的松散沉淀物，装入带有旋转蒸发仪中，加入 8 倍量的 95% 的乙醇，缓慢旋转加热，沸腾回流 30 分钟，出料，冷却至室温，结晶。

（2）离心 甩干，得白色松散的粗品甘露醇结晶。

（3）重结晶　重复（1）和（2）的操作1次。

4. 精制

（1）吸附　将结晶粗品溶于2倍量的蒸馏水中，加入适量活性炭，80℃保温30分钟后，过滤，至滤液澄清。

（2）结晶　滤液冷却至室温，结晶，抽滤，洗涤，即可得到精制甘露醇。

5. 干燥　将精制甘露醇置于烘箱内，105～110℃烘干，称重。

6. 鉴别　取本品的饱和水溶液1ml，加三氯化铁试液与氢氧化钠试液各0.5ml，即生成棕黄色沉淀，振摇不消失；滴加过量的氢氧化钠试液，即溶解成棕色溶液。

五、目标检测

1. 实验中所用海带是否需要经过提碘处理？原因是什么？
2. 用30% NaOH溶液调pH为11～12的目的是什么？
3. 向浓缩液中加入2倍量95%乙醇的目的是什么？
4. 回流一般选用什么冷凝管？冷却水该如何连接？
5. 减压抽滤时，应先停泵再拔管还是先拔管再停泵？
6. 用什么方法可以鉴别甘露醇？原理是什么？

（黎庆）

任务五　枸杞多糖的提取

扫码“学一学”

一、实训目的

掌握多糖的提取、纯化以及含量测定的原理及方法，能够独立、熟练完成水提法提取枸杞中多糖、Sevag法纯化多糖以及比色法进行多糖含量的测定等操作。

二、实训原理

枸杞子富含植物多糖、蛋白质、维生素等营养成分，经研究表明，枸杞多糖是枸杞子调节免疫、延缓衰老的主要活性成分。

枸杞多糖属水溶性多糖，提取方法主要有水提取法、超声提取法、微波提取法、热水浸提法、碱液或酸液提取法和酶解提取法等。热水浸提法是枸杞多糖常用的提取方法。

本次实训采用水提取法，在提取前，可先用低极性的有机溶剂对原料进行脱脂预处理，再用Sevag法除去提取液中蛋白质。

脱脂时，一般先加入醇或醚进行回流脱脂，释放多糖，然后依多糖性质（如酸碱性、胞内或胞壁多糖），将脱脂后的残渣用冷水、热水、冷或热的氢氧化钠、乙酸或苯酚等溶液提取。

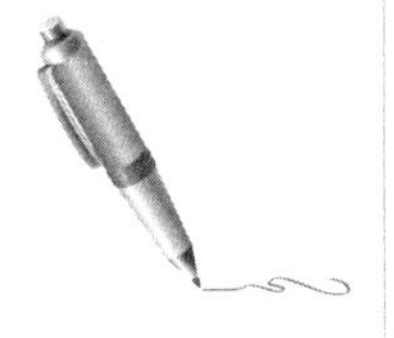

脱除蛋白质是分离多糖的重要步骤，可通过蛋白质变性沉淀而多糖不沉淀来除去蛋白质。Seveg法是常用的脱蛋白方法，利用蛋白质在三氯甲烷中变性的特点，以三氯甲烷与正丁醇按4∶1混合，混合溶液按1∶5加入到多糖提取液中，混合物经剧烈振摇后离心，变性蛋白从水层中分出，位于水与三氯甲烷层的界面，可离心除去。Sevag法还可以与酶法结合，用蛋白酶将蛋白质水解，再通过透析、凝胶过滤或超滤除去，是目前认为较好的脱蛋白质的方法。

多糖提取液一般浓度较低，需进行浓缩。浓缩的方法可根据提取液性质确定。枸杞多糖对热比较稳定，多用加热蒸发法，即向水溶液中加入一定量亲水性的有机溶剂，降低溶质的溶解度，使其沉淀析出。常用的溶剂有乙醇、丙酮、甲醇等，其中乙醇的沉淀作用强、沸点适中、无毒，应用最为广泛。向多糖浓缩液中加入一定量的乙醇溶液，可得到粗多糖的沉淀物。

采用以上方法提取的多糖中，还常常含有无机盐、大分子蛋白质、木质素、色素及醇不溶的小分子有机物（如低聚糖等）杂质，工业生产中一般采取透析法、离子交换、凝胶过滤或超滤法除去这些杂质。对于大分子杂质，可用酶法，乙醇、丙酮溶剂沉淀法或配合物法除去。

多糖的含量测定可用蒽酮 - 硫酸比色法。糖类在较高温度下被硫酸作用而脱水生成糠醛或羟甲基糠醛，然后与蒽酮（$C_{14}H_{10}O$）脱水缩合，形成糠醛的衍生物，成蓝绿色。该物质在620nm处有最大吸收，在150μg/ml范围内，其颜色深浅可与可溶性糖含量成正比。这一方法有很高的灵敏度，可用来测定多糖的含量。

三、实训器材

1. 仪器设备 分析天平、离心机、水浴锅、电炉、漩涡震荡仪、旋转蒸发仪、真空烘箱、分光光度计、烧杯、离心管、分液漏斗、50ml容量瓶、玻璃棒、量筒、加盖试管等。

2. 材料试剂

（1）材料 干燥枸杞子。

（2）试剂 葡萄糖标准溶液、蒽酮试剂、浓硫酸、95%乙醇、无水乙醇、三氯甲烷 - 正丁醇（4:1）。

1）蒽酮试剂配制 称取0.2g蒽酮于烧杯中，在搅拌条件下，缓缓加入100ml浓硫酸，完全溶解后，储存于棕色瓶中，最好是当天配制。

2）标准葡萄糖溶液（工作液）配制 先配制1g/L的标准溶液储存备用。

使用时，分别移取1g/L的标准葡萄糖溶液1ml、2ml、4ml、6ml、8ml、10ml，置于6只100ml容量瓶中，用蒸馏水定容至刻度，即得含量浓度分别为10mg/L、20mg/L、40mg/L、60mg/L、80mg/L、100mg/L的系列标准葡萄糖溶液。

四、操作步骤

1. 提取分离

（1）脱脂 称取20g枸杞子，粉碎，加入4倍体积95%乙醇，60℃加热搅拌脱脂，重复3次，滤渣晾干待用。

（2）提取 将滤渣放入1000ml烧杯中，加500ml蒸馏水，加热提取2小时。

（3）除蛋白 过滤溶液，加入1/4体积的三氯甲烷 - 正丁醇（4:1），剧烈振摇10～15分钟，3000r/min离心20～25分钟，弃去中间变性蛋白和三氯甲烷层。

（4）浓缩 上清液用旋转蒸发仪浓缩至50ml。

（5）沉淀 在搅拌状态下，将浓缩液加入3倍体积95%乙醇中，室温静置1小时左右，离心，固形物用95%乙醇洗涤，离心，然后用无水乙醇洗涤，再离心，保留沉淀。

（6）干燥 将沉淀的固体进行真空干燥，得枸杞多糖粗品。

2. 含量测定

（1）标准曲线的绘制

1）取干燥试管6支，按表11－1操作，配制不同浓度的葡萄糖溶液。

表11－1　标准曲线的绘制

	0	1	2	3	4	5
标准溶液	0	0.1	0.2	0.3	0.4	0.5
蒸馏水	1	0.9	0.8	0.7	0.6	0.5
置冰浴5分钟						
蒽酮试剂	4	4	4	4	4	4
煮沸10分钟，自来水冷却，室温放置10分钟，比色						
A_{620}						

2）分别吸取蒸馏水及系列标准葡萄糖溶液各1ml，置于1～7号具塞试管中，沿试管壁各加入5ml冷的蒽酮试剂，摇匀后，塞上塞子置沸水浴准确加热10分钟，取出后放入冰水中迅速冷却，在暗处放置20分钟，在620nm波长下以第一管为空白试验，测定吸光度，以葡萄糖含量（mg）为横坐标、吸光度值A为纵坐标，绘制标准曲线。

（2）枸杞多糖的含量测定

1）精密称定20mg多糖粗品，溶于50ml蒸馏水中，制成样品液。

2）吸取0.5ml多糖溶液至具塞试管中，加蒸馏水至总体积为1ml。冰浴中冷却，再加入5ml蒽酮试剂，摇匀后，塞上塞子置沸水浴准确加热10分钟，取出后放入冰水中迅速冷却，在暗处放置20分钟，在620nm波长下，测定吸光度（表11－2）。

表11－2　样品吸光度的测定

	1	2
样品溶液	0.5	1.0
蒸馏水	0.5	0
置冰浴5分钟		
蒽酮试剂	4	4
煮沸10分钟，自来水冷却，室温放置10分钟，比色		
A_{620}		

3）测得吸光度值，由标准曲线查出样品液的多糖含量。

4）按下述公式，计算枸杞多糖总含量：

$$\text{枸杞多糖总含量（\%）} = 3.17c \times D/W$$

式中，c：测定的枸杞多糖样品用标准曲线回归方程计算出的以葡萄糖为测定结果的含量；D：枸杞多糖的稀释因素。在上述操作中，$D=1$；3.17为葡萄糖换算成枸杞多糖的换算系数。

五、目标检测

1. 为什么可以用水来提取枸杞中的多糖？
2. 开始用95%乙醇处理的目的是什么？最后加入95%乙醇又是什么目的？
3. Sevag法是如何除掉蛋白的？
4. 在进行枸杞多糖的提取提纯的时候，沉淀枸杞多糖所需乙醇的浓度有何影响？

5. 在 Sevag 法中，可以通过什么方法达到更好的提纯效果？

6. 真空干燥温度应该控制在多少摄氏度？

（黎　庆）

任务六　薄荷叶挥发油的提取

一、实训目的

能够运用水蒸气蒸馏法对薄荷中挥发油进行提取。会用薄层色谱法进行挥发油的鉴定。

二、实训原理

挥发油又称精油，是一类在常温下能挥发、可随水蒸气蒸馏、与水不相溶的油状液体的总称。挥发油主要含有萜类化合物、芳香族化合物、脂肪族化合物等，利用其挥发性及能溶于有机溶剂的性质，常采用水蒸气蒸馏、溶剂回流、微波、超临界流体萃取等方法来提取挥发油。以水蒸气蒸馏法最常用。

薄荷是唇形科植物薄荷的茎叶，其有效成分薄荷挥发油为芳香药、调味品及驱风药，广泛应用于制药、食品和日用化工等领域。

薄荷全草含挥发油 1% ~3%，组成复杂，主要是萜类及其含氧衍生物，其中薄荷醇含量最高，占 75% ~85%，薄荷醇的结晶又称“薄荷脑”。此外，还含有薄荷酮、乙酸薄荷酯等。

OH　　O　　$OCOCH_3$

薄荷醇　　薄荷酮　　乙酸薄荷酯

常温常压下，薄荷挥发油为无色或淡黄色透明油状液体，具有挥发性和薄荷香气，可溶于乙醇、三氯甲烷、乙醚等有机溶剂。薄荷中的挥发油具有挥发性，能随水蒸气馏出，可以采用水蒸气蒸馏法分离提取薄荷中的挥发油，再利用薄荷油中薄荷醇含量高、低温放置可析出“薄荷脑”的性质，分出薄荷醇。水蒸气蒸馏分离装置见图 11 -4，可用薄层色谱法对挥发油进行鉴定。

三、实训器材

1. 仪器设备　挥发油提取装置、旋转蒸发仪、烧杯、锥形瓶、层析缸等。

2. 材料试剂

（1）材料　薄荷叶、硅胶 GF_{254} 板、沸石等。

（2）试剂　石油醚（30 ~60℃）、石油醚（90 ~120℃）、乙酸乙酯、乙醇、1% 香草醛 -浓硫酸试液。

四、操作步骤

水蒸气蒸馏装置如图 11 -4 所示。

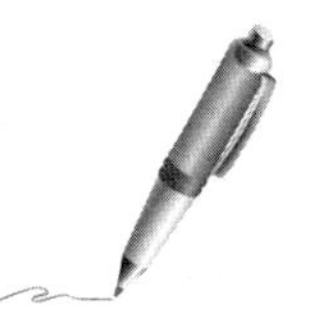

1. 加料　称取薄荷叶 50g，剪碎，置于蒸馏瓶 B 中，加入纯水 200ml 浸泡 30 分钟，向

A瓶中加入1/2～2/3的水和少许沸石。

2. 连接装置 如图11－4所示，按从下到上、从左到右的顺序安装蒸馏器。安全管应接近A瓶瓶底，冷凝水管下进上出，蒸汽导管尽量接近B瓶瓶底，使瓶内液体充分加热和搅拌。接收瓶口上盖一小块铝箔或牛皮纸，防止产品挥发。

3. 蒸出挥发油

（1）冷凝管通冷凝水，加热，通水蒸气进行蒸馏，挥发油与水的混合蒸汽经过冷凝管冷凝成乳浊液，进入接收瓶，收集馏出液，控制馏出速度2～3滴/秒。

注意：蒸馏过程中，混浊液随热蒸汽冷凝集聚在接受瓶中，当蒸馏近结束时，馏出液由混浊变澄清。

（2）当馏出液由混浊变澄清（无薄荷油芳香味）时，意味着馏出液的挥发油含量已接近于零。此时，先不要结束蒸馏，应继续多蒸馏出10～20ml的透明馏出液，再停止蒸馏。

（3）蒸馏结束后，先去掉热源，拆下接收瓶后，再按顺序拆卸其他部分。

注意：停止蒸馏时，先关闭A、B瓶之间的馏出蒸汽管，再移开热源，以免发生倒吸现象。稍冷后关闭冷却水，取下接收瓶，再依安装时的相反顺序拆除仪器。

4. 萃取分离 用石油醚（30～60℃沸程）分多次萃取馏出液，合并有机相得粗产品，用$CaCl_2$干燥后，控制温度蒸馏去除石油醚得薄荷油。

5. 纯化 将薄荷油于－10℃下冷冻放置，析出薄荷脑，经过滤得薄荷脑粗品和脱脑油。

6. 薄荷叶挥发油的鉴定

（1）薄层色谱鉴定

1）吸附剂 硅胶GF_{254}薄层板。

2）供试品 0.1g薄荷挥发油提取物，加无水乙醇5ml使溶解。

3）对照品 0.1g薄荷油对照品，加无水乙醇5ml使溶解。

4）展开剂 石油醚－乙酸乙酯（85∶15）；石油醚（90～120℃）。

5）显色剂 1%香草醛－浓硫酸溶液。

6）层析 取GF_{254}薄层板一块，沿起始线点上对照品和供试品，以石油醚－乙酸乙酯（85∶15）为展开剂展开至终端，取出薄层板，挥去溶剂，用1%香草醛/浓硫酸溶液显色，仔细观察各个斑点的位置。

（2）实验结果 观察斑点颜色，记录图谱并计算R_f值。

五、目标检测

1. 蒸汽导管末端为什么要插入近容器底？
2. 蒸馏速度应该如何控制？
3. 接收瓶口上盖一小块铝箔或牛皮纸，其目的是什么？
4. 何时应该停止蒸馏？
5. 除萃取外，还可以采用什么方法从馏出液中分离薄荷挥发油？
6. 挥发油中的薄荷醇是如何除掉的？

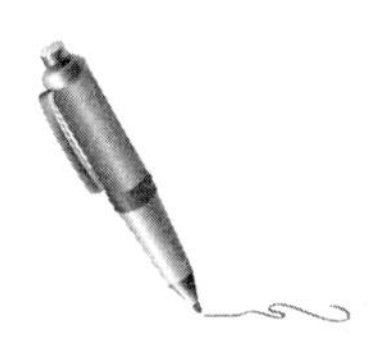

（黎 庆）

项目十二

青霉素发酵（仿真）

任务一　青霉素发酵工艺流程

扫码“学一学”

一、青霉素概述

青霉素是抗菌素的一种，是指从青霉素培养液中提制的分子中含有青霉烷、能破坏细菌的细胞壁并在细菌细胞的繁殖期起杀菌作用的一类抗生素，如青霉素 F、G、X、K、F 和 V 等，它们的差别在于侧链 R 基团的结构不同。青霉素具有以下相同的性质。

（1）溶解度　青霉素是一种游离酸，能与一些无机碱或有机碱形成盐，易溶于乙酸乙酯、苯、三氯甲烷、丙酮和醚等有机溶剂，在水中溶解度很小。青霉素钾、钠盐易溶于水和甲醇，可溶于乙醇，在丙醇、丁醇、丙酮、乙酸乙酯中难溶或不溶。当有机溶剂中含有少量水分时，青霉素的碱金属盐的溶解度会大幅增加。

（2）稳定性　固体青霉素盐的稳定性与其含水量和纯度有很大的关系。干燥纯净的青霉素盐很稳定，在无水的非极性溶剂中青霉素也很稳定。但青霉素的水溶液却不稳定，受 pH 和温度的影响很大。如青霉素水溶液在 pH 5～7 较稳定，遇酸、碱或加热都易分解。

（3）吸湿性　青霉素的纯度越高，吸湿性越小，越易于存放。青霉素晶体比无定型粉末的吸湿性小，各类盐的吸湿性也有所不同，且吸湿性随着温度的增加而增大。钠盐的吸湿性较强，其次为铵盐，钾盐较小。因此，钠盐在分包装车间的湿度和成品的包装条件要求更高。

二、工艺流程

扫码“看一看”

青霉素的生产菌种经孢子培养，后制成悬浮液接入种子罐，经一级或二级扩大培养后，再移入发酵罐，在适当的培养基、温度、pH、通气及搅拌条件下进行培养，所制得的含有一定浓度青霉素的发酵液经适当的预处理，过滤得到滤液，再经提取、精制、成品鉴定和成品分装等工序，最终制得合乎药典要求的成品。

1. 菌种　青霉素生产菌株一般为产黄青霉菌，在液体深层培养中菌丝形态为球状菌和丝状菌两种，丝状菌根据孢子颜色又分为黄孢子丝状菌和绿孢子丝状菌。目前我国青霉素生产上大多采用的是绿孢子丝状菌。产黄青霉的生长发育可分为 3 个阶段：菌丝生长繁殖期（菌丝浓度增加很快，青霉素分泌量很少）；青霉素分泌期（菌丝生长趋势减弱，产生大量的青霉素）；菌丝自溶期。

在种子培养阶段产生丰富的孢子（斜面和米孢子培养）或大量健壮菌丝体（种子罐培养），在培养基中应加入丰富的碳源、氮源、碳酸钙及无机盐，并保持25～26℃的最适生长温度和充分的通气搅拌。

2. 发酵 在发酵阶段要给予最佳培养条件，以大量产生和分泌抗生素。应严格控制发酵温度、发酵液中的残糖量、pH、CO_2和氧气量等。残糖量可通过补加氮源的量来控制；pH可通过补加葡萄糖量、酸量和碱量来控制；发酵液中的溶氧量通过通气量和搅拌转速来控制。

3. 发酵液的预处理 青霉素发酵液成分复杂，除产物外，还含有菌体蛋白质、培养基的残余成分及无机盐、微量的副产物及色素类杂质。提取青霉素时，首先要将发酵液过滤和预处理，分离菌丝、除去杂质。生产上采用二次过滤工艺，一次过滤主要除去菌体，二次过滤除去蛋白质等杂质。

4. 青霉素的提取 目前多采用溶剂萃取法提取青霉素。青霉素与碱金属所生成的盐类在水中溶解度很大，而青霉素游离酸易溶解于有机溶剂中。利用青霉素的这一性质，将青霉素在酸性溶液中转入乙酸丁酯，然后再于pH中性条件下转入水相。经过这样反复几次萃取，达到提纯和浓缩的目的。

5. 青霉素的精制 青霉素提取液经脱色、脱水、无菌过滤、结晶等步骤，得到青霉素晶体。根据需求，可以制成青霉素钾盐、青霉素钠盐、青霉素普鲁卡因盐。晶体经洗涤、过筛、干燥，得到青霉素成品。

6. 成品鉴定 青霉素是临床使用的抗菌药物，应特别注意产品的质量安全。通过精制干燥后的纯品必须通过全面严格的检验才能出厂，检验项目和标准一律按《中国药典》规定进行。

7. 成品分装 青霉素成品分装要在无菌或半无菌的场所进行，注射剂则应在无菌条件用自动分装机械分装。

三、目标检测

1. 青霉素产生菌是什么？其生长发育可分为哪几个代谢阶段？
2. 青霉素种子培养阶段的目的是什么？
3. 发酵液预处理的目的是什么？
4. 如何控制发酵液中的残糖量、pH和溶氧量？
5. 从发酵液中提取青霉素，目前多采用什么方法？

（成　亮）

扫码“学一学”

任务二　生产孢子的制备

一、实训目的

利用青霉素发酵工艺仿真软件，对制备生产孢子进行学习，能独立完成生产菌种的孢子制备。

二、实训原理

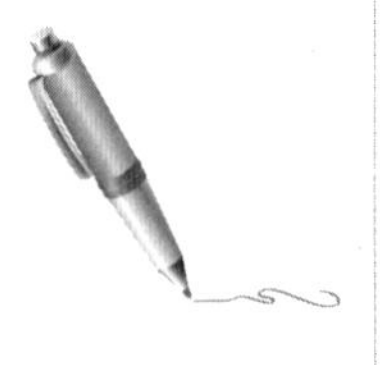

抗生素产量和成品质量与菌种性能以及孢子和种子的培养有密切关系。从保藏在试管中的菌种逐级扩大为生产用种子，是一个由实验室到车间的生产过程。优良种子可以缩短生产周期、稳定产量、提高设备利用率。

孢子制备是发酵工序的开端，以产生丰富的孢子为目的。种子制备是指孢子接入种子罐后，在罐中繁殖成大量菌丝的过程，其目的是使孢子发芽、繁殖和获得足够数量的健壮菌丝体。种子制备所使用的培养基及其他工艺条件，都要有利于孢子发芽和菌丝繁殖。种子罐级数是在指制备种子需逐级扩大培养的次数。青霉素种子制备一般为二级种子罐扩大培养。

产青霉素丝状霉菌在固体培养基上具有一定的形态特征。开始生长时，孢子先膨胀，长出芽管并急速伸长，形成隔膜，繁殖成菌丝，产生复杂的分枝，交织为网状而成菌落。在营养物质分布均匀的培养基中，菌落一般都是圆形，其边缘或整齐，或为锯齿状，整个形状好似毛笔，称为青霉穗。分生孢子有椭球形、圆柱形和球形等几种形状。分生孢子为黄绿色、绿色或蓝绿色，衰老后变为黄棕色、红棕色以至灰色等。

三、实训器材

电子计算机、青霉素生产仿真实训软件。

四、操作步骤

1. 菌种介绍 目前我国青霉素生产厂大都采用绿孢子丝状菌（产黄青霉菌的变种）作为菌种。

青霉素生产仿真实训软件菌种介绍界面见图 12－1。

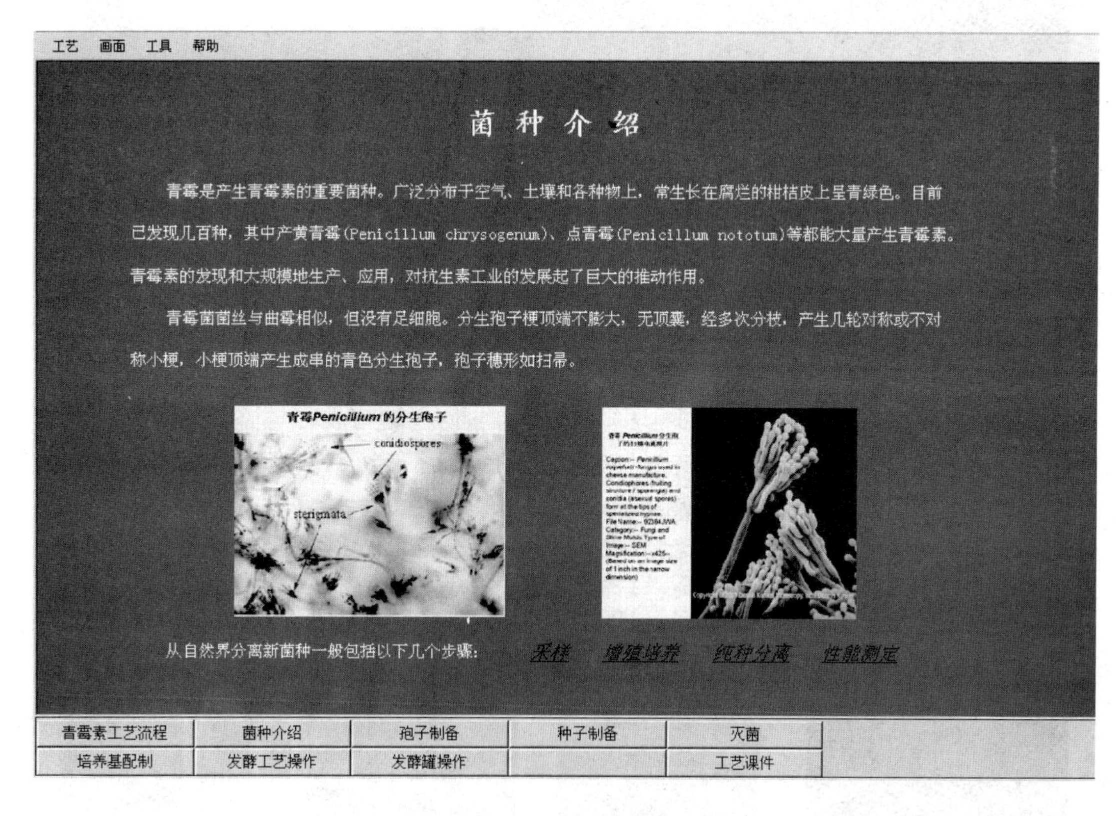

图 12－1 菌种介绍界面

2. 孢子制备 将沙土管内保藏的孢子接入母瓶斜面培养基上，在 25℃培养 6～7 天，长成绿色孢子。将孢子制成悬液，接入大米茄子瓶内，在 25℃、相对湿度 50% 条件下，培养 6～7 天，制成大米孢子，真空干燥保存备用。青霉素生产仿真实训软件孢子制备界面见图 12－2。

3. 种子制备 生产时按一定的接种量移入一级种子罐，25℃培养40～45小时，菌丝浓度达40%以上、菌丝形态正常，即按10%～15%的接种量移入二级种子罐。经25℃培养13～15小时，菌丝体积达40%以上，形态正常，效价在700U/ml左右、残糖在1.0%左右，无菌检查合格便可作为种子，按30%接种量移入已灭菌的、培养基成分符合要求的发酵罐内。青霉素生产仿真实训软件种子制备界面见图12－3。

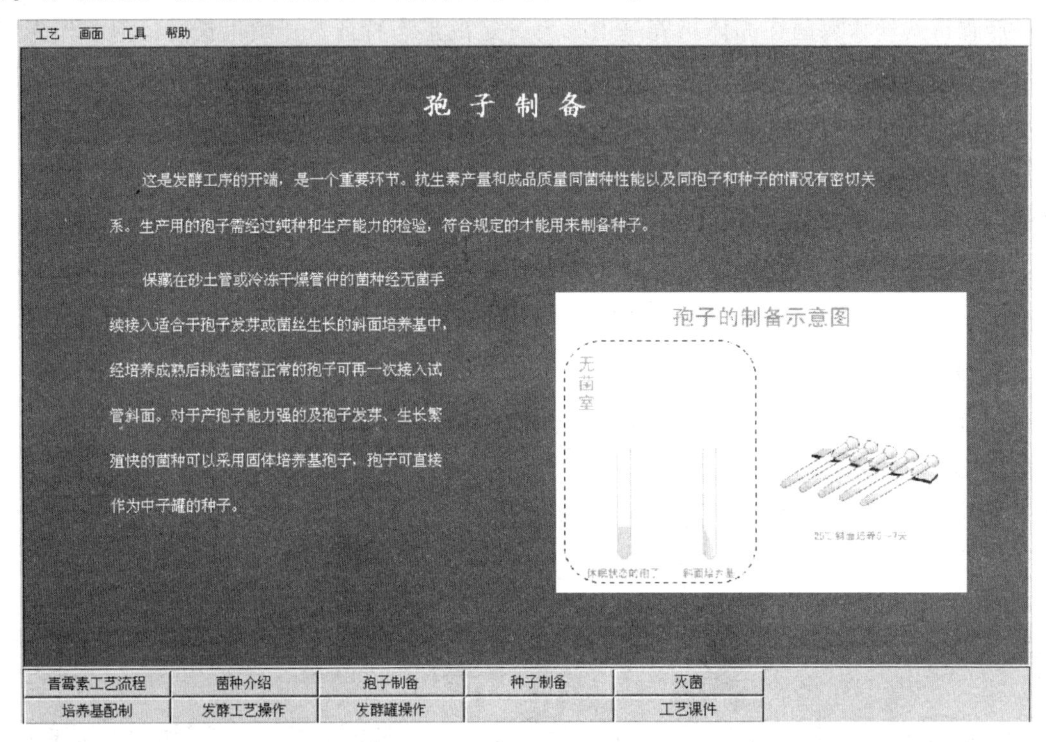

图12－2 孢子制备界面

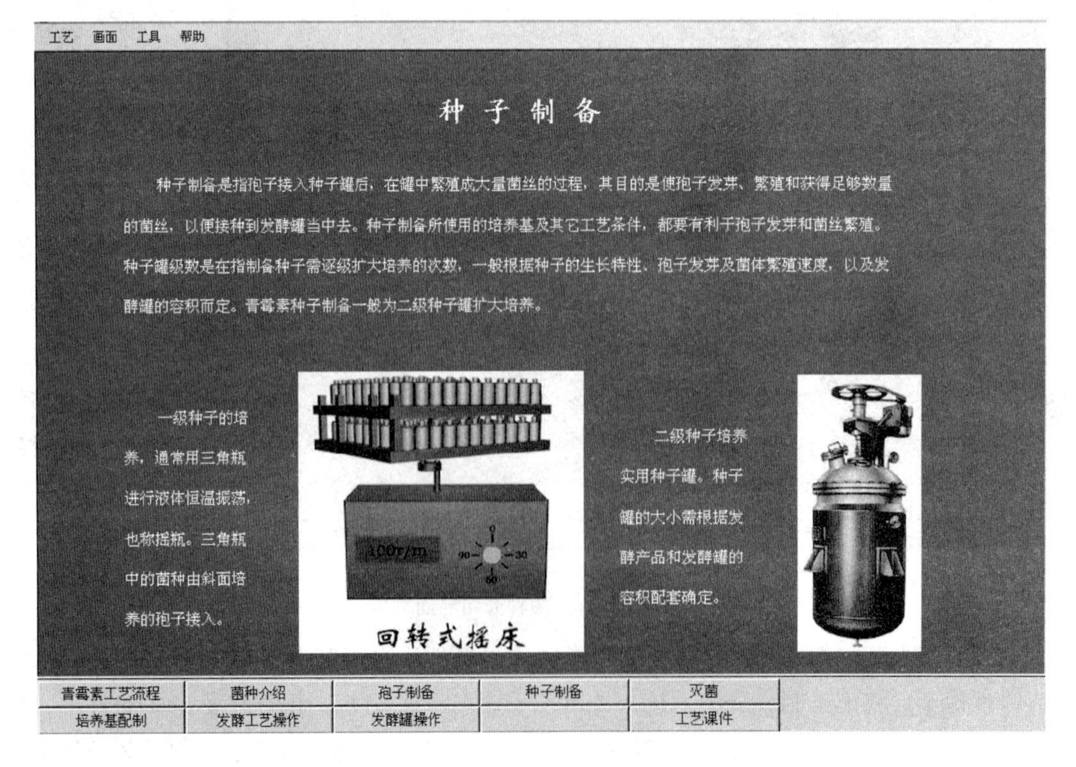

图12－3 种子制备界面

五、目标检测

1. 目前国内青霉素的生产中普遍使用的青霉素生产菌是什么？
2. 青霉素种子培养中，种子罐的级数是多少？
3. 二级种子制备的接种量是多少？
4. 一级种子制备的培养温度和培养时间是什么？
5. 二级种制备的培养温度和培养时间是什么？
6. 移入发酵罐的种子要达到什么要求？

（成　亮）

任务三　发酵过程的操作与控制

扫码“学一学”

一、实训目的

运用发酵原理，通过对青霉素发酵工艺仿真软件的操作，对发酵过程进行学习，能够独立、熟练完成发酵过程的操作与控制。

二、实训原理

发酵过程控制就是控制菌种的生化代谢过程，发酵过程的成败与种子质量、设备构型、动力大小、空气量供应、培养基配方、合理补料、培养条件等因素有关，必须对各项工艺条件进行严格管理。青霉素发酵属于好氧发酵过程，在发酵过程中，需不断通入无菌空气并搅拌，以维持一定的罐压和溶氧。

整个发酵阶段分为生长和产物合成两个阶段。前一个阶段中菌丝快速生长，但进入生产阶段后必须要降低菌丝生长速率，可通过限制糖的供给来实现。发酵过程中残糖量可通过控制氮源的补加量来控制；pH 值可通过控制补加的葡萄糖量、酸或碱量来调节；通过控制搅拌转速、通气量可调节供氧量及液相中的氧含量；可通过调整冷却介质流量可调节发酵温度。

在发酵期间为检测生产是否染菌，每隔一定时间应取样进行分析、镜检及无菌试验，检测生产状况，分析或控制相关参数。

三、实训器材

电子计算机、青霉素生产仿真实训软件。

四、操作步骤

扫码“看一看”

1. 配制培养基　青霉素的发酵培养基由碳源、氮源、前体、无机盐及金属离子等组成。青霉素生产仿真实训软件发酵培养基界面见图 12－4。

（1）碳源　葡萄糖母液和工业用葡萄糖，普遍采用淀粉经酶水解的葡萄糖化液进行流加。

（2）氮源　主要有机氮源为玉米浆、棉籽饼粉、花生饼粉、酵母粉、蛋白胨等。

（3）前体　生产青霉素 G 时，应加入含有苄基基团的物质，如苯乙酸或苯乙酰胺等。这些前体对青霉菌有一定毒性，加入量不能大于 0.1%，加入硫代硫酸钠可减少毒性。

（4）无机盐　青霉菌的生长和青霉素的合成需要硫、磷、钙、镁和钾等盐类。铁离子对青霉菌有毒害作用，需要严格控制铁离子的浓度，一般在30μg/ml。

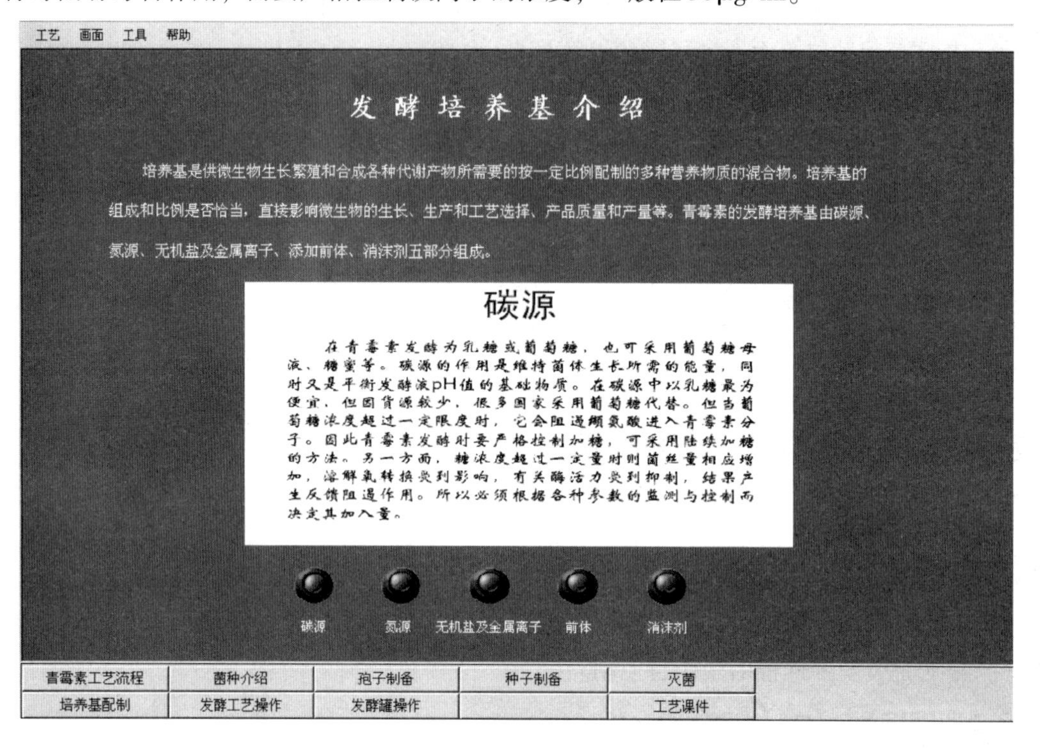

图12-4　发酵培养基介绍界面

2. 灭菌　青霉素生产仿真实训软件中灭菌界面见图12-5。

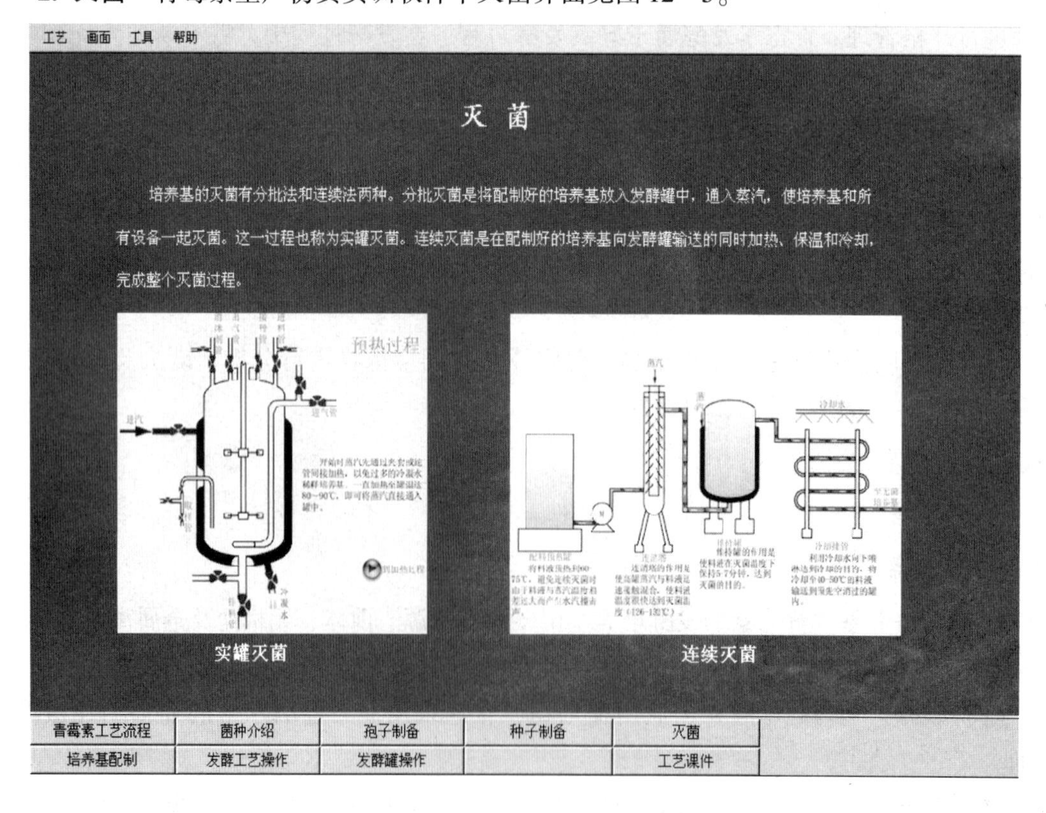

图12-5　灭菌界面

3. 发酵　灭菌完成后接入种子。接种量一般为5%～20%，本软件采用的接种量为

10%。发酵周期一般为4~5天，但也有少于24小时，或长达2周以上的。在整个过程中，需要不断通气和搅拌，维持一定的罐温和罐压，并隔一段时间取样进行生化分析和无菌试验，观察代谢变化、抗生素产生情况和有无杂菌污染。青霉素生产仿真实训软件发酵工艺操作界面见图12-6，发酵罐操作界面见图12-7。

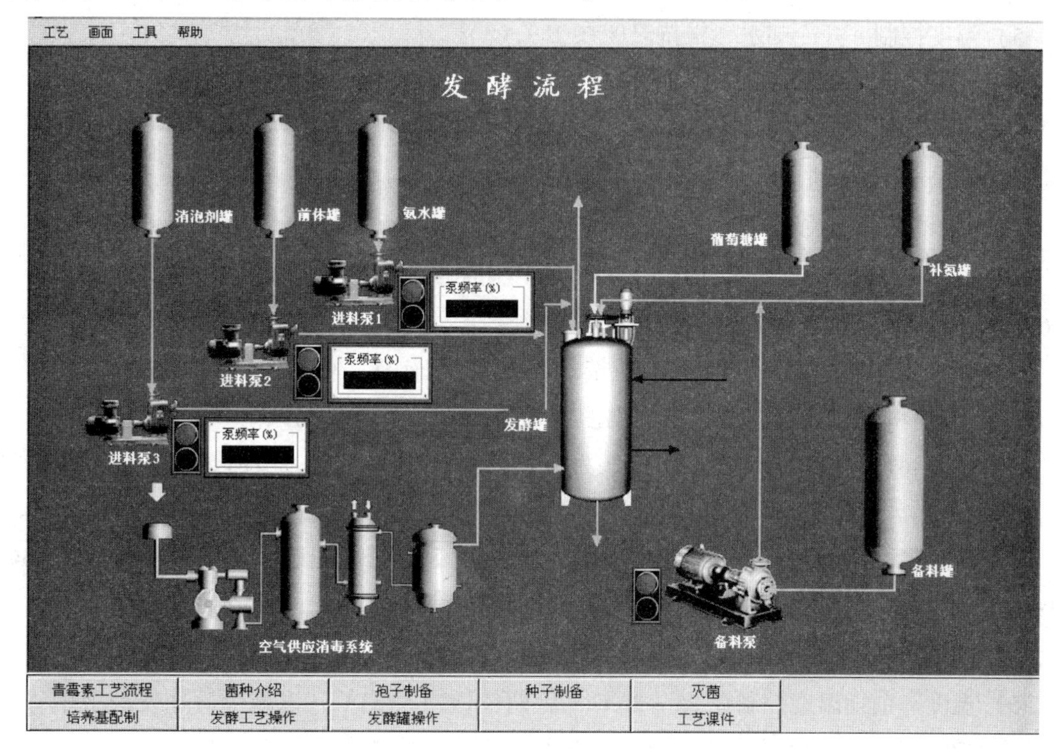

图12-6 发酵工艺操作界面

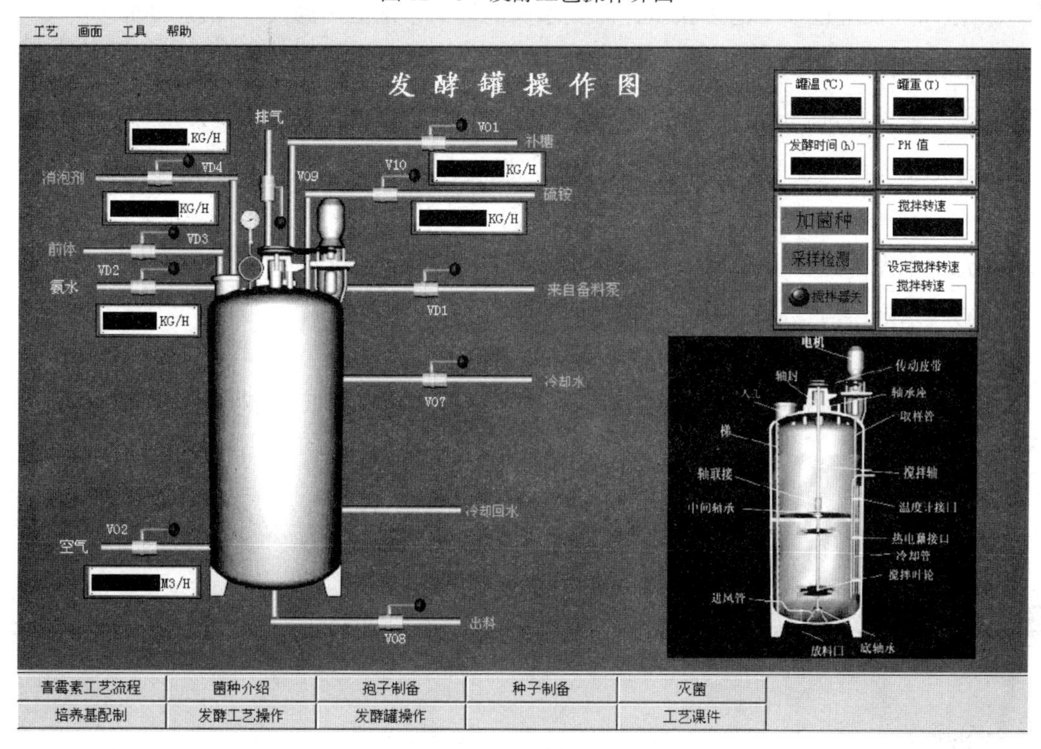

图12-7 发酵罐操作界面

（1）正常发酵

1）备料 进料（基质），开备料泵、备料阀，备料后（罐重100000kg）关备料阀、备

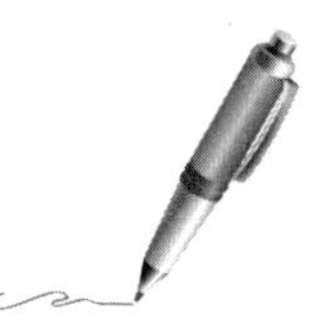

料泵

2）通风搅拌　开搅拌器，设置搅拌转速为200r/min；开通风阀、排气阀。

3）投菌　投加菌种。

4）补料控制　补糖（开补糖阀），补氮（开加硫铵阀）。

5）温度控制　开冷却水，维持温度在25℃。

6）pH控制　pH保持在一定范围内。

7）前体补加控制　超过1kg/m^3（扣分步骤，出现则扣分）。

（2）出料　停止进空气，停搅拌，关闭所有进料，开阀出料。

（3）发酵培养的控制

1）补糖　根据残糖、pH，排气中CO_2和O_2含量，控制加糖量。一般残糖浓度降至0.6%左右，pH上升时，通过打开加糖阀进行补糖。

2）补氮及添加前体　通过补加硫酸铵、氨或尿素来补氮，使发酵液氨氮控制在0.01%~0.05%；补前体以使发酵液中残存苯乙酰胺浓度0.05%~0.08%为宜。

3）调节pH　青霉素合成适宜的pH为6.2~6.4。pH较低时，增加氨水的流量；pH高时，则减少氨水的进量，增加补糖量（开大补糖阀）。

4）溶解氧　溶解氧浓度低于30%饱和氧浓度时，青霉素的产率急剧下降，低于10%饱和氧浓度时，则造成不可逆的损害。通风比一般为1∶0.8L/(L·min)。如果溶解氧浓度低，可将进空气阀VO_2开大。

5）温度　前期温度控制在25~26℃，后期较低，为23℃，以减少后期发酵液中青霉素的降解破坏。如发酵过程中温度高，则开通冷却水，进水冷却。

6）泡沫　发酵过程中泡沫较多，需要添加消泡剂，使泡沫高度降低到30cm。

五、目标检测

1. 青霉素发酵过程中，青霉素前体的加入量有何要求？
2. 青霉素发酵过程中，搅拌转速是多少？温度应维持在多少？
3. 青霉素发酵过程中，饱和溶解氧浓度低于多少，会造成不可逆的损害？
4. 青霉素发酵过程中，pH低和高时，分别如何进行调节？
5. 青霉素发酵后期的温度为什么比前期要低？如何进行降温？
6. 青霉素发酵中溶解氧浓度较低时，如何进行调节？
7. 青霉素发酵过程中，通过添加消泡剂，应使泡沫高度降低到多少？

（成　亮）

扫码“学一学”

任务四　青霉素提取操作

一、实训目的

通过对青霉素发酵工艺仿真软件的操作，对青霉素提取过程进行学习，能够独立、熟练完成青霉素的提取操作。

二、实训原理

从发酵液中提取青霉素时，应先将发酵液进行预处理，分离滤除菌丝、杂质。发酵液中，对青霉素提纯影响最大的是高价无机离子（Ca^{2+}、Mg^{2+}、Fe^{3+}）和蛋白质。加入草酸可除去 Ca^{2+}；加入磷酸盐可通过形成不溶性的络合物，除去 Mg^{2+}；加入黄血盐可形成普鲁士蓝沉淀，除去 Fe^{3+}。加入絮凝剂，可利用高密度电荷中和蛋白质的电性，促使其絮凝；采用加酸调节 pH 至等电点及加入絮凝剂，使蛋白质絮凝沉淀后过滤除去。常用的工业过滤设备有板框压滤机、转鼓真空过滤机等。

经过预处理的发酵液便可进行过滤去除菌丝体及沉淀的蛋白质。生产上一般采用两次过滤工艺。一次过滤主要除去菌体，二次过滤除去蛋白质等杂质。

经过预处理后的青霉素提取液，还要进行提纯和浓缩。

青霉素游离酸易溶于有机溶剂，而青霉素盐易溶于水。在酸性条件下，将青霉素转入有机溶剂中，调节 pH 至酸性后，再转入中性水相，反复几次萃取，可得到提纯浓缩后的产品。

应选择对青霉素分配系数高的有机溶剂。通常用乙酸丁酯和戊酯，萃取 2～3 次。第一次萃取使用乙酸丁酯（BA）中，由于滤液中有大量蛋白质等表面活性物质存在，易发生乳化，可加入破乳剂（通常用 PPB，十五烷基溴化吡啶）。PPB 有毒性，在提取金霉素时作为破乳剂，在提取青霉素时作为蛋白质沉淀剂，加入量一般为 0.05%～0.1%。

青霉素水溶液不稳定，提取过程中易被污染，故提取时应控制时间和温度，pH 宜选择在青霉素稳定的范围内，设备和容器应进行清洗消毒。

产品精制、烘干和包装的阶段要符合 GMP 的规定。精制包括脱色和去热原、结晶和重结晶等。重结晶可制备高纯度成品。色素是在发酵过程中所产生的代谢产物，与菌种和发酵条件有关。热原是在生产过程中被污染后由杂菌所产生的一种内毒素，注入体内引起恶寒高热，严重的引起休克。生产上常使用活性炭脱色去除热原。一般生产上是在萃取液中加活性炭，过滤除去活性炭得精制的滤液。滤液采用直接冷却结晶，晶体经过滤、洗涤、烘干得成品。烘干一般是在一定的真空度下进行，以利于在较低的温度下实现产品的干燥脱水。

三、实训器材

电子计算机、青霉素生产仿真实训软件。

四、操作步骤

1. 预处理操作　界面见图 12－8。

（1）进料　打开阀 V14，加入发酵液；待加料至 5000kg 时，关闭阀 V14；开启预处理罐搅拌器。

（2）除铁　打开阀 V13，加黄血盐，去除铁离子；注意观察铁离子浓度变化，待铁离子浓度为零时，关闭阀 V13。

（3）除镁　打开阀 V12，加磷酸盐，去除镁离子；注意观察镁离子浓度变化，镁离子浓度为零时，关闭阀 V12。

（4）除杂蛋白　打开阀 V11，加絮凝剂 PPB，去除蛋白质；注意观察蛋白质浓度变化，蛋白质浓度为零时，关闭阀 V11。

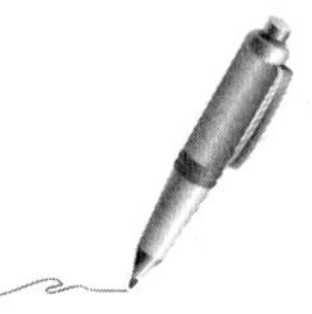

（5）启动过滤　打开阀 V16、V17 及泵 P5，同时打开连续转鼓真空过滤机开关及后阀

V18；待发酵液经过滤排至混合罐 B101 后，关闭阀 V16、V17、泵 P5 以及转鼓过滤机开关及后阀 V18，关闭预处理罐搅拌器。

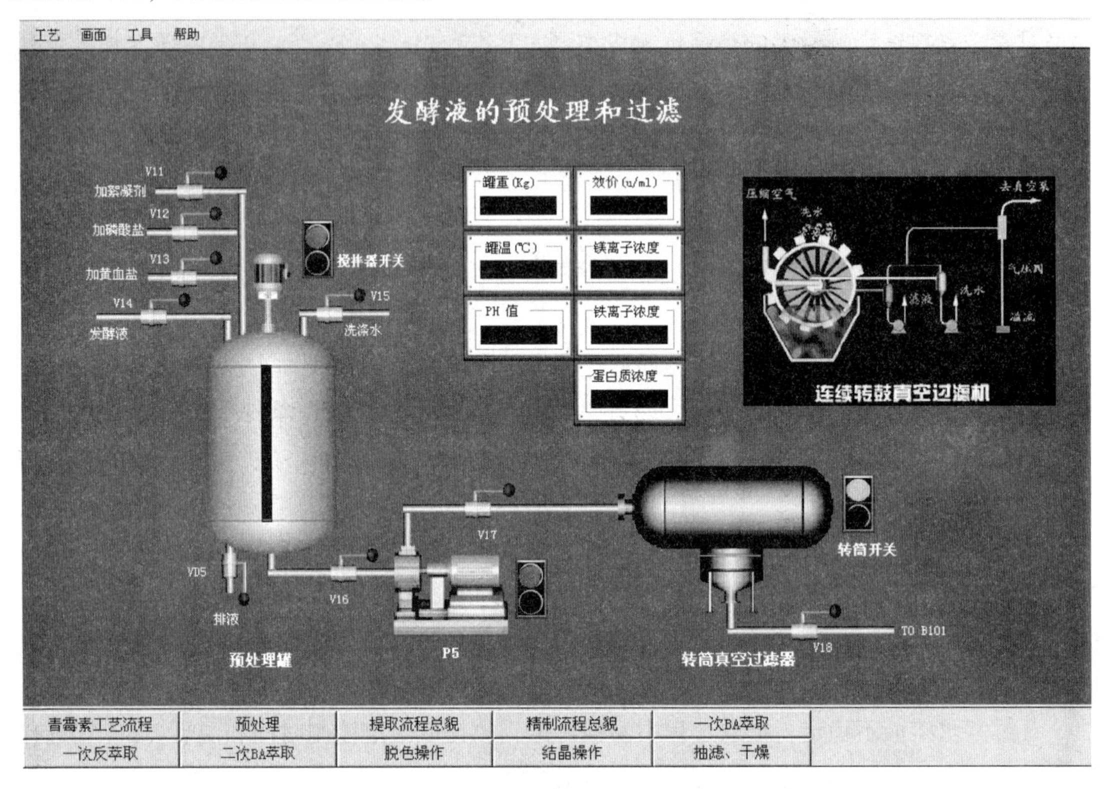

图 12-8 预处理界面

2. 一次 BA 萃取操作 提取总流程见图 12-9，一次 BA 萃取界面见 12-10。

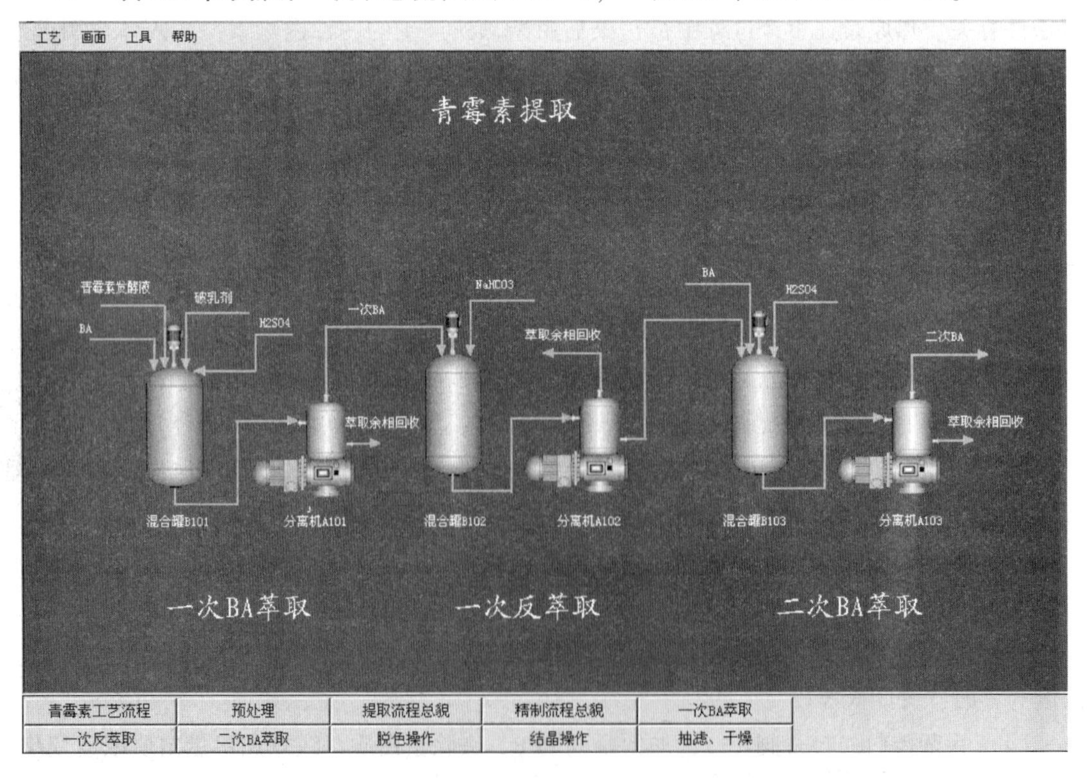

图 12-9 提取总流程

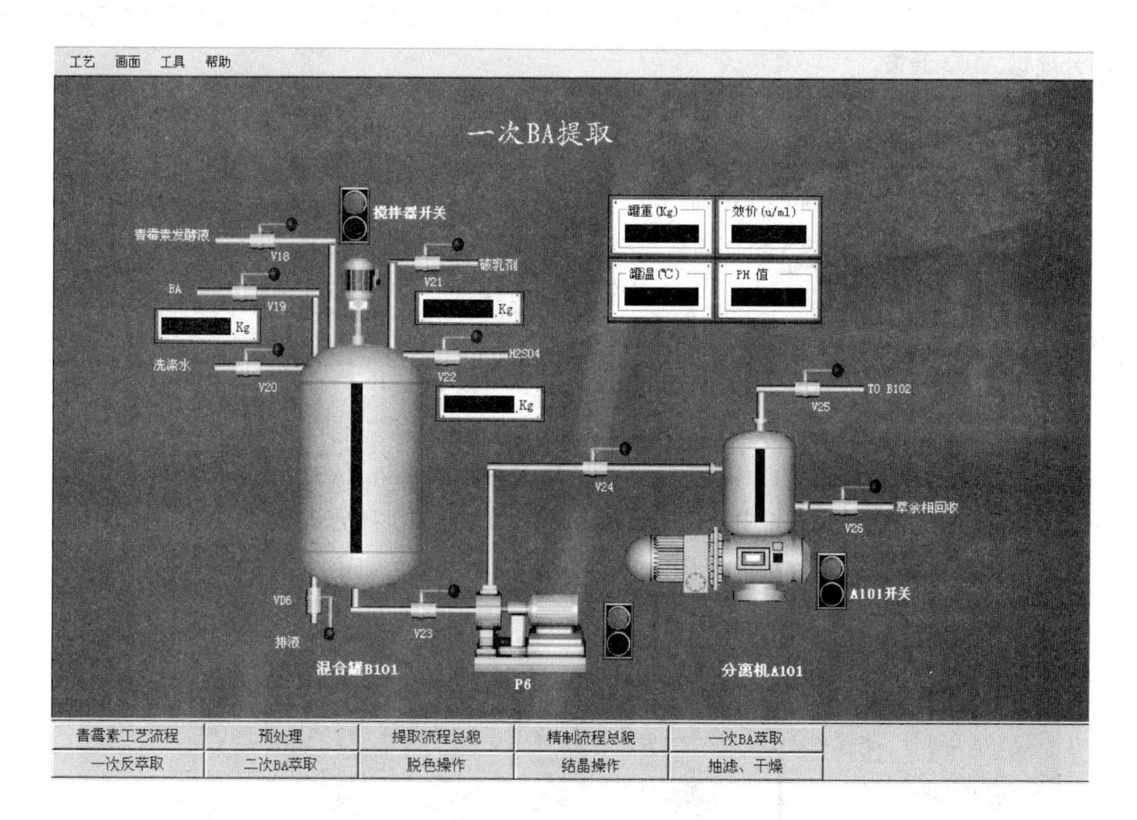

图 12－10　一次 BA 萃取界面

（1）启动　打开混合罐 B101 搅拌器。

（2）加萃取剂　打开阀 V19，加入 BA（乙酸丁酯），质量为发酵液的 1/4～1/3；完毕后，关闭阀 V19。

（3）调节 pH　打开阀 V22，加稀硫酸调节 pH；待 pH 调节至 2～3 时，关闭阀 V22。

（4）加沉淀剂　打开阀 V21，加 PPB（十五烷基溴化吡啶），当加入量为 100kg 时，关闭阀 V21。

（5）启动分离　打开阀 V23、V24 及泵 P6，向碟片离心机（分离机 A101）注液；注意观察分离机液面，待碟片分离机中有液位时，迅速打开 A101 开关。

（6）离心分离　打开萃余相回收阀 V26，调节 V26 阀门开度，控制重相液位在总液位的 80% 左右，使轻相液能充分溢流至 B102。

（7）结束分离　待混合罐 B101 液体排空后，关闭阀 V23、V24 及泵 P6；停止混合罐 B101 搅拌器；待分离机 A101 中液体排尽后，关闭阀 V26；关闭分离机 A101 开关。

3. 一次反萃取操作

（1）启动　打开混合罐 B102 搅拌器。

（2）调节 pH　打开 V28，加碳酸氢钠溶液，质量为青霉素溶液的 3～4 倍，并调节 pH 为7～8；待 pH 调节至 7～8 时，关闭阀 V28。

（3）启动分离　打开阀 V29、V30 及泵 P7，向分离机 A102 注液；待分离机 A102 中有液位时，迅速打开 A102 开关。

（4）离心分离　打开萃余相回收阀 V32，调节 V32 阀门开度，控制重相液位在总液位的 80% 左右，轻相液能充分溢流出。

（5）结束分离　待混合罐 B102 液体排空后，关闭阀 V29、V30 及泵 P7；停止混合罐

B102 搅拌器；待分离机中剩余少许重液时，关闭阀 V32，防止轻液流入混合罐 B103 中；关闭分离机 A102 开关。

4. 二次 BA 萃取操作

（1）启动 打开混合罐 B103 搅拌器。

（2）加萃取剂 打开阀 V33，加 BA，质量为发酵液的 1/4 ~ 1/3；关闭阀 V33。

（3）调节 pH 打开阀 V35，加稀硫酸调节 pH；待 pH 调节至 2 ~ 3 时，关闭阀 V35。

（4）启动离心 打开阀 V36、V37 及泵 P8，向分离机 A103 中注液；待分离机 A103 中有液位时，迅速打开 A103 开关。

（5）离心分离 打开萃余相回收阀 V39，调节 V39 阀门开度，控制重相液位在总液位的 80% 左右，使轻相液能充分的溢流至脱色罐中。

（6）结束分离 待混合罐 B103 液体排空后，关闭阀 V36、V37 及泵 P8；停止混合罐 B103 搅拌器；待分离机 A103 中液体排尽后，关闭阀 V39；关闭分离机 A103 开关。

5. 脱色罐操作 精制总流程见图 12 - 11，脱色操作界面见图 12 - 12。

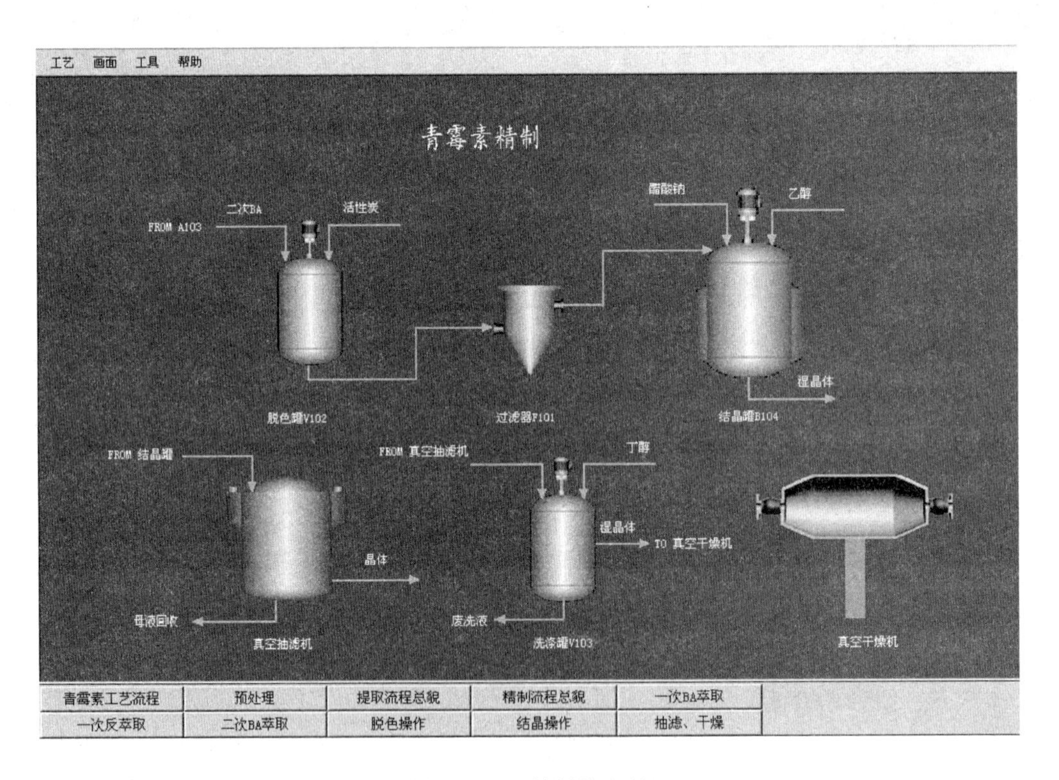

图 12 - 11 精制总流程

（1）启动 打开活性炭进料阀。

（2）进料 选择进料量，进料 25kg；进料后，关闭进料阀。

（3）脱色搅拌 打开脱色罐搅拌器，并设定搅拌时间为 10 分钟。

（4）结束 搅拌 10 分钟后，打开阀 V41、V42 及泵 P9，将青霉素溶液经过过滤器排至结晶罐；待脱色罐液体排空后，关闭阀 V41、V42 及泵 P9；停止脱色罐搅拌器。

6. 结晶罐及抽滤、干燥操作 结晶操作界面见图 12 - 13，抽滤、干燥操作界面见图 12 - 14。

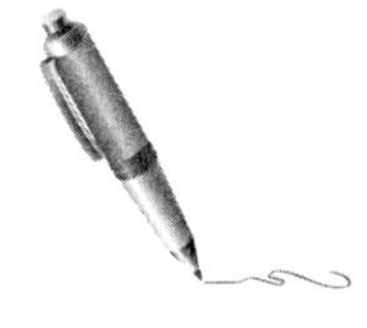

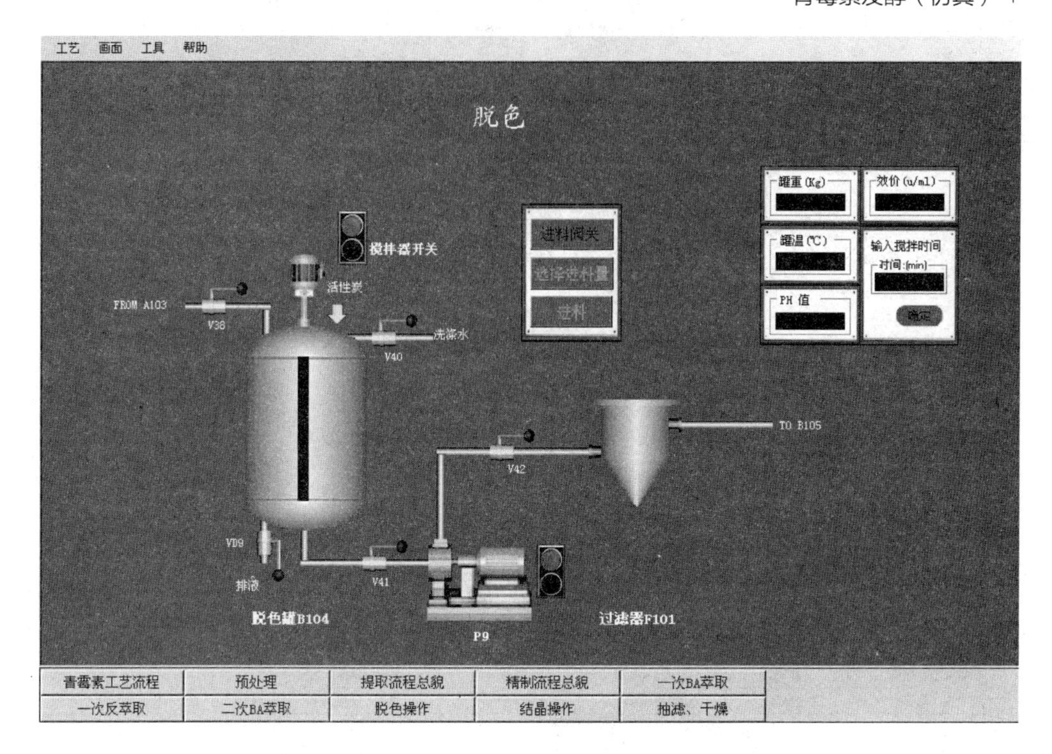

图 12-12　脱色操作界面

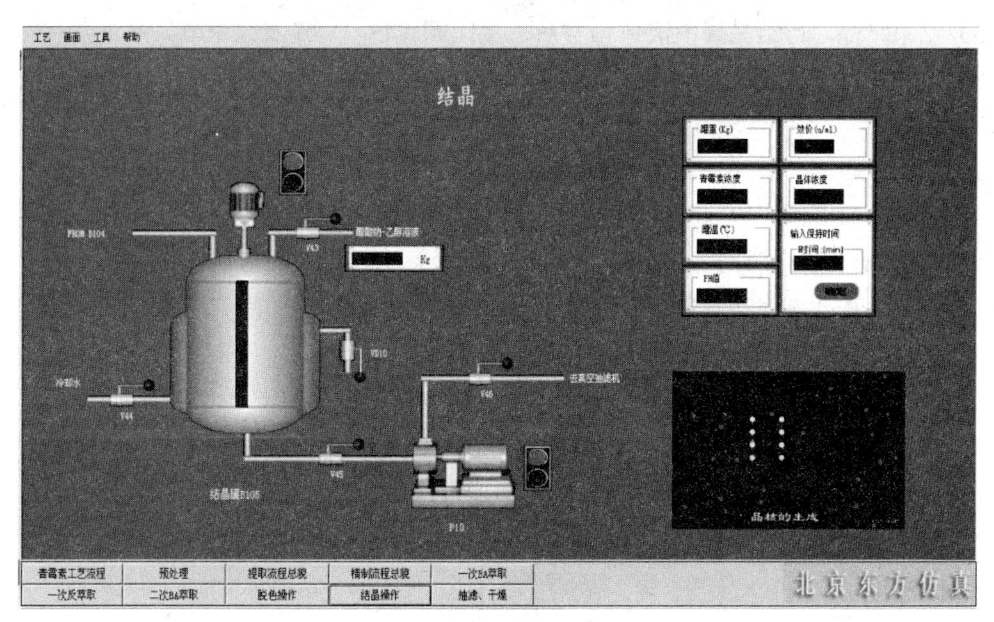

图 12-13　结晶操作界面

（1）结晶

1）启动　启动结晶罐搅拌器。

2）进料　打开阀 V43，向结晶罐中加入乙酸钠-乙醇溶液；观察青霉素浓度，待青霉素刚好反应完时，关闭阀 V43。

3）降温　打开冷却水阀 V44 及 VD10，控制结晶罐温度为 5℃以下，并输入保持时间，保持 10 分钟。

4）抽滤　打开阀 V45、V46 及泵 P10，将结晶液排至真空抽滤机；待真空抽滤机中上层液位达到 50% 左右后，迅速打开真空阀 V47，进行抽滤；同时打开 V48，回收母液。

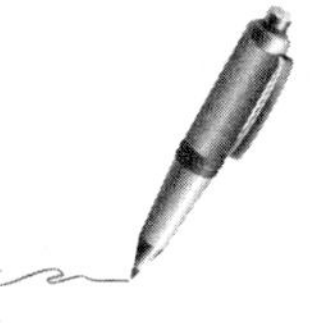

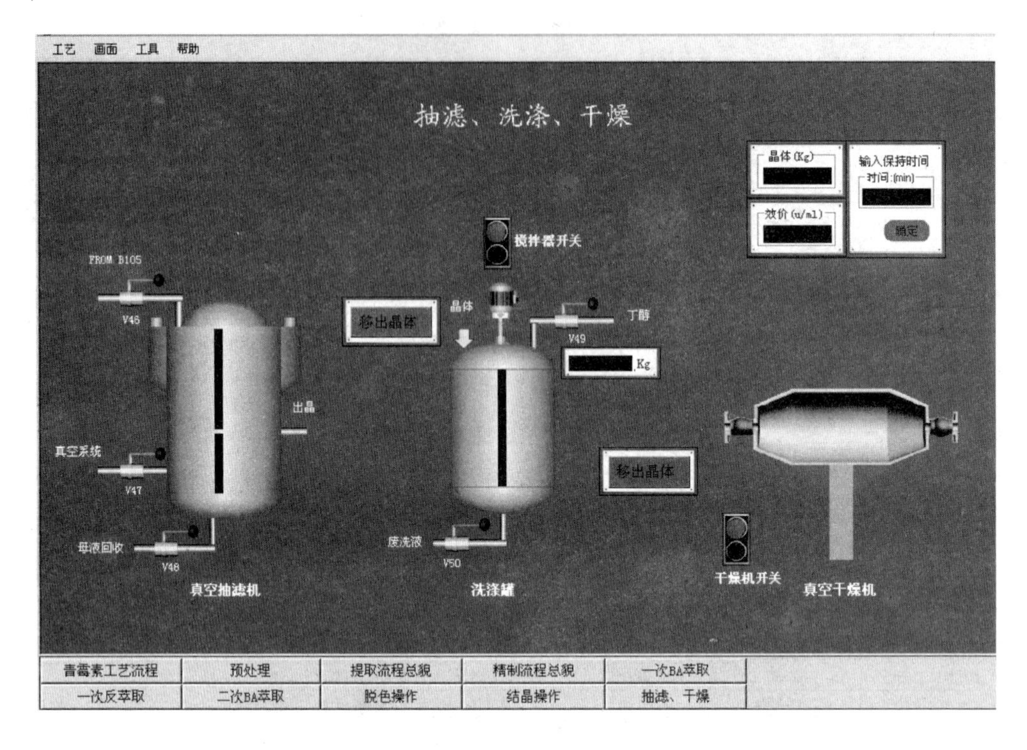

图 12－14 抽滤、干燥操作界面

5）结束结晶 待结晶罐中液体排空后，关闭阀 V45、V46 及泵 P10；停止结晶罐搅拌器；抽滤完成后，关闭真空阀 V47；待母液全部回收后，关闭阀 V48。

（2）洗涤

1）启动 点击“移出晶体”按钮，将抽滤后的晶体移入洗涤罐。

2）洗涤 打开阀 V49，加丁醇进行洗涤；待丁醇加入量为 500kg 时，关闭阀 V49；启动洗涤罐搅拌器，设定时间为 8 分钟。

3）结束 停止洗涤罐搅拌器，设定时间，保持 10 分钟；然后，打开阀 V50，排出废洗液；待废洗液排尽后，关闭阀 V50。

（3）干燥

1）启动 点击“移出晶体”，将洗涤后的晶体移至真空干燥机。

2）干燥 启动干燥机，进行干燥，设定时间为 20 分钟。

3）结束 关闭干燥机开关，停止干燥。

五、目标检测

扫码“练一练”

1. 青霉素发酵液预处理时去除铁离子和镁离子，分别用哪种物质？
2. 青霉素萃取时，使用的萃取剂是什么？
3. 青霉素提取中，为防止乳化，需加入何种物质？在提取操作中需注意哪些方面？
4. 青霉素结晶时，结晶罐中加入什么物质？
5. 在青霉素结晶时，如何控制结晶罐温度在 5℃以下？
6. 青霉素萃取的萃取剂是什么？
7. 青霉素提取阶段通常需要几次萃取？
8. 抽滤后的晶体使用什么试剂进行洗涤？

（成 亮）

附　　录

附录一　常用的培养基

一、无菌检查法使用的培养基

无菌检查法使用的培养基可按以下处方制备，亦可使用按该处方生产的符合规定的脱水培养基。配制后应采用合格的灭菌方法灭菌。《中国药典》（2015 年版）中各培养基的配方及制备方法如下。

1. 硫乙醇酸盐流体培养基

酪胨（胰酶水解）	15.0g	酵母浸出粉	5.0g
葡萄糖	5.0g	氯化钠	2.5g
L－胱氨酸	0.5g	新配制的 0.1% 刃天青溶液	1.0ml
硫乙醇酸钠	0.5g	（或硫乙醇酸 0.3ml）	
琼脂	0.75g	水	1000ml

除葡萄糖和刃天青溶液外，取上述成分混合，微温溶解，调节 pH 为弱碱性，煮沸，滤清，加入葡萄糖和刃天青溶液，摇匀，调节 pH 使灭菌后为 7.1 ±0.2。分装至适宜的容器中，其装量与容器高度的比例应符合培养结束后培养基氧化层（粉红色）不超过培养基深度的1/2，灭菌。在供试品接种前，培养基氧化层的高度不得超过培养基深度的 1/5，否则，须经100℃水浴加热至粉红色消失（不超过20 分钟），迅速冷却，只限加热1 次，并防止被污染。硫乙醇酸盐流体培养基置 30 ~35℃培养。

2. 中和或灭活用培养基　按上述硫乙醇酸盐流体培养基或胰酪大豆胨液体培养基的处方及制法，在培养基灭菌或使用前加入适宜的中和剂、灭活剂或表面活性剂，其用量同方法适用性试验。

3. 0.5%葡萄糖肉汤培养基（用于硫酸链霉素等抗生素的无菌检查）

胨	10.0g	牛肉浸出粉	3.0g
氯化钠	5.0g	水	1000ml
葡萄糖	5.0g		

除葡萄糖外取上述成分混合，微温溶解，调节 pH 为弱碱性，煮沸，加入葡萄糖溶解后，摇匀，滤清，调节 pH 使灭菌后为 7.2 ±0.2，分装，灭菌。

4. 胰酪大豆胨液体培养基（TSB）

胰酪胨	17.0g	氯化钠	5.0g
大豆木瓜蛋白酶水解物	3.0g	磷酸氢二钾	2.5g
葡萄糖/无水葡萄糖	2.5g	水	1000ml

除葡萄糖外，取上述成分混合，微温溶解，滤过，调节 pH 使灭菌后在 25℃ 为 7.3 ± 0.2，加入葡萄糖溶解后，分装，灭菌。

5. 胰酪大豆胨琼脂培养基（TSA）

胰酪胨	15.0g	氯化钠	5.0g
大豆木瓜蛋白酶水解物	5.0g	琼脂	15.0g
水	1000ml		

除琼脂外，取上述成分，混合，微温溶解，调节 pH 使灭菌后在 25℃ 的 pH 为 7.3 ± 0.2，加入琼脂，加热溶化后，摇匀，分装，灭菌。

6. 沙氏葡萄糖液体培养基（SDB）

动物组织胃蛋白酶水解物和胰酪胨等量混合	10.0g	水	1000ml
葡萄糖	20.0g		

取上述成分混合，微温溶解，调节 pH 为弱碱性，煮沸，滤清，调节 pH 使灭菌后为 7.2 ±0.2，分装，灭菌。

7. 沙氏葡萄糖琼脂培养基（SDA）

动物组织胃蛋白酶水解物和胰酪胨等量混合	10.0g	琼脂	15.0g
葡萄糖	40.0g	水	1000ml

除葡萄糖、琼脂外，取上述成分混合，微温溶解，调节 pH 使灭菌后为 5.6 ±0.2，加入琼脂，加热溶化后，再加葡萄糖，摇匀，分装，灭菌。

二、微生物限度检查用培养基

1. 胰酪大豆胨液体培养基（TSB） 按照无菌检查法中培养基的制备方法制备。

2. 胰酪大豆胨琼脂培养基（TSA） 按照无菌检查法中培养基的制备方法制备。

3. 沙氏葡萄糖液体培养基（SDB） 按照无菌检查法中培养基的制备方法制备。

4. 沙氏葡萄糖琼脂培养基（SDA） 按照无菌检查法中培养基的制备方法制备。如使用含抗生素的 SDA，应确认培养基中所加的抗生素量不影响供试品中霉菌和酵母菌的生长。

5. 马铃薯葡萄糖琼脂培养基（PDA）

马铃薯（去皮）	200g	琼脂	14.0g
葡萄糖	20.0g	水	1000ml

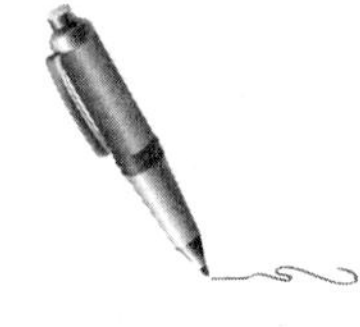

取马铃薯，切成小块，加水 1000ml，煮沸 20 ~ 30 分钟，用 6 ~ 8 层纱布过滤，取滤液补水至 1000ml，调节 pH 使灭菌后在 25℃ 的 pH 为 5.6 ±0.2，加入琼脂，加热溶化后，再加入葡萄糖，摇匀，分装，灭菌。

6. 玫瑰红钠琼脂培养基

胨	5.0g	玫瑰红钠	0.0133g
葡萄糖	10.0g	琼脂	14.0g
磷酸二氢钾	1.0g	水	1000ml
硫酸镁	0.5g		

除葡萄糖、玫瑰红钠外，取上述成分，混合，微温溶解，滤过，加入葡萄糖、玫瑰红钠，摇匀，分装，灭菌。

7. 硫乙醇酸盐流体培养基 按照无菌检查法中培养基的制备方法制备。

8. 肠道菌增菌液体培养基

明胶胰酶水解物	10.0g	二水合磷酸氢二钠	8.0g
牛胆盐	20.0g	亮绿	15mg
葡萄糖	5.0g	水	1000ml
磷酸二氢钾	2.0g		

除葡萄糖、亮绿外，取上述成分，混合，微温溶解，调节 pH 使加热在25℃的 pH 为7.2±0.2，加入葡萄糖和亮绿加热至100℃ 30分钟，立即冷却。

9. 紫红胆盐葡萄糖琼脂培养基

酵母浸出粉	3.0g	中性红	30mg
明胶胰酶水解物	7.0g	结晶紫	2mg
脱氧胆酸钠	1.5g	琼脂	15.0g
葡萄糖	10.0g	水	1000ml
氯化钠	5.0g		

除葡萄糖、中性红、结晶紫、琼脂外，取上述成分，混合，微温溶解，调节 pH 使加热在25℃的 pH 为7.4±0.2，加入葡萄糖、中性红、结晶紫、琼脂，加热煮沸。

10. 麦康凯液体培养基

明胶胰酶水解物	20.0g	溴甲酚紫	10mg
乳糖	10.0g	水	1000ml
牛胆盐	5.0g		

除乳糖、溴甲酚紫外，取上述成分，混合，微温溶解，调节 pH 使灭菌后在25℃为7.3±0.2，加入乳糖、溴甲酚紫，分装，灭菌。

11. 麦康凯琼脂培养基

明胶胰酶水解物	20.0g	中性红	30mg
乳糖	10.0g	琼脂	13.5g
脱氧胆酸钠	1.5g	胨	3.0g

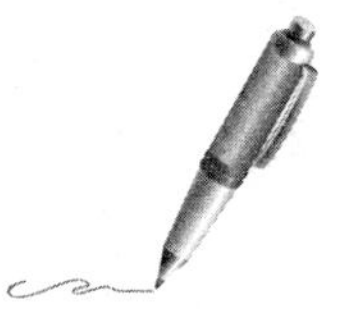

氯化钠	5.0g	水	1000ml
结晶紫	1mg		

除乳糖、中性红、结晶紫及琼脂外，取上述成分，混合，微温溶解，调节 pH 使灭菌后在25℃为7.1 ±0.2，加入乳糖、中性红、结晶紫及琼脂，加热煮沸 1 分钟，并不断振摇，分装，灭菌。

12. RV 沙门菌增菌液体培养基

大豆胨	4.5g	六水合氯化镁	29.0g
氯化钠	8.0g	孔雀绿	36mg
磷酸氢二钾	0.4g	水	1000ml
磷酸二氢钾	0.6g		

除孔雀绿外，取上述成分，混合，微温溶解，调节 pH 使灭菌后为5.2 ±0.2，加入孔雀绿，分装，灭菌，灭菌温度不能超过115℃。

13. 木糖赖氨酸脱氧胆酸盐琼脂培养基

酵母浸出粉	3.0g	氯化钠	5.0g
L-赖氨酸	5.0g	硫代硫酸钠	6.8g
木糖	3.5g	枸橼酸铁铵	0.8g
乳糖	7.5g	酚红	80mg
蔗糖	7.5g	琼脂	13.5g
脱氧胆酸钠	2.5g	水	1000ml

除三种糖、酚红、琼脂外，取上述成分，混合，微温溶解，调节 pH 使加热后在25℃ pH 为7.4 ±0.2，加入三种糖、酚红、琼脂，加热至沸腾，冷却至50℃倾注平皿（不能在高压灭菌器中加热）。

14. 三糖铁琼脂培养基（TSI）

胨	20.0g	硫酸亚铁	0.2g
牛肉浸出粉	5.0g	硫代硫酸钠	0.2g
乳糖	10.0g	0.2% 酚磺酞指示液	12.5ml
蔗糖	10.0g	琼脂	12.0g
葡萄糖	1.0g	水	1000ml
氯化钠	5.0g		

除三种糖、0.2% 酚磺酞指示液、琼脂外，取上述成分，混合，微温溶解，调节 pH 使灭菌后在25℃为7.3 ±0.1，加入琼脂，加热熔化后，再加入其余各成分，摇匀，分装，灭菌，制成高底层（2 ~3cm）短斜面。

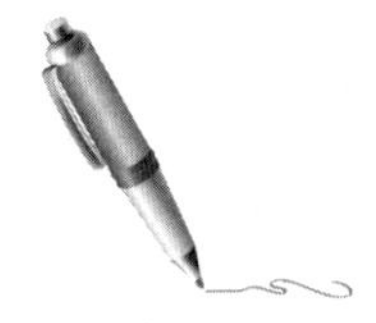

15. 溴化十六烷基三甲胺琼脂培养基

明胶胰酶水解物	20.0g	溴化十六烷基三甲胺	0.3g

氯化镁	1.4g	琼脂	13.6g
硫酸钾	10.0g	水	1000ml
甘油	10ml		

除琼脂外，取上述成分，混合，微温溶解，调节 pH 使灭菌后在 25℃为 7.4±0.2，加入琼脂，加热煮沸 1 分钟后，分装，灭菌。

16. 甘露醇氯化钠琼脂培养基

胰酪胨	5.0g	动物组织胃蛋白酶水解物	2.5ml
牛肉浸出粉	1.0g	酚红	25mg
D－甘露醇	10.0g	琼脂	15.0g
氯化钠	75.0g	水	1000ml

除甘露醇、酚红及琼脂外，取上述成分，混合，微温溶解，调节 pH 使灭菌后在 25℃的 pH 为 7.4±0.2，加热并振摇，加入甘露醇、酚红、琼脂，煮沸 1 分钟，分装，灭菌。

17. 梭菌增菌培养基

牛肉浸出粉	10.0g	盐酸半胱氨酸	0.5g
胨	10.0g	氯化钠	5.0g
酵母浸出粉	3.0g	乙酸钠	3.0g
可溶性淀粉	1.0g	琼脂	0.5g
葡萄糖	5.0g	水	1000ml

除葡萄糖外，取上述成分，混合，加热煮沸使溶解，并不断搅拌，如需要，调节 pH 使灭菌后在 25℃pH 为 6.8±0.2，加入葡萄糖，摇匀，分装，灭菌。

18. 哥伦比亚琼脂培养基

胰酪胨	10.0g	肉胃酶消化物	5.0g
心胰酶消化物	3.0g	酵母浸出粉	5.0g
玉米淀粉	1.0g	氯化钠	5.0g
琼脂	10～15.0g（依凝固力）	水	1000ml

除琼脂外，取上述成分，混合，加热煮沸使溶解，并不断搅拌，如需要，调节 pH 使灭菌后在 25℃为 7.3±0.2，加入琼脂，加热熔化，分装，灭菌，如有必要，灭菌后冷至 45～50℃，加入相当于 20mg 庆大霉素的无菌硫酸庆大霉素，混匀，倾注平皿。

19. 念珠菌显色培养基

胨	10.2g	琼脂	15g
氢罂素	0.5g	水	1000ml
色素	22.0g		

除琼脂外，取上述成分，混合，微温溶解，调节 pH 使加热后在 25℃为 6.3±0.2，加入琼脂，加热煮沸，不断搅拌至琼脂完全溶解，倾注平皿。

三、抗生素效价测定用培养基

1. 培养基Ⅰ

胨	5g	琼脂	15 ～ 20g
牛肉浸出粉	3g	水	1000ml
磷酸氢二钾	3g		

除琼脂外，混合上述成分，调节 pH 使其比最终的 pH 略高 0.2～0.4，加入琼脂，加热溶化后滤过，调节 pH 使灭菌后为 7.8～8.0 或 6.5～6.6，在 115℃，灭菌 30 分钟。

2. 培养基Ⅱ

胨	6g	琼脂	15～20g
牛肉浸出粉	1.5g	葡萄糖	1g
酵母浸出粉	6g	水	1000ml

除琼脂和葡萄糖外，混合上述成分，调节 pH 使其比最终的 pH 略高 0.2～0.4，加入琼脂，加热溶化后滤过，加葡萄糖溶解后，摇匀，调节 pH 使灭菌后为 7.8～8.0 或 6.5～6.6，在 115℃，灭菌 30 分钟。

3. 培养基Ⅲ

胨	5g	磷酸氢二钾	3.68g
牛肉浸出粉	1.5g	磷酸二氢钾	1.32g
酵母浸出粉	3g	葡萄糖	1g
氯化钠	3.5g	水	1000ml

除葡萄糖外，混合上述成分，加热溶化后滤过，加葡萄糖溶解后，摇匀，调节 pH 其使灭菌后为 7.0～7.2，在 115℃，灭菌 30 分钟。

4. 培养基Ⅳ

胨	10g	葡萄糖	10g
氯化钠	10g	琼脂	20～30g
枸橼酸钠	10g	水	1000ml

除琼脂和葡萄糖外，混合上述成分，调节 pH 使其比最终的 pH 略高 0.2 ～ 0.4，加入琼脂，在 109℃加热 15 分钟，于 70℃以上保温静置 1 小时后滤过，加葡萄糖溶解后，摇匀，调节 pH 使其灭菌后为 6.0～6.2，在 115℃灭菌 30 分钟。

5. 培养基Ⅴ

胨	10g	琼脂	20～30g
麦芽糖	40g	水	1000ml

除琼脂和麦芽糖外，混合上述成分，调节 pH 使其比最终的 pH 略高 0.2～0.4 加入琼脂，加热溶化后滤过，加麦芽糖溶解后，摇匀，调节 pH 使灭菌后为 6.0～6.2，在 115℃，灭菌 30 分钟。

6. 培养基Ⅵ

胨	8g	酵母浸出粉	5g
牛肉浸出粉	3g	磷酸二氢钾	1g
氯化钠	45g	琼脂	15～20g
磷酸氢二钾	3.3g	水	1000ml
葡萄糖	2.5g		

除琼脂和葡萄糖外，混合上述成分，调节pH使其比最终的pH略高0.2～0.4，加入琼脂，加热溶化后滤过，加葡萄糖溶解后，摇匀，调节pH使灭菌后为7.2～7.4，在115℃，灭菌30分钟。

7. 培养基Ⅶ

胨	5g	枸橼酸钠	10g
牛肉浸出粉	3g	琼脂	15～20g
磷酸氢二钾	7g	水	1000ml
磷酸二氢钾	3g		

除琼脂外，混合上述成分，调节pH使其比最终的pH略高0.2～0.4，加入琼脂，加热溶化后滤过，调节pH使其灭菌后为6.5～6.6，在115℃灭菌30分钟。

8. 培养基Ⅷ

酵母浸出粉	1g	琼脂	15～20g
硫酸铵	1g	磷酸盐缓冲液（pH 6.0）	1000ml
葡萄糖	5g		

混合上述成分，加热溶化后滤过，调节pH使其灭菌后为6.5～6.6，在115℃灭菌30分钟。

9. 培养基Ⅸ

蛋白胨	7.5g	氯化钠	5.0g
酵母膏	2.0g	葡萄糖	10.0g
牛肉浸出粉	1.0g	水	1000ml

除葡萄糖外，混合上述成分，加热溶化后滤过，加葡萄糖溶解后，摇匀，调节pH使灭菌后为6.5，在115℃灭菌30分钟。

10. 营养肉汤培养基

胨	10g	肉浸液	1000ml
氯化钠	5g		

取胨和氯化钠加入肉浸液，微温溶解后，调节pH为弱碱性，煮沸，滤清，调节pH使灭菌后为7.2±0.2，在115℃，灭菌30分钟。

11. 营养琼脂培养基

胨	10g	肉浸液	1000ml
氯化钠	5g	琼脂	15~20g

除琼脂外，混合上述成分，调节pH使比最终的pH略高0.2~0.4，加入琼脂，加热溶化后滤过，调节pH使其灭菌后为7.0~7.2分装，在115℃灭菌30分钟，趁热斜放使凝固成斜面。

12. 改良马丁培养基

胨	5g	酵母浸出粉	2.0g
硫酸镁	0.5g	琼脂	15~20g
磷酸氢二钾	1.0g	水	1000ml
葡萄糖	20.0g		

除葡萄糖外，混合上述成分，微温溶解，调节pH约为6.8，煮沸，加入葡萄糖溶解后，摇匀，滤清，调节pH使其灭菌后为6.4±0.2，分装，在115℃灭菌30分钟，趁热斜放使凝固成斜面。

13. 多黏菌素B用培养基

蛋白胨	6.0g	酵母浸膏	3.0g
牛肉浸膏	1.5g	琼脂	15~20g
胰消化酪素	1.5g	水	1000ml
葡萄糖	1.0g		

除琼脂外，混合上述成分，调节pH使其比最终的pH略高0.2~0.4，加入琼脂，加热溶化后滤过，调节pH使其灭菌后为6.5~6.7，在115℃灭菌30分钟。

培养基可以采用相同成分的干燥培养基代替，临用时照使用说明配制和灭菌，备用。

附录二 常用的缓冲液

一、无菌缓冲液

1. pH 6.8 无菌磷酸盐缓冲液

（1）磷酸氢二钾液（0.2mol/L） 称取磷酸氢二钾27.2g，加水使溶解成1000ml。

（2）氢氧化钠液（0.2mol/L） 称取氢氧化钠8.0g，加水使溶解成1000ml。

取（1）250ml，加（2）100ml，加水稀释至1000ml，过滤，分装，灭菌。

2. pH 7.6 无菌磷酸盐缓冲液 取0.2mol/L磷酸氢二钾液50ml，加0.2mol/L氢氧化钠液42.4ml，加水稀释至200ml，过滤，分装，灭菌。

3. pH 7.0 无菌氯化钠－蛋白胨缓冲液 取磷酸二氢钾3.56g、磷酸氢二钠7.23g、氯化钠4.30g、蛋白胨1.0g，加水1000ml，加热使溶解，分装，过滤，灭菌。

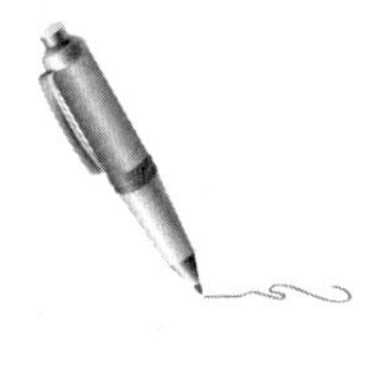

4. 0.9%无菌氯化钠溶液 取氯化钠9.0g，加水溶解使成1000ml，过滤，分装，灭菌。

5. 0.1%蛋白胨水溶液 取蛋白胨 1.0g，加水 1000ml，微温溶解，滤清，调节 pH 至 7.1 ±0.2，分装，灭菌。

6. pH7.2 磷酸盐缓冲液（0.1mol/L） 将磷酸氢二钠 25.6g、磷酸二氢钠 4.4g、蒸馏水 1000ml 混合，搅拌使溶解，调 pH7.1 ~7.3，分装后，于 121℃高压灭菌 20 分钟。

7. pH7.8 灭菌磷酸盐缓冲液 将磷酸氢二钾 5.59g、磷酸二氢钾 0.41g，加蒸馏水至 1000ml，溶解，过滤，灭菌 30 分钟。

二、非无菌缓冲液

1. 邻苯二甲酸盐缓冲液（pH 5.6） 取邻苯二甲酸氢钾 10g，加水 900ml，搅拌使溶解，用氢氧化钠试液（必要时用稀盐酸）调节 pH 至 5.6，加水稀释至 1000ml，混匀，即得。

2. 邻苯二甲酸氢钾 – 氢氧化钠缓冲液（pH 5.0） 取 0.2mol/L 的邻苯二甲酸氢钾 100ml，用 0.2mol/L 氢氧化钠溶液约 50ml 调节 pH 至 5.0，即得。

3. 枸橼酸盐缓冲液 取枸橼酸 4.2 g，加 1mol/L 的 20% 乙醇制氢氧化钠溶液 40ml 使溶解，再用 20% 乙醇稀释至 100ml，即得。

4. 乙酸钠缓冲液 取乙酸 – 乙酸钠缓冲液（pH 3. 6）4ml，加水稀释至 100ml。

5. 乙酸盐缓冲液（pH 3.5） 取乙酸铵 25g，加水 25ml 溶解后，加 7mol/L 盐酸溶液 38ml，用 2mol/L 盐酸溶液或 5mol/L 氧溶液准确调节 pH 至 3.5（电位法指示），用水稀释至 100ml，即得。

6. 乙酸 – 乙酸钠缓冲液（pH 3.6） 取乙酸钠 5.1g，加冰乙酸 20 ml，再加水稀释至 250ml，即得。

7. 乙酸 – 乙酸钠缓冲液（pH 3.7） 取无水乙酸钠 20g，加水 300ml 溶解后，加溴酚蓝指示液 1ml 及冰乙酸 60 ~ 80ml，至溶液从蓝色转变为纯绿色，再加水稀释至 1000ml，即得。

8. 乙酸 – 乙酸钠缓冲液（pH 3.8） 取 2mol/L 乙酸钠溶液 13ml 与 2mol/L 乙酸溶液 87ml，加每 1ml 含铜 1mg 的硫酸铜溶液 0.5ml，再加水稀释至 1000ml，即得。

9. 乙酸 – 乙酸钠缓冲液（pH 4.5） 取乙酸钠 18g，加冰乙酸 9.8ml，再加水稀释至 1000ml，即得。

10. 乙酸 – 乙酸钠缓冲液（pH 4.6） 取乙酸钠 5.4g，加水 50ml 使溶解，用冰乙酸调节 pH 至 4.6，再加水稀释至 100ml，即得。

11. 乙酸 – 乙酸钠缓冲液（pH 6.0） 取乙酸钠 54.6 g，加 1mol/L 乙酸溶液 20ml 溶解后，加水稀释至 500ml，即得。

12. 乙酸 – 乙酸钾缓冲液（pH 4.3） 取乙酸钾 14g，加冰乙酸 20.5 ml，再加水稀释至 1000ml，即得。

13. 乙酸 – 乙酸铵缓冲液（pH 4.5 ） 取乙酸铵 7.7g，加水 50ml 溶解后，加冰乙酸 6ml 与适量的水使成 100ml，即得。

14. 乙酸 – 乙酸铵缓冲液（pH 4.8） 取乙酸铵 77 g，加水约 200ml 使溶解，加冰乙酸 57ml，再加水至 1000ml，即得。

15. 乙酸 – 乙酸铵缓冲液（pH 6.0） 取乙酸铵 100g，加水 300ml 使溶解，加冰乙酸 7ml，摇匀，即得。

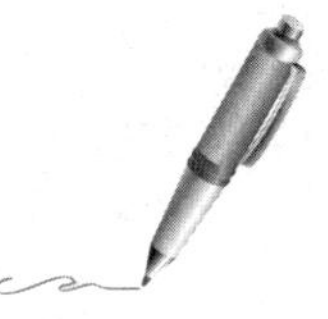

16. 磷酸－三乙胺缓冲液（pH 3.2） 取磷酸约4ml与三乙胺约7ml，加50%甲醇稀释至1000ml，用磷酸调节pH至3.2，即得。

17. 磷酸盐缓冲液 取磷酸二氢钠38.0g，与磷酸氢二钠5.04g，加水使成1000ml，即得。

18. 磷酸盐缓冲液（pH 2.0）

甲液：取磷酸16.6ml，加水至1000ml，摇匀。

乙液：取磷酸氢二钠71.63g，加水使溶解成1000ml。

取上述甲液72.5ml与乙液27.5ml混合，摇匀，即得。

19. 磷酸盐缓冲液（pH 2.5） 取磷酸二氢钾100g，加水800ml，用盐酸调节pH至2.5，用水稀释至1000ml。

20. 磷酸盐缓冲液（pH 5.0） 取0.2mol/L磷酸二氢钠溶液一定量，用氢氧化钠试液调节pH至5.0，即得。

21. 磷酸盐缓冲液（pH 5.8） 取磷酸二氢钾8.34g与磷酸氢二钾0.87g，加水使溶解成1000ml，即得。

22. 磷酸盐缓冲液（pH 6.5） 取磷酸二氢钾0.68g，加0.1mol/L氢氧化钠溶液15.2ml，用水稀释至100ml，即得。

23. 磷酸盐缓冲液（pH 6.6） 取磷酸二氢钠1.74g、磷酸氢二钠2.7g与氯化钠1.7g，加水使溶解成400ml，即得。

24. 磷酸盐缓冲液（pH 6.8） 取0.2mol/L磷酸二氢钾溶液250ml，加0.2mol/L氢氧化钠溶液118ml，用水稀释至1000ml，摇匀，即得。

25. 磷酸盐缓冲液（pH 7.0） 取磷酸二氢钾0.68g，加0.1mol/L氢氧化钠溶液29.1ml，用水稀释至100ml，即得。

26. 磷酸盐缓冲液（pH 7.2） 取0.2mol/L磷酸二氢钾溶液50ml与0.2mol/L氢氧化钠溶液35ml，加新沸过的冷水稀释至200ml，摇匀，即得。

27. 磷酸盐缓冲液（pH 7.3） 取磷酸氢二钠1.9734g与磷酸二氢钾0.2245g，加水使溶解成1000ml，调节pH至7.3，即得。

28. 磷酸盐缓冲液（pH 7.4） 取磷酸二氢钾1.36g，加0.1mol/L氢氧化钠溶液79ml，用水稀释至200ml，即得。

29. 磷酸盐缓冲液（pH 7.6） 取磷酸二氢钾27.22g，加水使溶解成1000ml，取50ml，加0.2mol/L氢氧化钠溶液42.4 ml，再加水稀释至200ml，即得。

30. 磷酸盐缓冲液（pH 7.8）

甲液：取磷酸氢二钠35.9g，加水溶解，并稀释至500ml。

乙液：取磷酸二氢钠2.76g，加水溶解，并稀释至100ml。

取上述甲液91.5ml与乙液8.5ml混合，摇匀，即得。

31. 磷酸盐缓冲液（pH 7.8～8.0） 取磷酸氢二钾5.59g与磷酸二氢钾0.41g，加水使溶解成1000ml，即得。

（王丽娟）